Die Papierverarbeitung.

II.

Die Buntpapier-, Tapeten-, Briefumschlag-, Düten- oder Papiersack-, Papierwäsche- und photographische Papier-Fabrikation.

Praktisches Handbuch

für Techniker, Buntpapier-, Tapeten- und Dütenfabrikanten, Direktoren.

Mit 278 Illustrationen.

Von

Max Schubert

weiland Fabrikdirektor a. D. und Professor a. d. Königl. Hochschule zu Dresden.

BERLIN W.

Verlag von M. KRAYN.

1901.

Druck von Pass & Garleb, Berlin W. 35.

Inhalts-Verzeichnis.

Papier-Verarbeitung II.

2. Die Buntpapierfabrikation.

Da über diesen Zweig der Papierverarbeitung bereits ein sehr ausführliches Werk unter dem Titel: „Die Tapeten- und Buntpapier-Industrie" von Professor Dr. W. F. Exner aus Wien erschienen ist, welches 1869 bei Bernhard Friedrich Voigt in Weimar (jetzt in Leipzig) herauskam, so bleibt dem Verfasser nichts anderes übrig, als nur dasjenige Neue zu bringen, was in den letzten 30 Jahren in den erwähnten Fächern sich als Verbesserung erwiesen hat. Er wird sich nicht an die Einteilung halten, wie Professor Exner sie in seinem Werk für gut befand, sondern eine besondere Trennung zwischen Buntpapier- und Tapetenfabrikation eintreten lassen, weil ersteres durch Streichen hergestellt wird und zu ihm die grosse Gruppe der Chromopapiere hinzugetreten ist, andererseits letztere mehr dem Druckverfahren entspricht. Ausserdem wird die Reihenfolge der Manipulationen, wie sie sich in der Praxis jetzt darstellt, gebracht und an derselben Stelle gleich die betreffenden Maschinen besprochen und durch Zeichnungen erläutert werden. Wenn man nur allein das Inhaltsverzeichnis des älteren Werkes betrachtet, so ergiebt sich schon daraus die weiter und grösser gefasste Anlage des Buches den Absichten des jetzigen Verfassers gegenüber, der in seinen früheren Werken und auch in dem vorliegenden die praktische Benutzbarkeit in den Vordergrund stellt und alles, was Geschichte, ausländische Erfindungen und Aehnliches betrifft, absichtlich weggelassen hat, weil sich das Deutsche Reich gerade in den letzten 30 Jahren besonders auch in industrieller Beziehung so gehoben hat, dass es nicht nur mit anderen Ländern konkurrieren kann, sondern in sehr vielen Fächern geradezu an der Spitze marschiert. Es soll dies durchaus keine Ueberhebung sein, vielmehr eher eine Entschuldigung, dass im neuen Buche die Grenzen etwas enger gesteckt sind, da, wie gesagt, im alten zunächst der Begriff und die Bedeutung des Buntpapiers und der Tapete für den Kulturzustand der Völker, sowie die Geschichte der Tapete von den Assyriern und Babyloniern an, gegeben wurde, bis schliesslich der damalige Stand der Tapeten- und Buntpapierfabrikation ausführlich angeführt und sogar die Zukunft dieser Industrie besprochen wird. Die erste Abteilung bringt die Schönheit des Dessins der Tapete und letztere als Mittel zur Dekoration; die zweite Abteilung die technische Seite der Tapeten- und Buntpapier-Industrie, die Materialien für dieselbe, das Papier und dessen Surrogate und als zweites Kapitel die Farben. Die verschiedenen Farben umfassen allein im Verzeichnis 6 Seiten, und wenn auch viele davon heute nicht mehr Anwendung finden, gerade so wie in der eigentlichen Papierfabrikation, so ist doch eine so reiche Auswahl gegeben, dass sich jedermann nach Bedürfnis über das, was er braucht, informieren kann, und eine Ergänzung im neuen Buch nicht notwendig, sondern überflüssig wäre. Hierauf folgen wieder wichtige Materialien und die Werkzeuge, Instrumente und Apparate der Tapeten- und Buntpapier-Industrie, wie sie besonders früher zur Herstellung des Buntpapiers und der Tapeten mit der Hand gebräuchlich waren. Da jetzt fast überall mit Maschinen gearbeitet wird, braucht auch auf diesen Teil nicht mehr zurückgekommen zu werden.

Hierauf folgt nun das wichtige Kapitel über die Maschinen, welche schon damals zur schnelleren und billigeren Herstellung der Buntpapiere und Tapeten als grösste Neuerung existierten und deren Konstruktionen in einem beigegebenen Atlas auf 8 Tafeln abgebildet sind. Ausser einigen Nebenmaschinen sind besonders bemerkenswert eine englische Grundiermaschine, eine englische sechsfarbige Tapetendruckmaschine, eine deutsche Grundiermaschine, eine ebenfalls deutsche sechsfarbige Tapetendruckmaschine, eine französische Grundier- und eine solche Tapetendruckmaschine nebst Aufhängevorrichtung. Dem Atlas ist gleichzeitig eine reichhaltige Kollektion von 44 verschiedenen Buntpapieren und Tapetenmustern beigefügt, die zwar dem heutigen Geschmack nicht in jeder Weise entsprechen werden, aber vollkommen geeignet sind, die Verschiedenartigkeit der Fabrikationen zu zeigen. Da der Unterschied der heutigen fertigen Buntpapiere, sowie besonders der Tapeten mehr in der Zeichnung und der Farbenzusammenstellung liegt, und wohl die Mehrzahl der Buntpapiere, d. h. der gestrichenen Papiere, eigentlich gar keine Buntpapiere, sondern nur weissgestrichene Chromopapiere sind, die aber auf genau dieselbe Weise hergestellt werden, so hätte eine erneute Zusammenstellung von Mustern der erwähnten Papierverarbeitungsbranchen keinen Zweck, sondern es kann im neuen Buche auf die Muster des alten mit verwiesen werden.

Im weiteren Verlauf dieses alten Buches werden dann noch die verschiedensten Extrasorten von Buntpapieren, wie z. B. die Krystallisationspapiere, Imitationen von Stein und Holz, gesprenkelte Buntpapiere, das Satinieren, Glanz- oder Atlaspapiere, Gold- und Silberpapiere, das Prägen, Gaufrieren u. s. w. besprochen, so dass das neue Buch eigentlich nur eine Ergänzung sein kann, in welcher gezeigt wird, wie sich heutigen Tages die Buntpapier-, Chromopapier- und Tapeten-Fabrikation in der Praxis darstellt.

Als dritte Abteilung von Exners Buch sind sogar noch die Anlage und Verwaltung von Tapeten- und Buntpapierfabriken, sowie die Betriebskräfte und Motoren u. s. w. aufgenommen. Da Vorschriften hierüber nur in allgemeinen Umrissen gegeben werden könnten und das Ganze überhaupt zu weit führen würde, so muss dieser Teil selbstverständlich ebenfalls im neuen Buche wegbleiben.

Nach dieser Besprechung des bereits früher erschienenen Buches von Professor Exner sei nun zunächst die Buntpapier- und Chromopapierfabrikation an die Spitze gestellt, wie sie heute mit den neuesten Hilfsmitteln ausgeübt wird: Der Grund- und Hauptbestandteil aller in der Buntpapierfabrikation angewendeten Farben ist Blanc fix oder auch China clay oder beides mit einander vermischt und nur durch mehr oder weniger Zusatz von irgend einer Farbe, der durch die Intensivität derselben bedingt ist, wird die aufzutragende Farbenmischung hergestellt. Dies geschieht in der sogenannten Farbenküche, ist eine der wichtigsten Operationen und es muss dafür gesorgt werden, dass ein zuverlässiger Mann, am besten ein Chemiker, die regelmässige Ueberwachung der gleichmässigen und besonders probemässigen Farbenherstellung und Mischung besorgt. Da die Farbe, respektive die Erde, fest am Papier haften soll, so muss der Mischung natürlich ein Klebstoff zugesetzt werden. Meist geschieht dies mit Leim, besonders mit Lederleim, der vor dem Kochen mittelst kaltem Wasser wenigstens einen Tag lang in einem offenen Fasse eingeweicht wird, so dass er stark aufquillt und sich bei dem späteren Kochen sehr leicht auflöst. Er kann in bekannter Weise allein gekocht werden, oder auch in vorher abgewogenem oder gemessenem Masse mit der weissen oder bunten Erde zusammen in einem Fasse. Hierbei ist zunächst einer kleinen, hübschen Vorrichtung zu gedenken, welche Verfasser in einer Fabrik gesehen hat, und welche den Zweck verfolgt, das grosse, oft sehr unangenehme Geräusch zu vermeiden, welches dadurch entsteht, wenn zur Herstellung von warmem und heissem Wasser in ein gefülltes Wasserfass durch ein Rohr Dampf eingelassen wird. Aehnlich den Vorrichtungen bei Wannenbädern sind die beiden Rohre, welche kaltes Wasser und Dampf getrennt

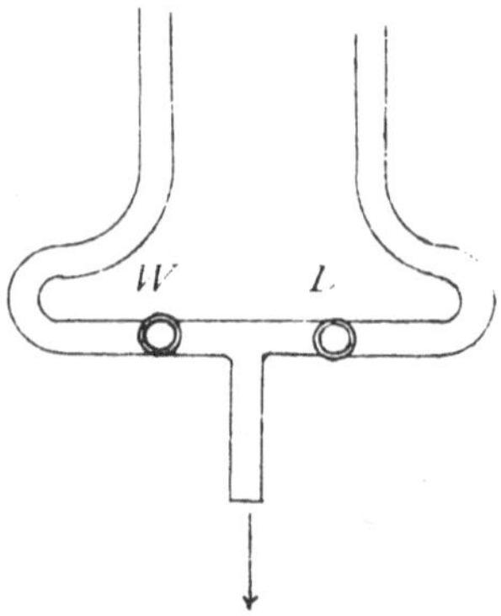

Fig. 1.

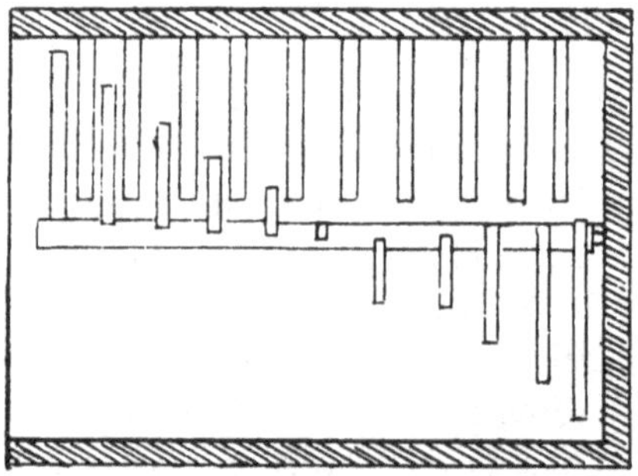

Fig 3.

in die Nähe des Fasses zuführen, in eines vereinigt, aber vorher jedes durch je einen Hahn oder Ventil abgeschlossen, wie die nebenstehende Fig. 1 zeigt. W ist das Ventil für das Wasser, D dasjenige für den Dampf. Je nachdem man nun beide gleich viel aufdreht, oder das eine mehr und das andere weniger, fliesst durch das gemeinschaftliche mittlere Ausgussrohr heisses oder weniger heisses Wasser in das Fass, und zwar ohne Geräusch, in Temperatur gerade so, wie man es braucht. Der zu kochende und der Farbe zuzusetzende Leim wird auch zuweilen mit Gelatine oder auch mit Käseleim (Casëin) vermischt, und letzterer besonders dann benutzt, wenn für manche Zwecke eine möglichst weiche Leimung verlangt wird. Die notwendige innige Mischung der zum Strich zu benutzenden Erden, Farben, Leime u. s. w. geschieht nun in der „Farben-Mischmaschine“, welche einfache Vorrichtung in Fig. 2 abgebildet ist. Sie rührt von der Maschinenfabrik von Grahl & Höhl in Dresden her und sei gleich an dieser Stelle erwähnt, dass diese Firma sich schon seit mehr als 30 Jahren den Bau aller für die Buntpapier- und Tapetenfabrikation gehörenden Ma-

Fig. 2.

schinen als Spezialität gewählt hat, also fast gerade so lange, als die Arbeit mit Maschinen in dieser Branche überhaupt besteht. Sie hat deshalb im Bau solcher Maschinen eine sehr grosse Erfahrung. Es muss jedoch hierbei gleich gesagt werden, dass die wenigen deutschen Fabrikanten, die sich mit diesen Spezialitäten beschäftigen, in ihren Maschinen fast gar keine oder nur wenige und unbedeutende Abweichungen von einander zeigen. Die erwähnte Farbenmischmaschine in Fig. 2 besteht in der Hauptsache aus einem hölzernen Fass, in welchem vertikal eine durch 2 Zahnräder und Riemenscheiben (fest und lose) angetriebene Rührvorrichtung sich bewegt, deren horizontale Rührer nahezu bis an den Umfang gehen und so gestaltet sind, dass ein richtiges und sorgfältiges Zerschlagen aller Klümpchen und eine möglichst innige Vermischung aller Farbenteile erzielt wird. Das Fass steht in einem Gestell so hoch, dass die mehr oder weniger dicke Flüssigkeit durch die Auslassöffnung in

Fig. 4.

ein darunter gestelltes Gefäss abgelassen werden kann. Am Kopf des Apparates ist die Ausrückvorrichtung sichtbar. Alle Stopfbüchsen sind bei dieser Einrichtung vermieden. Die Schaufeln und alle Eisenteile, welche mit der Farbe in Berührung kommen, sind verzinkt, und die Lager sind ausserhalb der Farbe, um deren Haltbarkeit zu sichern und Oelflecken in der Farbe zu vermeiden. Das von Eichenholz gebaute Fass ist 800 mm hoch und hat 900 mm im Durchmesser, oder in einer zweiten Grösse 500 mm hoch und 600 mm Durchmesser. Die eigentliche Rührvorrichtung, die man in der Fig. 2 nicht sieht, ist durch Fig. 3 deutlich angegeben: Rings um die mittlere senkrechte Rührwelle sitzen gerade, nahe bis zum Umfang gehende Rührer, die im Grundriss gesehen, einen Stern bilden, in Wirklichkeit aber in einer Schraubenlinie angeordnet sind. In das eichene Fass ist eine eiserne Daube eingesetzt, die übereinander fast bis zur Mittelwelle reichende eiserne Zähne trägt, zwischen denen sich die Rührer hindurchwinden, und dadurch jedes in der Masse befindliche Erd-, Farben- oder Leimklümpchen zerdrückt werden muss.

Es giebt noch eine andere Farbenmischmaschine, welche aus einer eisernen, etwas konischen Trommel besteht, die einen in Scharnieren beweglichen Deckel und einen auf einer horizontalen Welle sitzenden Rührer besitzt, der von einer seitlichen Oeffnung aus beobachtet werden kann. Nach den Urteilen

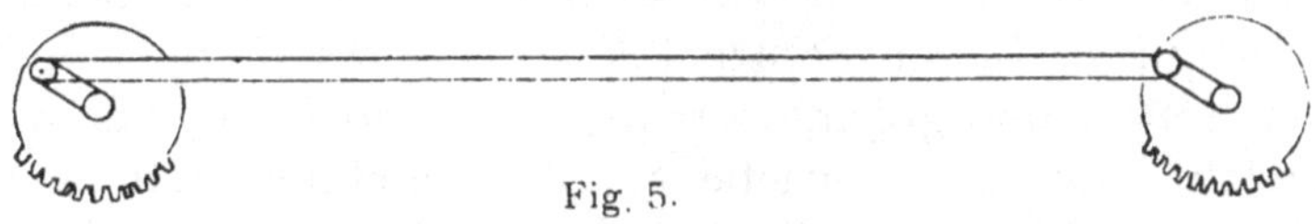

Fig. 5.

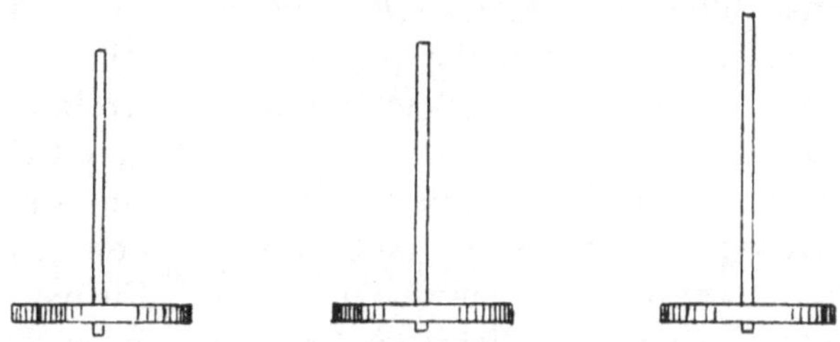

Fig. 6.

mancher soll dieser Rührer noch wirksamer sein, andererseits aber wieder zu öfteren Reparaturen Veranlassung geben.

Da jede Unreinheit in der Farbe und jedes Körnchen Veranlassung zu Ausschuss geben würde, wird nun vor der Verarbeitung meist auch noch eine „Farben-Siebmaschine" zur Anwendung gebracht. Diese ebenfalls sehr einfache Vorrichtung ist in Fig. 4 dargestellt und zwar als doppelte Siebmaschine, von denen aber jede einzeln ausgerückt werden kann, wie die kleinen Hebel am oberen Teil zeigen.

Diese Farben-Siebmaschine arbeitet mit 2 rotierenden Tellerbürsten, welche sich sowohl um ihre eigenen Achsen, als um die Achsen des Siebes drehen, also eine sogenannte Planetenbewegung machen. Sie streichen am feindurchlöcherten Boden des blechernen oder gusseisernen Siebgefässes hin und drücken die Farbteilchen durch die kleinen Löcher hindurch in die darunter stehenden, grösseren Blechgefässe, die deshalb etwas grösser sein müssen, weil meist mit etwas Wasser nachgespült wird. Der Boden der Siebe kann leicht abgehoben werden behufs Reinigung und Auswechselung. Da alle Knötchen und Unreinheiten in den Sieben zurückbleiben, so ist die in den darunter stehenden Gefässen befindliche Farbe nun vollständig zum Aufstreichen fertig. In diesen blechernen, mittelst Henkeln tragbaren, meist kupfernen Kübeln wird nun die Farbe zunächst durch Dampf nochmals erwärmt und dann zu den Streichmaschinen hingeschafft und in die entsprechenden Farbenschiffe oder -Tröge gegossen.

Die Streich-, Färb- oder Grundiermaschine hat nun folgende Gestalt, die aber verschieden ist, je nachdem das Papier, wie wohl in den meisten Fällen in Rollen, oder andererseits in Bogen verarbeitet werden soll. Ehe jedoch zu diesen Sorten übergegangen wird, muss noch an die in dem Exnerschen Buche beschriebene und abgebildete erste deutsche Grundiermaschine von Karl Hummel in Berlin angeknüpft werden. Dieselbe war damals die erste und einzige deutsche Konstruktion und wurde die gleichmässige Vertreibung der auf das enndlose Papier gebrachten Farbe durch vier Stück runde Pinsel bewirkt, die in einem Rahmen gelagert, eine hin- und hergehende Bewegung erhielten. Aber auch andere Buntpapierfabrikanten, wenigstens eine Dresdener Firma (Theodor Kretzschmar) haben um dieselbe Zeit verschiedene Versuche gemacht, die damals nur gebräuchliche Handarbeit durch Maschienenarbeit zu ersetzen, und schliesslich hat der letztere eine Maschine konstruiert, die ihren Zweck vollkommen erfüllte, und sogar heute noch, wenn auch zu etwas anderem Zwecke in der Fabrik benutzt wird. Sie ist natürlich schmäler, als die neueren, nicht viel über $^1/_2$ Meter breit, und ein Farbenfilz trägt aus einem Farbenschiff die Farbe auf das Papier auf; dieses geht dann über einen feststehenden Tisch, über welches sich zur Fortführung ein endloses Gummituch bewegt: Die Farbenverteilung jedoch ist der heute noch bevorzugten am ähnlichsten, denn sie geschieht durch drei lange, über das ganze Papier hinweggehende Bürsten, die von beiden Seiten aus durch horizontal gehende, kleine Kurbeln eine nicht nur hin- und hergehende, sondern auch etwas drehende Bewegung über das darunter hinweggezogene Papier ausführen, ungefähr so, wie man mit der Hand die Farbe auftragen und verreiben würde. Die weitere Fortführung und Aufhängung zum Trocknen geschah dann nahezu, wenn auch auf einfachere Weise, so wie heutigen Tages.

Nach dieser Abschweifung sei nun die oben erwähnte Grundiermaschine, wie sie jetzt fast gleichmässig überall angewendet wird, näher beschrieben, und zwar nach der Zeichnung Fig. 7. Der Hauptteil der Maschine ist der grosse Färbcylinder, der aus Gusseisen besteht, und 1 Meter Durchmesser besitzt, auf dem 6 oder 8 über die ganze Breite gehende, schmale

Fig. 7.

Bürsten gelagert sind, unter denen das in einer Rolle hinter der Maschine eingelegte Papier nach vorn unter derselben hinweggeführt wird, so dass der Cylinder die Auflage bildet. Zu Anfang ist das Farbenschiff oder der Farbkasten in halbrunder Form und aus Kupferblech bestehend zu bemerken, welcher mit einem Rührer versehen und zum Heizen mit Dampf oder Gas eingerichtet ist. In dem Kasten liegt eine Kupferwalze, die in die Farbe eintaucht und ihre Farbe an einen über Kupferwalzen geleiteten Farbfilz abgiebt, der das Rollenpapier berührt und dadurch die Farbe an dasselbe überträgt. Durch Verstellen der Farbwalzen lässt sich die Farbe dicker oder dünner auftragen, was manchmal absichtlich so dünn geschieht, dass selbst Fachmänner kaum den Strich erkennen können. Die auf dem Cylinder liegenden 6 oder 8 Bürsten sind so angeordnet, dass sie behufs Reinigung durch Stellschrauben mit Flügelmuttern schnell an- und abgeschraubt werden können, und dass die erste stets eine unveränderliche Lage erhält, d. h. stillsteht, während die nächste durch eine kleine Kurbel eine ziemlich schnell erfolgende, hin- und hergehende Bewegung erhält. Die Bürste ist dabei in einer Führung geführt und die Einrichtung getroffen, dass immer die eine beweglich und die nächste abwechselnd feststehend angenommen ist. Der Antrieb dieser Bürsten erfolgt von der unter dem Farbcylinder liegenden Hauptwelle durch einen verwandten Riemen auf eine an der rechten Seite schiefliegende, kleinere Welle. Selbstverständlich lassen sich die Bürsten einzeln auf jeder Seite durch ein Stellrädchen höher oder tiefer stellen, damit sie entweder stärker auf das Papier aufdrücken oder auch wegen nach und nach eintretender Abnutzung nachgestellt werden können. Damit etwa über den Rand des Papieres etwas überquellende Farbe den Färbecylinder nicht beschmutzt, hat der Cylinder noch einen Schaber, der alles, was daran hängen bleibt, sauber abschabt. Die Borsten der Bürsten sind so eingerichtet, dass die erste Bürste die steifsten und stärksten Borsten erhält, während sie bei den nachfolgenden immer feiner werden, und die letzten 2 Stück sogar aus feinstem Dachshaar hergestellt sind, so dass diese nur wie ganz feine Pinsel wirken. Die durch den Farbfilz nicht ganz gleichmässig auf das Papier aufgetragene Farbe wird also schon durch die erste steife Bürste ziemlich gleichmässig gestrichen, wenn auch in Streifen, und durch die nachfolgenden immer mehr verrieben, bis schliesslich die feinen. und die letzte, stillstehende Bürste die Oberfläche der noch feuchten Farbe so gut ebnen, dass auch nicht die Spur eines Farbenstriches mehr zu bemerken ist. Die Bürsten können auf verschiedene Weise hergestellt werden, doch haben sich die alten, eingepichten Borsten am allerbesten bewährt, weniger diejenigen mit Gummiböden. Die Abnutzung ist gar nicht unbedeutend, so dass besonders die feinen Dachshaarbürsten schon nach ungefähr 6 Wochen, spätestens nach einigen Monaten erneuert und ausgewechselt werden müssen.

Zuweilen wird auch der Färbecylinder mit einem Gummischlauch überzogen, damit das Papier gut durchgezogen und beim Streichen und Vertreiben der Farben nicht rutschen kann.

Eine solche hier beschriebene Maschine, wie sie Grahl & Höhl in Dresden bauen, liefert bei normaler Geschwindigkeit 1200—1500 Meter gestrichenes Papier pro Stunde, was in einem Tage ungefähr 18 000 Meter ausmacht, und welches natürlich unmittelbar hinter der Maschine auch fortlaufend getrocknet

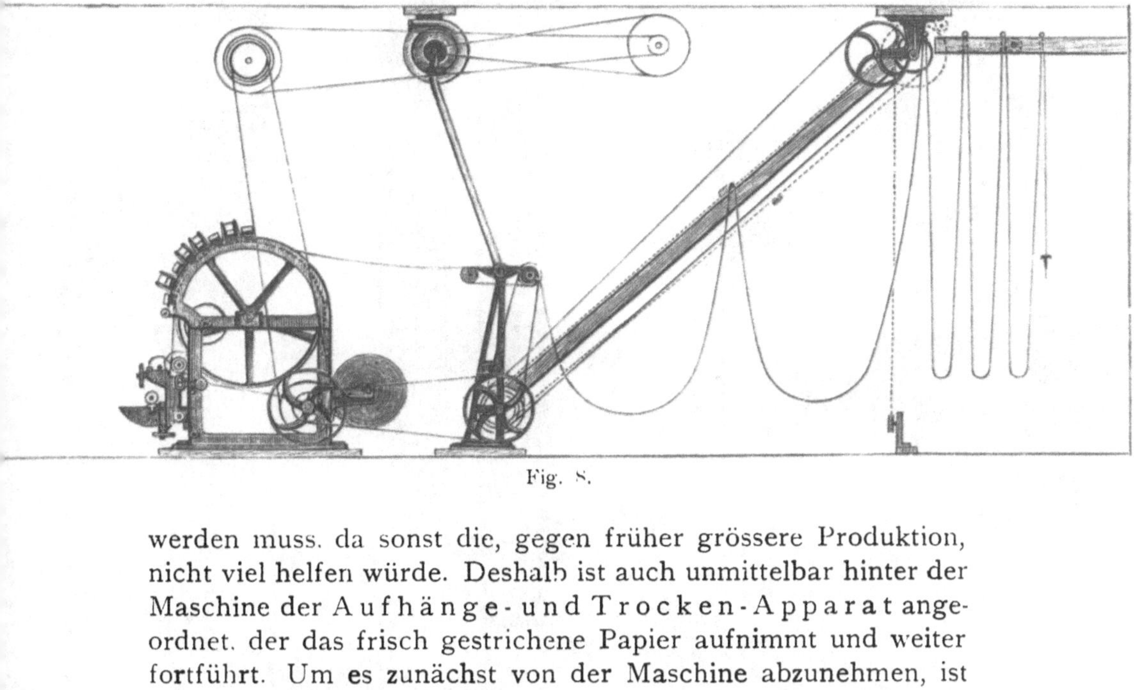

Fig. 8.

werden muss, da sonst die, gegen früher grössere Produktion, nicht viel helfen würde. Deshalb ist auch unmittelbar hinter der Maschine der Aufhänge- und Trocken-Apparat angeordnet, der das frisch gestrichene Papier aufnimmt und weiter fortführt. Um es zunächst von der Maschine abzunehmen, ist der sogenannte Pneumatische Zugapparat eingeschaltet, der sowohl das dünnste als auch das dickste Papier und den stärksten Carton mit absoluter Sicherheit aus der Färbemaschine zieht. Er ist in Fig. 8 abgebildet und besteht aus einem kleinen Gestell, das oben einen durchlöcherten Tisch trägt, wenigstens einen hohlen Tisch, dessen obere Platte durchbrochen ist, und über den sich ein ebenfalls durchlöchertes, über zwei Walzen laufendes, endloses Gummituch bewegt, während ein kleiner Ventilator, der sich an der Decke befindet, durch ein Rohr die

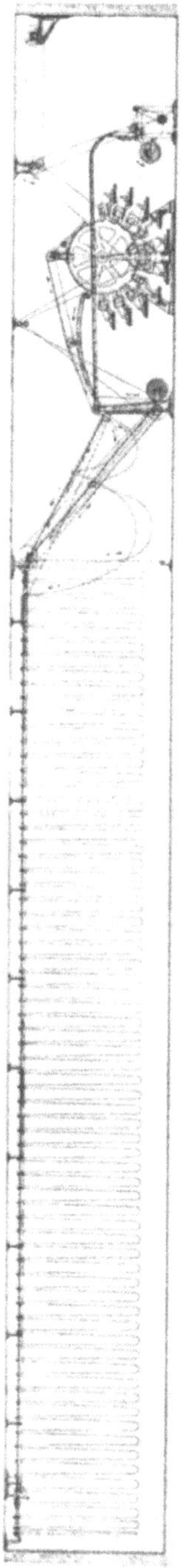

Fig. 9.

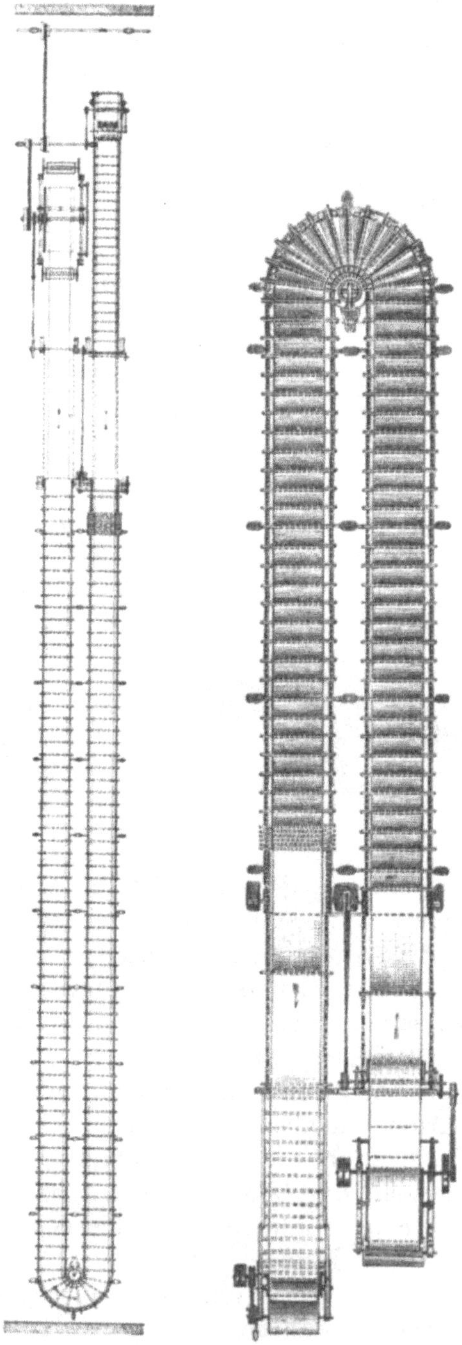

Fig. 10.

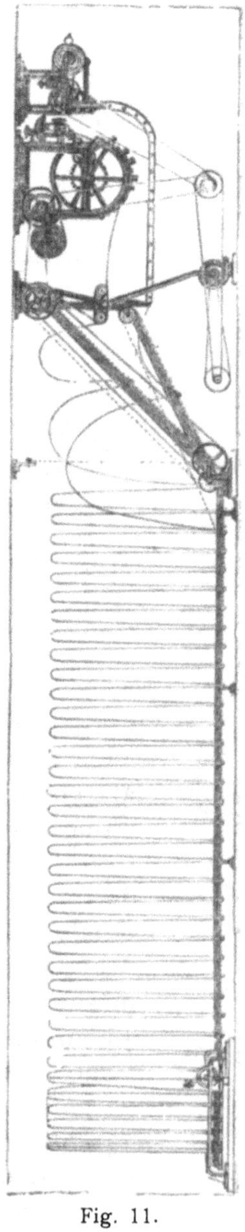

Fig. 11.

Luft aus dem hohlen Tisch heraussaugt. Wenn nun das gestrichene Papier auf den Tisch gelegt wird, so deckt es die Löcher des Gummituches zu, wird festgesaugt und durch das Tuch so viel davon fortbewegt, als durch die Grundiermaschine neu gestrichen fortwährend hinzukommt. In grösserem Massstabe und deutlicher sieht man den Zugapparat in Fig. 9, wo er zugleich verbunden ist, mit dem dicht daneben stehenden automatischen Stabeinleger, der einen charakteristischen Teil der nun folgenden Aufhänge-Vorrichtung oder des Trockenapparates bildet.

Der Gedanke der ganzen Einrichtung ist fast genau so, wie bei der von Isidor Leroy in Paris erfundenen, und in Exners Werk, Atlas, Tafel V und VI abgebildeten Accrocheuse. Hier sind zwei parallel laufende Seile langsam laufend angenommen, über die in gewissem Abstande viereckige Stäbe liegen, über welche die feuchte Bahn so gehängt wird, dass sie bis fast auf die Erde reichend in grossen Schleifen herabhängt, sich langsam vorwärts bewegt, und zwar so lange, bis sie am Ende getrocknet ankommt und aufgerollt werden kann. Zur Beschleunigung der Trocknung ist Heizung in Dampfkästen unter der aufgehängten Bahn angenommen.

Ganz ähnlich, nur noch besser durchgearbeitet und sicherer wirkend, ist die von Grahl & Höhl gebaute Aufhänge-Vorrichtung, wo an Stelle des Seiles zwei lange Ketten treten, die, wie andere Ketten, aus länglichen Kettengliedern bestehen, welche die, hier runden Holzstäbe, langsam vorwärts tragen. Um das Lokal, in welchem die Maschine steht und die Trocknung erfolgen soll, nicht allzu lang machen zu müssen, hat man der Papierbewegung eine rückläufige Bewegung gegeben, so dass der ganze Apparat mit der Maschine die Gestalt erhält, wie der Grundriss in Fig. 11 erkennen lässt. Dadurch genügt ein Lokal, welches 35—40 Meter lang ist, aber trotzdem eine zusammenhängende Papierbahn von 1200—1500 Meter zum Trocknen aufnehmen kann. Es sei erwähnt, dass bei kurzen Lokalen die Trockenvorrichtung auch in mehreren Umkehrungen angelegt werden kann. Die eigentliche Arbeit der Aufhängung erfolgt nun folgendermassen. Sie wird durch zwei sehr lange, endlose Gliederketten und durch zwei kürzere, parallele Paare Transportketten ausgeführt: Dicht hinter dem pneumatischen Zugapparate, nahe am Boden bei a befindet sich der Antrieb der kurzen Ketten, welche die unter dem Zugapparat befindlichen, runden Holzstäbe die steile, schiefe Ebene bis nach b unter der Decke des Lokales hinauftransportieren soll; je rechts und links befindet sich eine solche Kette, sie ist glatt und geht dicht an dem Holzstab vorüber, trägt aber zwei Nasen, die jedesmal einen Stab erfassen und bis auf die oberen Ketten heben, und dort auflegen. Ueber diesen Stab wird das gestrichene Papier geschlungen und somit ebenfalls emporgehoben. Die oberen Ketten gehen nun nur horizontal an der Decke hin, wo Böckchen die Kettenleitrollen tragen, befestigt sind. Die Fig. 11 zeigt im Grundriss, welchen Weg die Ketten, respektive das Papier nehmen muss, und dass eine äussere und eine innere Kette existiert. Bei c, dicht neben b beginnt die äussere, läuft gerade bis ans Ende des Lokals, wird über einzelne Leitrollen im Bogen herumgeführt, dann wieder rückwärts bis d, dann hinunter, am Boden quer auf die erste Seite hinüber und wieder hinauf nach c, so dass die endlose Kette hergestellt ist, die sich bei gleichmässiger Drehung des Antriebsrades natürlich auch auf ihrer ganzen Bahn gleichmässig langsam oder schneller vorwärts bewegt. Die innere Kette, die ebenfalls genau gleichschnell, meist parallel der ersteren gehen muss, aber, wie aus der Zeichnung ersichtlich, einen kürzeren Weg zu machen hat, geht von e aus, geradeaus bis an die Umkehrstelle, wird dort über das Kettenrad ein kleines Stück nach abwärts geführt, über eine Rolle, unter der dort befindlichen, runden Scheibe hinweg, auf der anderen Seite derselben wieder empor, und auf der ganzen inneren Seite parallel der ersten Hälfte zurück biss f, von wo die Kette dann wie die erste bis an den Boden herab, quer über und bis zu dem Anfang emporgeführt ist, so dass ebenfalls eine endlose Kette entsteht. Da an der Umkehrstelle der innere Bogen viel kleiner als der äussere ist, also das aufgehängte Papier an der inneren Seite einen kleineren Weg als an der Aussenseite zu machen hat, demnach die Stäbe, welche die Unterlage bilden, dort zurückbleiben müssen, so ist die innere Kette, wie schon erwähnt, an dieser Stelle nicht als Träger für die Holzstäbe benutzt, unter der Vorrichtung hinweggeführt, sondern es kommt eine runde, glatte Scheibe zur Anwendung, welche durch auswechselbares Vorgelege langsam gedreht wird und auf welche die Stäbe von der Kette aus fallen, während die äussere Kette gleichmässig weiter geht. Je nach der Breite des Papieres kann durch Auswechseln eines anderen Zahnrades die Umdrehungsgeschwindigkeit dieser Scheibe noch etwas verlangsamt oder entsprechend beschleunigt werden. Sobald die Stäbe den Halbkreis bei der Umkehrungsstelle passiert haben, werden sie an der Innenseite wieder von der inneren Kette aufgenommen und bis ans andere Ende fortgeführt. Ihre Entfernung von einander beträgt ungefähr 30—40 Centimeter, so dass die herunterhängenden Papierschleifen oben so breit und unten noch etwas weniger breit sind. Am Ende bei d angekommen, wo die Kette nach unten geht, tritt auf jeder Seite eine besondere, kurze, endlose Kette, die in gewissen Abständen mit nach oben stehenden Stiften besetzt ist, in Thätigkeit, welche nur dazu dienen, den Weitertransport der nun überflüssig gewordenen Stäbe zu übernehmen, ein unregelmässiges Herabgleiten derselben auf der durch die Ketten gebildeten schiefen Ebene zu vermeiden und ein Auseinanderziehen der getrockneten Papierbahnen nach der Aufrollmaschine vorzunehmen, wie aus der Zeichnung, Fig. 10, ersichtlich ist. Sobald diese Transportkette die tiefer, dicht über dem Stabeinleger befindliche Rolle verlassen hat, fällt der Stab herunter zwischen 2 Schlitze in den Seitenwänden des Stabeinlegers, wo, wie Fig. 9 zeigt, stets eine grössere Anzahl von Stäben aufgefangen und aufbewahrt bleiben. Aus derselben Figur ist aber auch ausserdem zu ersehen, dass von der Antriebswelle des daneben stehenden Zugapparates ein Paar verschiebbare conische Stäbchen bewegt werden, die wieder eine horizontalgehende, kürzere, endlose Kette in Bewegung setzen, welche auch am Boden des Stabeinlegers hingeht, und nur den untersten der dort angesammelten Stäbe nach seitwärts unter den Zugapparat mitnimmt, von wo er durch die Anfangs schon erwähnte Abnahmevorrichtung unter das frisch gestrichene Papier und dann weiter fort geführt wird, der Kreislauf demnach von neuem beginnt.

Je nachdem die Maschine breiter ist, oder auch stärkeres, schwereres Papier darauf gestrichen wird, werden stärkere Holzstäbe benützt. Zum Zwecke der Heizung des Lokales werden nun unter der Trockenvorrichtung Kanäle geführt, die an verschiedenen Stellen heisse, trockene Luft entweichen lassen, oder auch Dampfheizungsrohre sowie Rippenheizkörper angebracht. Selbstverständlich befördert es die Trocknung, wenn die durch das Verdunsten der Farbe nach und nach feucht gewordene Luft durch einen oder mehrere Ventilatoren oder vielmehr Exhaustoren aus dem Lokale entfernt wird, so dass immer wieder trockene Luft nachströmen kann. Sehr bequem und sauber sind besonders die durch elektrischen Betrieb bewegten Ventilatoren, da sie an jedem besonders passenden Orte aufgestellt werden können. Es ist aber wohl zu berücksichtigen, dass der oder die Exhaustoren nicht unnötig stark in Anspruch genommen werden, da durch zu starken Zug leicht Staub entwickelt wird, der das frisch gestrichene, feuchte Papier bedeutend verunreinigen und ausserdem einen grossen Wärmeverlust zur Folge haben würde. Es sei an dieser Stelle gleich noch eine Regel erwähnt, die bei Anlage einer neuen Buntpapierfabrik Berücksichtigung finden kann. Es ist schön, bei einer neuen Fabrik alle oder möglichst viele gleichartige Maschinen in einem grossen Raume unterbringen zu können und das wird am besten erreicht, wenn man den Raum nur zu ebener Erde anlegt und ein sogenanntes gebrochenes, zickzackförmiges Dach, oder Sheddach, daraufsetzt. Bezüglich der Beleuchtung und anderer Vorteile, wird diese Einrichtung gewiss vorzüglich sein. Man hat öfter auch für Buntpapierfabriken diese Anlage gewählt, doch kommt man davon jetzt ganz ab, da die Abkühlung des ganzen Raumes wegen des grossen Daches besonders im Winter zu bedeutend ist, der Aufwand für Heizung sich unverhältnismässig hoch stellt und die Einrichtung sich viel besser bewährt, ein mehrere Etagen hohes Fabrikgebäude herzustellen und den Streich- respektive Trockenraum zwischen andere Lokale zu legen.

Nach dieser Einschiebung ist in der weiteren Fabrikation fortzufahren: Wenn das Papier getrocknet und die Stäbe in den Stabeinleger gefallen sind, wird es direkt auf die Aufrollmaschine geführt. Es ist dies keine Maschine, die nur speziell für die Buntpapierfabrikation gebraucht wird, und braucht deshalb eigentlich auch nicht so genau beschrieben zu werden. Fig. 12 zeigt sie in der Ansicht, woraus man deutlich erkennt, dass das von der Aufhängung kommende Papier über eine bogenförmige, aus Stäben bestehende Fangvorrichtung geht, wo es straff gespannt und ausgestrichen wird und durch verstellbare Schienen oder Backen eine zwangsläufige Führung erhält. Nachdem es noch zur besseren Spannung über mehrere Walzen geführt ist, wird es auf einer runden Holzhülse, die auf eine vierkantige Welle gesteckt und durch Conusse darauf befestigt ist, aufgerollt. Der Antrieb dieser Welle geschieht, wie bei allen derartigen Aufrollvorrichtungen durch einen Riemen mit Spannrolle, welcher in dem Masse, als die Rolle stärker wird, gleitet; das Papier wird durch eine, während des Ganges regulierbare Spannvorrichtung gespannt, damit die Rolle fest

Fig. 12.

wird, und die Geschwindigkeit des Papieres wird durch eine Trommel, um welche dasselbe geführt wird, gleichmässig erhalten. Die Maschine, wie sie hier beschrieben ist, wird von Grahl & Höhl in Dresden gebaut, aber auf Verlangen auch als Doppelmaschine geliefert, die zwei Bahnen nebeneinander auf zwei einzelne, vierkantige Wellen aufwickelt. Die einzelnen Wellen werden durch Friktionsscheiben getrieben. Ferdinand

Flinsch in Offenbach baut ebenfalls Färbemaschinen, sowie Aufrollmaschinen u. s. w., die sich praktisch sehr gut bewährt haben.

Die so aufgerollten, gestrichenen Papiere sind aber meist noch lange nicht fertig, sondern müssen noch, je nach ihrer Verwendung, entweder matt, stärker oder sehr stark satiniert

Fig. 13.

werden, dann auch eventuell geschnitten werden, überhaupt manche Manipulation durchmachen. Ehe dies aber hier beschrieben wird, muss vorher noch die Besprechung des Färbens in Bogen vorangehen, dem wieder eine andere Arbeit, das Cachieren oder Uebereinanderkleben von 2, 3 oder mehr Bogen Papier an die Spitze zu stellen ist. und welche man nötig hat, um die, zu vielen Zwecken gebrauchten, sehr starken Papiere zu erhalten. Wenn nun einzelne Bogen übereinander zu kleben sind, genügt die einfachere Bogenklebmaschine, bei Rollenpapier jedoch, wie es ja meist angewendet wird, und wo 2, 3 oder mehr Rollen vereinigt werden sollen, kommt die Rollen-Klebmaschine zur Anwendung, die in Fig. 13 abgebildet ist, und für 4 verschiedene Rollen eingerichtet wurde. In der Figur sind diese vier Rollen am rechten Ende eingelegt, also am Ende der Maschine sichtbar, und lagern übereinander in einem höheren Gestell, auf dem auch der Behälter mit dem Klebstoff, meist Stärkekleister, sich befindet. Aus diesem Behälter geht ein durch Hahn abschliessbares Fallrohr, von dem wieder Abzweigungen in 3 Kupferschiffe führen, welche den Kleister für die übrigen Bahnen aufnehmen. In den Schiffen liegt je eine eiserne oder kupferne Walze, die den Klebstoff aufnimmt, und an eine zweite Walze abgiebt; dicht davor liegt die nach oben und unten verstellbare Walze c um die das Papier von der Rolle aus herumgeführt ist. Wird sie mehr nach unten gesenkt, so wird das Papier mehr an den Umfang der Klebwalze b angedrückt, also stärker mit Kleister versehen. Weiterhin streichen bei jeder Bahn feststehende Bürsten das Klebmaterial etwas gleichmässiger aus und dahinter werden die Bahnen zwischen zwei oft mit Filz überzogene Walzen gleichzeitig hindurchgelassen, also zusammengeklebt, oder über 3 Cylinder geführt, welcher jeder 1 Meter Umfang hat und schliesslich durch einen beliebigen Schneidapparat in das entsprechende Format geschnitten: Es ist natürlich, dass sich das feuchte Papier nicht ganz glatt und sauber schneiden lassen wird, aber da es auch nicht an den Seitenrändern absolut genau übereinander geklebt ist, thut man gut, für einen späteren Beschnitt an dem Format etwas zuzugeben.

Die in Fig. 13 abgebildete Maschine ist, wie erwähnt, für 4 Rollen eingerichtet, wird aber auch bis zu 6 Rollen gebraucht, da z. B. der Carton, der zum Aufkleben von Photographien benutzt wird, sehr stark verlangt wird. Oft wird es wohl nicht vorkommen, dass bis 6 gleiche Papierrollen zusammengeklebt werden, da man schon der Sparsamkeit wegen, als Jnneneinlagen billigeres Papier, oft aber auch der Festigkeit wegen Cellulose- oder braunes Holzpapier nehmen und nur als Deckblätter gutes, weisses Papier wählen wird.

Soll das in und von Rollen geklebte Papier auch in Rollen weiter verwendet, also mit Farbe gestrichen werden, wie es ja in manchen Fabriken geschieht, so ist der Querschneider weggelassen und dicht hinter der Maschine eine aus mit Dampf geheizten Cylindern bestehende Trockenpartie eingeschaltet, die dem Ganzen bei flüchtigem Anblick das Aussehen einer Papiermaschine verleiht, und auch wie eine solche dies endlose Papier trocknet.

Nachdem das Papier cachiert und in Bogen geschnitten worden ist, die neuerdings oft ein sehr grosses Format haben, weit über einen Quadratmeter, setzt man sie in gewöhnliche Packpressen oder grosse hydraulische Pressen ein und presst sie,

Fig. 15.

damit die Klebflächen überall möglichst gleichmässig an einander haften und überflüssiger Kleister entfernt wird. Nachdem das Papier längere Zeit unter Druck gestanden und bereits etwas getrocknet ist, muss nun zunächst die vollständige Trocknung erfolgen. Da dies durch Trockencylinder, wie bei Rollenpapier, nicht möglich ist, haben jetzt schon eine grosse Anzahl von Buntpapierfabriken einen Trockenapparat für Bogen angeschafft, der sich wie gesagt, sehr gut bewährt hat und bereits in mehr als 100 Exemplaren von der Maschinenfabrik von Friedrich Müller in Potschappel bei Dresden gebaut wurde. Derselbe ist dieser Firma unter Nr. 39314 des D.-R.-P. patentiert worden und hat diejenige Gestalt, wie sie nachstehende Figuren, zunächst die Fig. 15, in der perspektivischen Ansicht zeigt. Aus derselben sieht man schon deutlich, dass der Gedanke hier darin besteht, zwei sehr lange Gliederketten ohne Ende in einem schmiedeeisernen, so hoch wie das vorhandene Lokal angelegtem Gestelle, über Rollen hin- und herzuführen, diese Ketten als Träger für leichte Rahmen zu benutzen, die die Auflagefläche der zu trocknenden Papierbögen bilden, und so einen verfügbaren Raum bis aufs Ausserste auszunutzen. Am Boden liegen beliebig ausgeführte Heizungsröhren und die durch sie erwärmte Luft kann durch den ganzen Apparat emporsteigen, da die einzeln beweglichen Holzrahmen nur mit Bändern durchflochten sind, und so der Luft den Zutritt von allen Seiten gestatten. Der Zwischenraum der Rahmen übereinander ist in der Regel 115 mm, wird aber für besondere Zwecke auch bis 150 mm eingerichtet.

Die Anwendung der Ketten und Rahmen im allgemeinen, ist noch genauer aus Fig. 16 zu ersehen und im Detail aus Fig. 15 und 16. An den inneren Seiten des Gestells laufen über Rollen a a a die endlosen Ketten d d vielfach hin und her, wie in den Zeichnungen durch Pfeile angegeben ist. Die leichten Holzrahmen b b b stecken mittelst Zapfen c c c in entsprechender Entfernung von einander in den Gliedern der endlosen Ketten und können sich mittelst dieser Zapfen also zwischen den Ketten leicht bewegen, so dass sie besonders an den Umkehrstellen hinten und vorn nach Fig. 17 solche Stellungen annehmen werden, wie sie in den drei übereinander gezeichneten Lagen in den verschiedenen Stadien der Umdrehung des Rahmens stattfinden. Fig. 18 ist hier ein Durchschnitt, rechtwinkelig zu Fig. 17. Die Ketten werden von der Welle unter dem Tisch A aus durch das Zugvorgelege B in Bewegung gesetzt. Bei C (Fig. 16, links) steigen die Rahmen b b b nach oben und schleppen auf den Leisten e e, bis sie auf den oberen Kettenleisten f f und den Nebenleisten g g ankommen, und sich dort horizontal legen. Von hier aus gehen die Rahmen b b b fortwährend horizontal von oben nach unten, bis sie wieder bei C ankommen und von neuem emporsteigen. Zur Ermöglichung der Umkehr der Rahmen am Anfang und Ende des Apparates befinden sich an dem äussersten Ende eines jeden Rahmens die Schleppeisen h h. Diese Schleppeisen laufen auf den Neben-

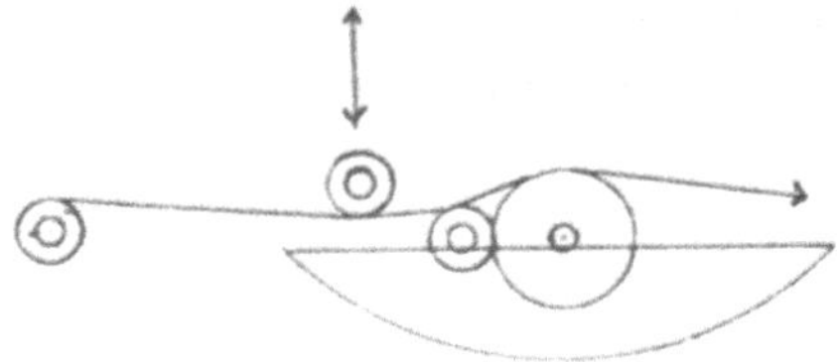

Fig. 14.

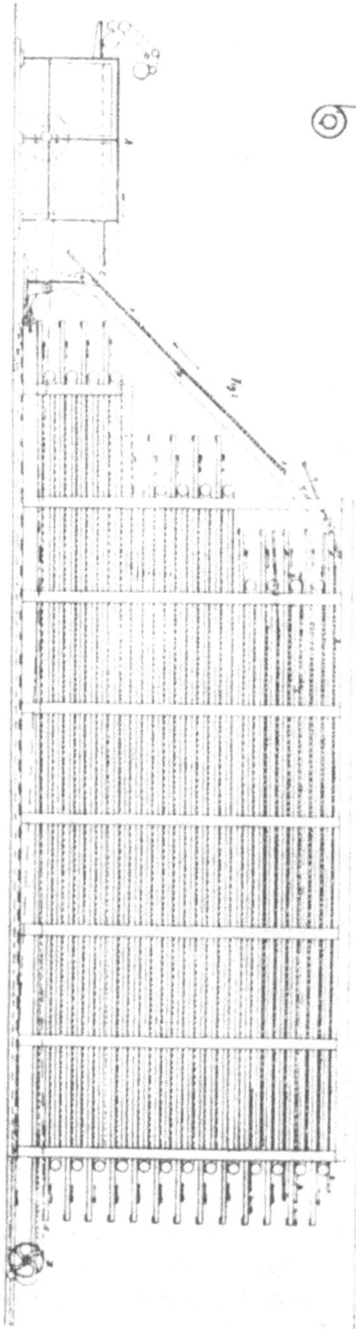

Fig. 16.

Fig. 17.

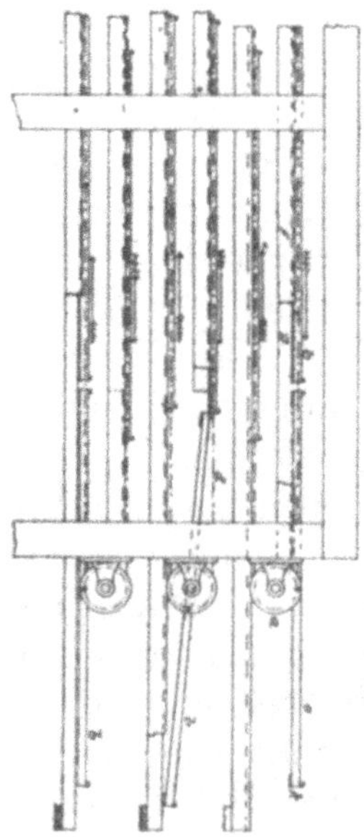

Fig. 18.

leisten g g der Leisten f und halten so die Rahmen stets in horizontaler Lage. Die oberen Nebenleisten g g sind von jeder Umkehrstelle um die Hälfte einer Rahmenlänge gekürzt, so dass die Rahmen, wenn sie bei den Kettenrädern a, Fig. 15, ankommen, frei in den Zapfen c o hängen, sich daher auf die unteren Leisten ff und gg, welche um die halbe Grösse der Rahmen bb länger sind, legen und ihren Lauf in der Richtung der in Fig. 15 eingezeichneten Pfeile horizontal fortsetzen können.

Die Ketten bewegen sich sehr langsam vorwärts, so dass ein auf den Rahmen gelegter Bogen erst in ungefähr 2 Stunden wieder auf seinen Ausgangspunkt zurückkommt. Dies wird bei entsprechender höherer Temperatur meist auch für die beabsichtigte Trocknung genügen, und wenn nicht, kann die Umdrehung wiederholt, ebenso aber auch die Umdrehungsgeschwindigkeit verringert oder auch vergrössert werden.

In einer der nächsten Fabrikationen kommt übrigens derselbe Trockenapparat ebenfalls zur Anwendung und wird an jener Stelle nochmals darauf hingewiesen werden. Dass er sich bewährt hat, zeigt schon der Umstand, dass in einer grossen Chromopapierfabrik Leipzigs allein 14 Stück davon in Thätigkeit sind.

Nachdem nun also das Papier, wie beschrieben, mehrfach übereinander geklebt worden und getrocknet ist, hat es sich natürlich etwas geworfen, liegt nicht mehr ganz eben und muss daher vor dem Streichen noch einmal schwach satiniert werden, damit es eine ganz glatte Lage einnimmt. Dies geschieht in einigen Fabriken durch das einmalige Hindurchlassen zwischen ein paar Stahlwalzen. Verfasser hat sich selbst davon überzeugt, dass das Papier dadurch nicht „schwarz" wird, wie man in der Sprache der Papiermacher sagt, weil der Druck, der den beiden Satinierwalzen gegeben ist, nicht stark angenommen wird. Nun kann das Farbegeben oder Streichen auf den dazu konstruierten B o g e n - F ä r b e m a s c h i n e n beginnen.

Eine solche Bogen-Färbemaschine, ebenfalls von Grahl & Höhl gebaut, zeigt die Fig. 19, zu deren näheren Erklärung folgendes zu sagen ist: Der links sichtbare Filz ist der sogenannte Farbenfilz, dessen Führung und Thätigkeit aus Fig. 20 noch deutlicher zu ersehen ist. Dort ist f das Farbenschiff, in das die Farbwalze a eintaucht, welche ihre Farbe wieder an den Filz, dort, wo er um die Walze b herumgeführt ist, abgiebt, der sie in der Richtung des Pfeiles weiter befördert und bei der Walze c und d hindurchgeschoben wird, welche übereinander liegen und von denen d eine glatte, eiserne Walze ist, an deren beiden Seiten zwei Stahlschaber anliegen, die etwaige Verunreinigungen durch überquellende Farbe fortlaufend abschaben, und so die Walze stets rein halten. Die ab-

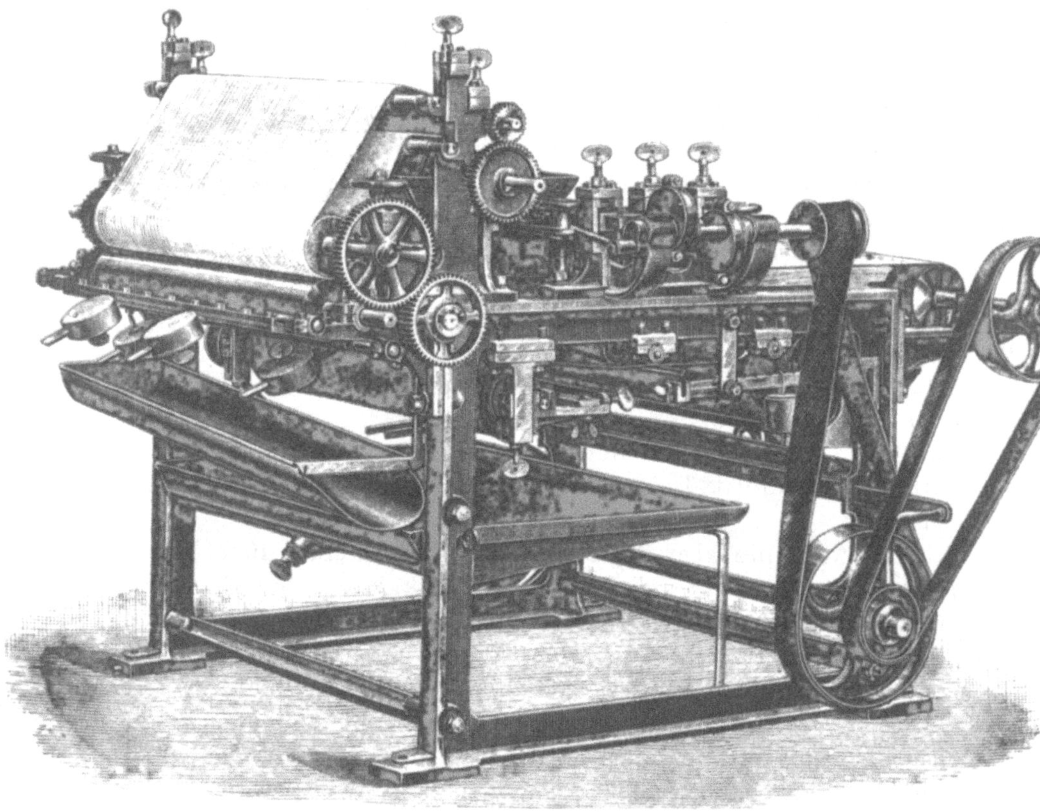

Fig. 19.

geschabten Farbenteile tropfen in die vorn sichtbare, etwas geneigte, seitwärts offene Kupferrinne und werden von da in ein untergestelltes Gefäss abgeführt. Direkt hinter den Walzen c und d bildet ein breites, starkes, endloses Gummituch einen horizontalen Tisch, auf dem fünf Stück breite Bürsten, von denen die letzte aus feinem Dachshaar ist, aufliegen und durch Hin- und Hergehen (teils durch Kurbel- teils durch Excenterbewegung) die durch den Filz aufgetragene Farbe verstreichen, genau wie bei den anderen Grundiermaschinen. Zu erwähnen ist noch dass die Farbwalzen und der Farbkasten aus Kupfer hergestellt sind, und letzterer noch eine Vorrichtung zum Heizen mit Dampf oder heissem Wasser besitzt. Durch eine einfache Regulation der Farbwalzen lässt sich die Farbe mehr oder weniger fett auftragen. Die Maschine färbt natürlich viel gleichmässiger, als es mit der Hand möglich ist und liefert pro Stunde 450—550 Bogen mittlerer Grösse. Die Rückseite wird nicht beschmutzt, so dass man auch doppeltseitig gefärbte Cartons herstellen kann. Um diese Beschmutzung zu verhüten, befinden sich unter der eigentlichen Maschine noch mehrere Schaber, die alles am Gummituch Anhängende abschaben, weshalb der grosse Blechkasten unterhalb angebracht ist.

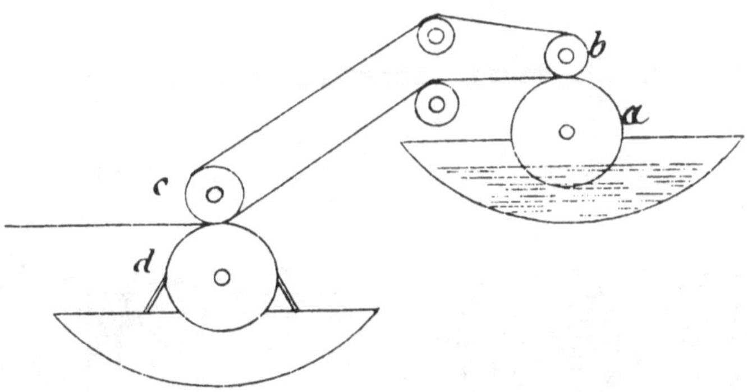

Fig. 20.

Damit die einzelnen Bogen durch die hin- und hergehenden Bürsten nicht ebenfalls verschoben werden, sind noch auf einer dünnen Welle sitzende, und nach dem Format verstellbare Rädchen, wie solche Fig. 21 zeigt, angebracht, die das Papier genügend festhalten.

Das so gestrichene Bogenpapier wird nun durch Müllersche Trockenapparate getrocknet oder wo diese nicht vorhanden sind, durch hürdenartige Trockeneinrichtungen.

Es ist bereits erwähnt worden, dass fast alle Streichpapiere noch einer weiteren Nacharbeit bedürfen, und dass diese hauptsächlich das Satinieren betrifft. Seiner späteren Verwendung als Papier zum Kunstdruck, als Glaceepapier u. s. w., bedarf es noch einer ganz verschiedenen Glätte, die auch auf sehr verschiedene Weise hergestellt werden kann, Die Hauptmenge, in Rollen gefertigt, wird durch die aus der Papierfabrikation her schon bekannten Kalander satiniert, von denen grössere

Buntpapierfabriken eine grosse Anzahl bis zu 20 und mehr Stück stets in Thätigkeit hat, und zwar je nach den verschiedenen Ansprüchen, 3, 5, 7, 9 und mehrwalzige Rollkalander. Der Sauberkeit und des nicht unbedeutenden Materialwertes der gestrichenen Papiere wegen, ist in manchen Fabriken die Anordnung getroffen, dass die Mädchen in dem Kalanderraume, durch deren Hände doch meist das Papier zu gehen hat, bei ihrer Arbeit weisse Handschuhe tragen, was einen ganz guten Eindruck macht. Ausser der Kalandersatinage wird aber namentlich das Bogenpapier zum teil auch noch zwischen Zinkplatten geglättet, obgleich diese Methode in der Papierfabrikation kaum

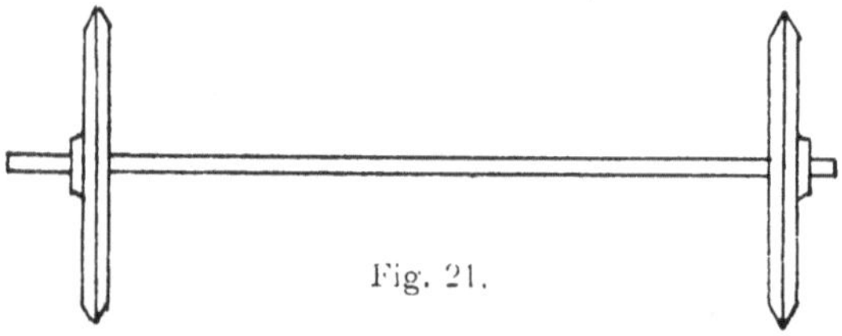

Fig. 21.

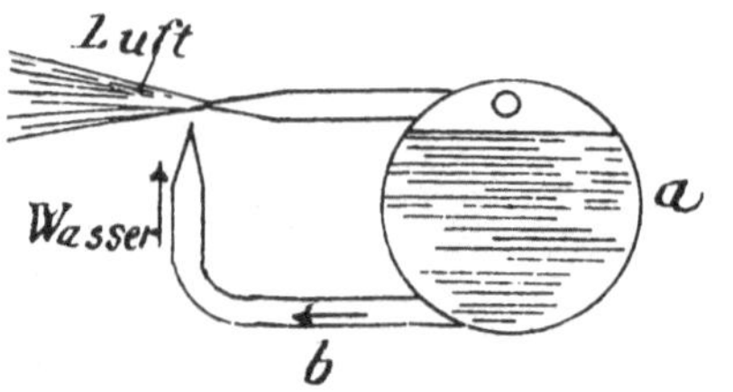

Fig. 22.

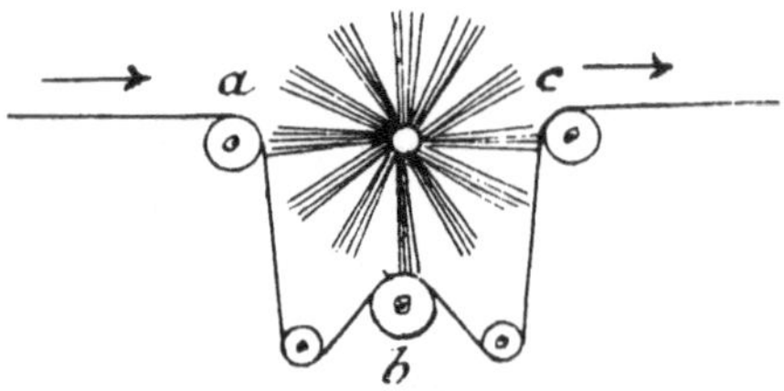

Fig. 23.

mehr üblich ist. Da der Druck nicht zu stark angenommen wird, ist der Erfolg nicht schlecht. In einer Chromopapierfabrik hat Verfasser noch 10 Plattensatinierwerke beobachtet.

Der Buntpapierfabrikation eigentümlich sind aber noch folgende zwei Methoden, von denen namentlich die erstere bei einem grossen Teile der gestrichenen Papiere zur Anwendung kommt. Es ist das Bürstverfahren, bei welchem durch schnellgehende, cylindrische Bürsten und unter Aufstreuen von Speckstein (Talcum) ein matter Glanz erzeugt wird. Die dazu gehörigen Maschinen können verschieden sein. Da nun das Papier welches gebürstet werden soll, meist vorher ein wenig angefeuchtet werden muss, es aber zu diesem Zweck eine sehr grosse Anzahl von Vorrichtungen giebt, so sei hier nur eine erwähnt, welche dem Verfasser in einer Fabrik aufgefallen ist, und die auf dem Prinzip der Blumenspritze basiert. Der hauptcharakteristische Teil dieser Anfeuchtmaschine ist ein ungefähr 10 Centimeter weites Wasserrohr a, welches am hinteren Ende der Maschine über dem Tisch derselben, wo das zu feuchtende Papier langsam vorüber geführt wird, quer über die Maschine in einem Gestell liegt. Das Rohr ist am Ende geschlossen. An seiner unteren Seite gehen lt. Fig. 22 neben einander liegend, eine grössere Anzahl kleiner aufwärts gebogener Röhrchen b nach vorn. welche oben in eine feinere Spitze enden, die eben so hoch steht, dass das Wasser nicht direkt herauslaufen kann. Durch entsprechende Einrichtung darf der Wasserstand im Hauptrohr überhaupt nicht die Höhe erreichen, dass es selbstthätig auslaufen kann. Im oberen Teil des weiten Rohres, oder darüber, liegt nun ein engeres, das viele Abzweigungen mit Spitzen hat, die alle direkt über die Spitzen der Wasserröhrchen reichen, und welches mit einem kleinen Ventilator in Verbindung steht. Durch den schnellen Gang dieses Ventilators wird nun fortgesetzt Luft in dieses Rohr gepresst, die dann wieder durch die feinen Spitzen in kräftigen Strahlen ausbläst. Genau wie bei einer Blumenspritze oder auch wie bei einem Inhalationsapparat wird nun aus dem jedesmaligen korrespondirenden Wasserröhrchen Wasser in feinen Strahlen aufgesaugt werden, das sich durch den Luftstrom zu feinem Nebel zerteilt. Nicht wie bei anderen Feuchtmaschinen erscheinen grössere oder kleinere Tropfen, oder eine Walze giebt das Wasser direkt an das Papier ab, sondern nur ein wirklicher Nebel entsteht, der eine milde Anfeuchtung giebt, aber keine einzelnen nassen Flecke macht, die höchst schädlich wirken würden.

Das Charakteristische bei den Bürstmaschinen sind nun entweder eine oder mehrere cylindrische Bürsten, die schnell rotieren, oft auch eine etwas hin- und hergehende Bewegung besitzen, und um welche das Papier so herumgeführt wird, dass es, der besseren Ausnutzung wegen, von ein und derselben Bürste an drei Punkten berührt, also dreimal gebürstet wird. Fig. 23 zeigt diese Art deutlich. a, b, c sind die Walzen, über die das Papier geführt ist, und welche verstellbar sind, damit man das Papier der Bürste mehr näher bringen oder von derselben entfernen kann. Die Herren Grahl & Höhl in Dresden bauen Bürst- und Satiniermaschinen, ausser für eine Bürste auch solche mit drei Bürsten, von denen in Fig. 24 eine dargestellt ist. Die gestrichene und schwach gefeuchtete Rolle wird auf der einen Seite links eingelegt, über 12 gedrehte, mittelst Kette verbundene Walzen, so wie in Fig. 23 angegeben, um die drei Bürsten geführt, und am hinteren Ende fertig satiniert, wieder selbstthätig aufgewickelt. Die 12 Walzen sind mit einer Vorrichtung versehen, wodurch alle, mittelst eines Handrädchens, gleichzeitig den Bürsten genähert oder von denselben entfernt werden können. Die Maschine hat ausserdem am Anfange eine Vorrichtung zum gleichmässigen Aufstreuen von Talkum, wo-

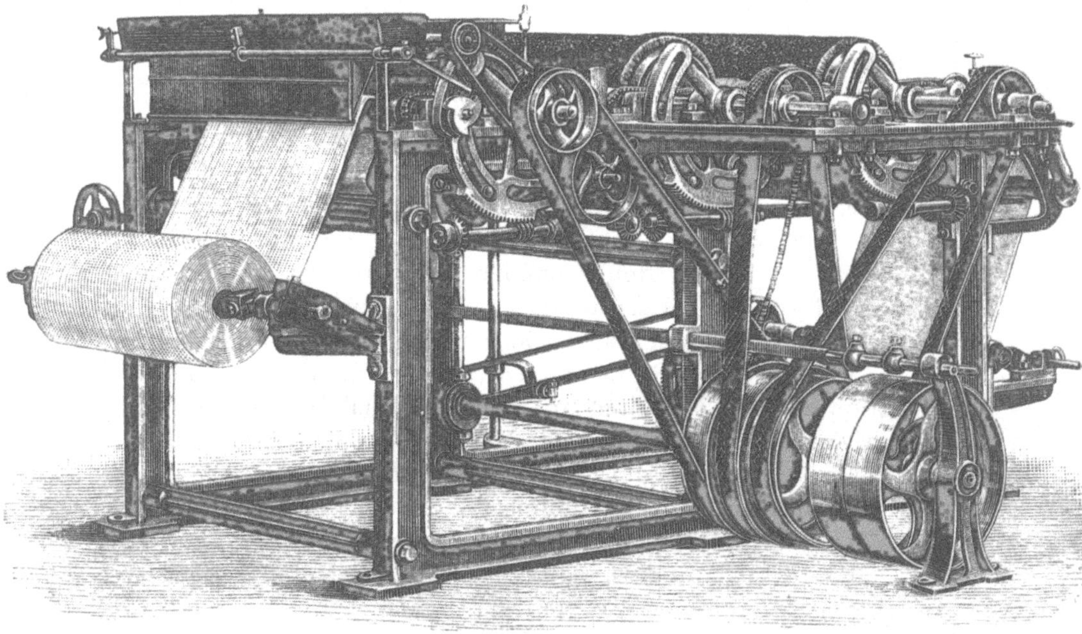

Fig. 24.

durch der matte Glanz noch befördert wird. Sie liefert 600 bis 800 Meter per Stunde. Es ist natürlich, dass in dem Raume, wo die Bürstmaschinen aufgestellt sind, die Entwickelung von Staub nicht zu vermeiden ist. Daher nimmt man das Bürsten meist in besonderen Lokalen vor, die durch einen starken Ventilator gut gelüftet sind.

Eine Bürstung erfahren hauptsächlich auch die dicken Cartons, und zwar kann dies ebenso auf einer grossen, hölzernen Trommel geschehen, auf welcher 7 Bürsten aufliegen, die schnell rottierend das Bürsten und Glätten besorgen, wobei sie in diesem Falle das Papier allerdings nur an einem Punkte berühren können.

Es giebt selbstverständlich auch Bogen-Bürstmaschinen für die geklebten Cartons oder aus besonderen Gründen in Bogen hergestellte Formate. Dieselben besitzen in der Regel nur eine grössere, rotierende Bürste, sowie drei sich langsam drehende, eiserne Walzen, zwischen welchen das Papier mit der Geschwindigkeit der letzteren durchgeht, so dass dasselbe ebenfalls, wie das Rollenpapier, bei einmaligem Durchgange dreimal gebürstet wird. Eine selbstthätige Vorrichtung zum Talkstreuen kann ebenfalls angebracht werden. Die Maschine liefert in einer Stunde ca. 400—500 Bogen. — Eine andere Bogen-Bürstmaschine arbeitet mit einem perforierten Gummituche, welches über einen mit Schlitzen versehenen Kasten läuft, aus welchem mittelst eines Exhäustors die Luft abgesaugt wird, wodurch die Bogen fest an das Gummituch angezogen werden, und dadurch das Verschieben der Bogen vermieden wird. Diese Konstruktion besitzt ausser der zuletzt wirkenden cylindrischen, rotierenden Bürste noch zwei flache, durch Kurbeln hin und her bewegte Bürsten, welche die Oberfläche schnell bestreichen, das eventuell aufgestreute Talkum gleichmässig verteilen und die Satinage mit ausführen helfen.

Das notwendige Satinieren der hauptsächlichsten Mengen von gestrichenen Papieren erfolgt durch Kalander, deren Konstruktion schon aus der „Papierfabrikation" als bekannt vorausgesetzt werden muss. Jede Buntpapier- oder Chromopapierfabrik besitzt davon eine grosse Anzahl, oft 18, 20 oder mehr Exemplare, die nur je nach der beabsichtigten darauf zu erzielenden schwächeren oder stärkeren Glätte aus 3, 5, 7, 9 oder mehr Glättwalzen bestehen.

Daneben sind manchmal, wie schon erwähnt, noch „Plattensatinierwerke aufgestellt. Eine Art der Satinage, die in der Papierfabrikation wohl schon längst verschwunden ist, in der Buntpapierfabrikation aber noch angewendet wird, da durch sie ein aussergewöhnlicher Hochglanz hervorgerufen wird, muss hier nähere Erwähnung finden. Es ist dies die Steinglätte für Bogen- und Rollenpapier. Wie früher mit der Hand, durch polierte Achatsteine, durch Hin- und Herreiben auf dem Papier, überhaupt nur eine Glätte erzeugt werden konnte, so hat man jetzt dieselbe Arbeit mit modernen Maschinen natürlich besser, gleichmässiger und schneller ausgeführt, und sei daher eine solche in Fig. 25 näher dargestellt, von der in einer dem Verfasser bekannten Buntpapierfabrik ca. 20 Stück noch in

Thätigkeit sind, die alle in einer Reihe stehen, und von denen ca. 6 Stück bequem von einer Arbeiterin bedient werden können. Die Maschinen sind so eingerichtet, dass eine Rolle gestrichenen Papiers hinten eingelegt wird, von der das Papier über mehrere Walzen und eine fest liegende Leiste von weichem Lindenholz geführt wird, welche als Unterlage dient und über welcher sich

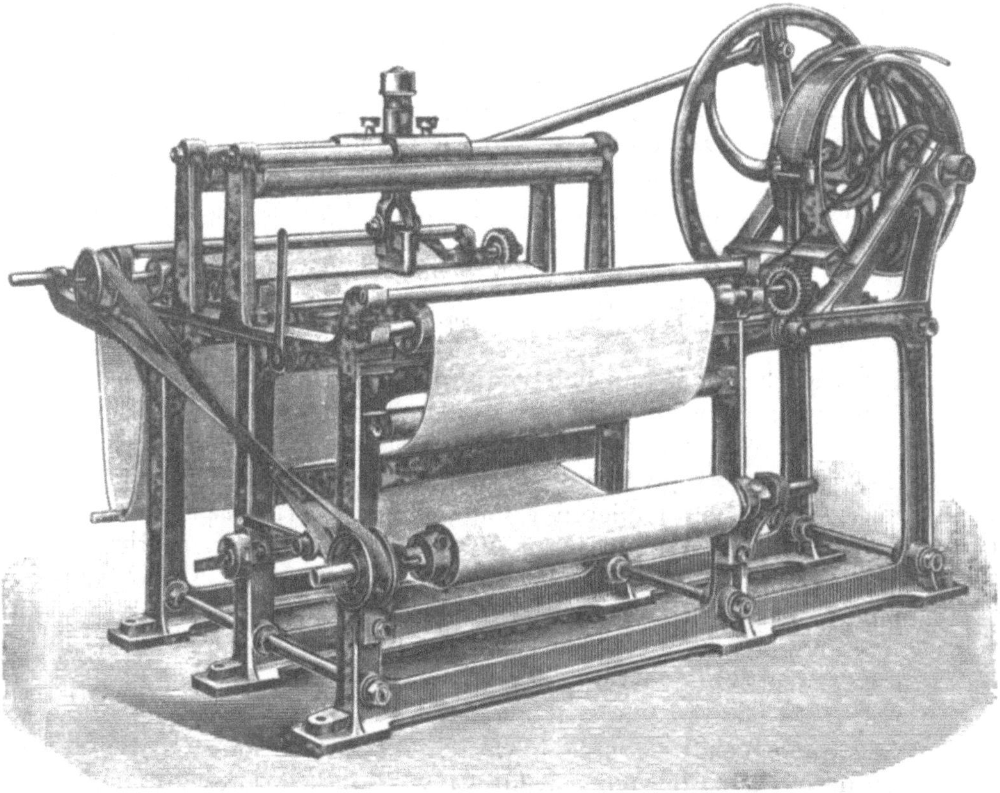

Fig. 25.

unter Druck der glatte Achat oder Kieselstein hin- und herbewegt, während das Papier langsam von der ersten Rolle abgewickelt, darunter hinweggeführt und hinten wieder aufgewickelt wird. Der Achatstein, welcher fest in einer gabelförmigen Klemme eingespannt ist, hat eine plattenförmige Gestalt. und einen solchen Querschnitt, wie in Fig. 26 unter a dargestell tist. Der obere Teil der Gabel hängt dagegen mit einer Stange zusammen, welche als Kurbelstange mit einem als Schwungrad dienenden Rad verbunden ist, und die in einem

Schlitz des einen Radarmes beliebig verstellt werden kann, je nachdem die Papierbahn breiter oder schmäler ist, der Stein also mehr oder weniger weit hin- und herbewegt werden soll. Die zweite Stange, d. h. die nach oben gehende Verlängerung der den Stein tragenden Gabel, ist in der Zeichnung als abgebrochen angenommen; sie geht bis nahe an die Decke des Lokals, und ist dort an das Ende eines $1^1/_2$ bis 2 Meter langen Brettes geschraubt, das am anderen Ende mit der Decke zusammenhängt, als Spannbrett wirkt und den nötigen elastischen Druck bei der Bewegung des Steines ausübt, so dass ein wirklich sehr hoher Glanz auf der gestrichenen Fläche des Papiers hervorgerufen wird. Der Druck, welcher durch das Spannbrett hervorgerufen wird, ist um so gleichmässiger, je höher das Lokal

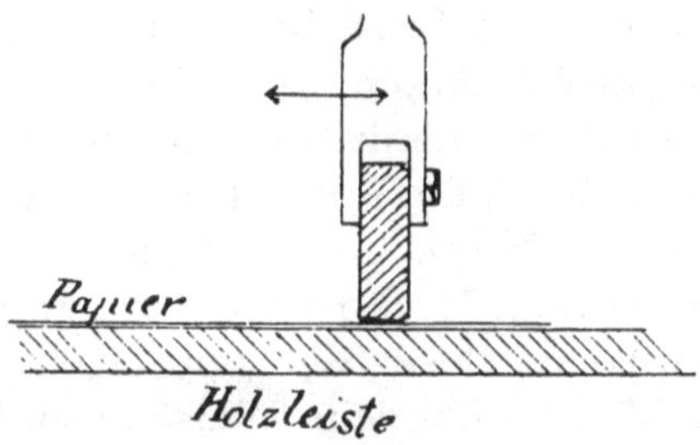

Fig. 26.

ist; daher eignet sich diese Glätte besonders für ziemlich hohe Lokale. Bei dieser Art der Glättung berührt der Stein, der ungefähr 10 Centimeter breit ist und sich das Papier nur langsam unter demselben vorwärts bewegt, nur zweimal das Papier. Er ist selbstverständlich glatt poliert. —

Nachdem das Papier auf irgend eine Weise satiniert ist, wird es nun durch eine beliebige Querschneidevorrichtung, meist durch Vernysche Querschneider, in das verlangte Format geschnitten, da das Bunt- und Chromopapier doch in der Regel nur als Bogen verwendet wird. Hierbei sei gleich gesagt, dass auch der Verkauf, nicht wie in der Papierfabrikation nach dem Gewicht, sondern nach Bogen, respektive Ries erfolgt.

Nachdem in einem besonderen Sortiersaal das Papier sortiert worden ist, wird es meist nötig sein, besonders auch bei den geklebten Cartons, das Papier noch zu beschneiden, und da dies bei der Buntpapierfabrikation meist flach liegend in den Handel kommt, muss solches an allen vier Seiten geschehen.

Das kann nur ganz genau rechtwinkelig und genau geschehen, wenn das Papier nur ein einziges Mal eingespannt wird. Die Maschinenfabrik von Karl Krause in Leipzig hat vor kürzer Zeit erst eine Maschine konstruiert, die dem verlangten Zweck vollkommen entspricht und in noch nicht 10 Exemplaren ausgeführt ist, dort aber zur höchsten Zufriedenheit arbeitet. Der patentierte Planschneider, zum Beschneiden eines Stosses ungefalzten Papieres, bei nur einmaliger Einpressung, ist unter den Nummern 95319 und 95654 gesetzlich geschützt und in Fig. 27 in der äusseren Ansicht abgebildet. Der Tisch, auf welchem der 13 bis 15 Centimeter hohe Stoss Papier gelegt wird, ist drehbar und kann durch eine einfallende Klinke, wie auch bei den bekannten Schneidemaschinen jedesmal um 90° gedreht werden, so dass der Schnitt genau rechtwinkelig erfolgen muss. Ueber dem Tisch befindet sich in der Mitte die verhältnismässig kleine Anpressvorrichtung, die behufs der richtigen Lage des Papieres mit zwei Anschlagwinkeln versehen ist. Man presst hierdurch die Mitte des Stosses mechanisch ein, und hat dies nur den Zweck, dass sich der Stoss beim Drehen nicht verschieben kann. Es wird die Pressung erst nach dem vierten Schnitt wieder gelöst. Vor dem eigentlichen Beschneiden, welches auf die gewöhnliche Weise ausgeführt wird, stellt man an zwei verschiedenen Anschlägen am hinteren Teil der Maschine, auf der Zeichnung nicht sichtbar, die gewünschte Länge und Breite der Bogen ein, schiebt dann den Tisch, der auf Schlitten leicht beweglich ist, bis an die Anschläge vor, worauf die eigentliche Anpressung und dann das Beschneiden erfolgt. Nach dem ersten Schnitt zieht man den Tisch zurück, dreht ihn herum und macht auf dieselbe Weise den zweiten Schnitt, wobei der weiter vorstehende eine Anschlag in einer Aussparung des Tisches Platz findet. Die Handhabung ist sehr einfach und auch die grössten Schnitte sind mit Leichtigkeit und bedeutend schneller und acourater zu machen, als auf anderen Maschinen. Da die Formate bei der Bunt- und Chromopapierfabrikation oft sehr gross sind, so hat auch die Maschine bedeutende Abmessungen, denn ihre Schnittlänge geht von 86 bis 175 Centimeter und der Preis reicht nahe an 6000 Mark heran.

Versandt werden die gestrichenen Papiere meist in Kisten.

Nachdem das Chromopapier mit irgend welchen Bildern bedruckt worden ist, erfährt es jedoch oft noch eine Behandlung,

Fig. 27

die meist in den Chromofabriken selbst ausgeführt wird, und die ihm ein gekörntes Aussehen, das Aussehen wie Zeichenpapier giebt. Es können und werden jedoch auch jede beliebigen anderen Muster, je nach dem Zwecke des Papieres, auf dieselbe Weise hergestellt. Es geschieht dies mit Hilfe der sogenannten Gaufriermaschinen oder des Gaufrierkalanders, von der Fig. 28 z. B. eine Abbildung zeigt. Eine verhältnismässig dünne Stahlwalze trägt das gekörnte oder ein anderes Muster, und zwar meist so, dass die in das Papier zu drückende Prägung erhaben auf der Walze sitzt, also z. B. bei zu körnendem Papier lauter kleine, scheinbar unregelmässige, verstreute Spitzen hervorstehen. Da nun jede Prägung viel besser und schärfer mit einer Matrize ausgeführt wird, als ohne eine solche, so dient eine darunter gelagerte Kalanderwalze dazu, die Rolle der Matrize zu übernehmen; es ist dazu aber nötig, dass der Umfang der letzteren unbedingt genau gleich dem Umfange der Stahlwalze, oder, was meist angenommen wird, gleich dem doppelten Umfange derselben ist, und ausserdem, dass jede Walze durch besonderen Antrieb gedreht wird. Auf diese Weise wird die Prägung durch Aufeinanderdrücken der Walzen in die untere Papierwalze, die auch aus Baumwollengewebe sein kann, eingepresst, und bei noch so vielen Umdrehungen treffen die Erhöhungen der oberen Walze stets jedesmal wieder in die Vertiefungen der unteren, so dass eine Zerstörung der letzteren nicht stattfinden kann. Auch wird das Papier auf diese Weise nicht „schwarz", was sonst nicht ganz zu vermeiden ist. In der oben abgebildeten, von Grahl & Höhl gebauten Gaufriermaschine, ist das Gestell einseitig, so dass man die Walzen bequem herausnehmen kann. Wird nun das Papier zwischen beiden Walzen hindurchgeführt, so nimmt es das Muster scharf und deutlich an, und werden durch solche Behandlung des Papiers wirklich oft überraschende Wirkungen herbeigeführt, die dem Papier allein, oder dem darauf gedruckten schwarzen oder farbigen Bilde ganz besonders charakteristisches Aussehen verleihen. Die vorstehende Gaufriermaschine eignet sich sowohl für Bogen, wie für Rollenpapier, wie auch für Tapeten und liefert 500—600 Bogen gaufriertes Papier pro Stunde. Speziell für Oeldruckbilder, denen eine schwache Prägung des Leinwandgewebes gegeben werden soll,, wo also die Prägung nicht tief herzustellen ist, wird mit 3 Walzen gearbeitet, von denen nur die mittlere, die Papierwalze, angetrieben wird. Die obere ist die Stahlwalze mit dem entsprechenden Muster, die mittlere als Contrawalze die Papierwalze, und die untere eine glatte Stahlwalze, welche jedes Durchbiegen der mittleren verhindert und

Fig. 28.

sie stets glatt erhält. Auf diese Art bleibt auch die Rückseite der Oelbilder stets glatt. Die Maschine kann aber auch zum doppelseitigen Prägen von Buntpapier und dergleichen verwendet werden, und braucht man dann nur die gravierte Walze mit ihrer Contrawalze durch ein paar Doppelräder zu verbinden.

An Stelle der Papierwalze tritt auch zuweilen ein hin- und hergehender Tisch, auf welchem eine Platte aus weichem Kompositionsmetall liegt. Das Muster prägt sich sehr leicht in die Kompositionsmasse hinein, und kann durch einfaches Abhobeln mit einem gewöhnlichen Tischlerhobel rasch wieder entfernt werden, um die Platte für ein neues Muster vorzubereiten. Die Maschine eignet sich daher hauptsächlich für solche Fälle, wo die Muster häufig gewechselt werden. Sie liefert pro Stunde 250—300 Bogen und kann auch zum Gaufrieren von Carton und Pappe benutzt werden.

Fig. 29.

Zum Schluss sind in Fig. 29 noch einige Proben von beliebteren Gravierungen der erwähnten Stahlwalze dargestellt, die dem Katalog der Maschinenfabrik von Karl Krause in Leipzig entnommen sind, in dem sich noch andere oft gebrauchte Muster befinden. —

Nachdem nun bis hierher die Buntpapierfabrikation in allen ihren Phasen besprochen und die zugehörigen Maschinen beschrieben worden sind, wären nur noch verschiedene Spezialitäten zu erwähnen, wie z. B. die Krystallisationspapiere, die verschiedenen Marmorierungen, gesprenkelte Buntpapiere, Imitationen von Stein und Holz, das Firnissen oder Lackieren, die Benutzung der Scheerwolle zu Buntpapieren, das Glimmerpapier, Glaspapier u. s. w. Da alle diese Abarten aber schon längst bekannt und in dem Exnerschen Werke ausführlich behandelt worden sind, muss hierbei auf dieses verwiesen werden und es soll nur noch eine einzige Extrasorte, die dort weniger ausführlich behandelt wurde, am Ende der Besprechung über Buntpapierfabrikation vorgenommen werden, und zwar das Gold- und Silberpapier, besonders weil dieses in einer späteren Abteilung des Werkes über „Papierverarbeitung", der Herstellung von „Christbaumschmuck und Cotillongegenständen" noch eine grosse Rolle spielt. Es muss vorausgeschickt werden, dass die Herstellung von Gold- und Silberpapier, überhaupt von Papieren mit metallischem Glanz auf vielerlei Art erfolgen kann und zwar 1. durch Aufkleben von echtem Plattgold auf Papier, 2. von unechtem Blattgold, 3. durch elektrolytischen Niederschlag oder durch ein Bad, aus welchem sich das Metall abscheidet, und 4. durch Unterstreichen mit einer unechten Goldbronze.

Um sich über das erste und zweite Verfahren hauptsächlich bezüglich der Dünne der Metallschicht einen richtigen Begriff zu machen, möge zuerst über das Blattgold selbst, also die eigentliche Goldschlägerei etwas gesagt werden.

Das Rohmaterial für echtes Blattgold ist eigentlich kein Roh- sondern ein Edelmaterial, nämlich feinstes, echtes Gold, welches, wenigstens hier in Dresden, aus der Goldschmiedeanstalt in Frankfurt a. M. bezogen wird und von dem 1 Kilo ungefähr 3000 Mark kostet. Dasselbe kommt in Goldbarren an. Ein Stück davon wird in einem kleinen Ofen aus Chamotte in Schmelztiegeln unter Zusatz eines Schmelzmittels (Borax) und in einem Feuer von Coaks und Holzkohlen geschmolzen, nachdem noch ein kleiner Zusatz von Silber oder Kupfer gemacht worden war. Derselbe ist nur so gross, dass die fertige Legierung 22-karätiges Gold ergiebt, wobei zur Beurteilung zu berücksichtigen ist, dass das beste von dem Goldarbeiter verarbeitete Gold nur 18-karätig ist. Der Schmelzprozess dauert ungefähr nur eine halbe Stunde. Dann wird das Gold in kleine, schmale Barren gegossen, mit einem gewöhnlichen Hammer auf dem Ambos dünn geschlagen, und durch 2 kleine Walzen und wiederholtes Hindurchlassen in eine dünne Folie von ungefähr $^1/_{50}$ mm Stärke verwandelt. Diese wird dann in Streifen und einzelne Blättchen von 3 Centimeter im Quadrat, also 9 Quadratcentimeter geschnitten, in Formen von Guttapercha eingelegt und durch sogenannte „Zurichtung", d. h. durch Breitschlagen mit wuchtigen Hämmern, auf das mehr als vierfache vergrössert. Nachdem die Blätter herausgenommen worden sind, bricht man sie zweimal zusammen, schneidet sie mit einem Messer durch, theilt sie damit in vier gleiche Teile, legt diese nochmals in die Guttaperchaform ein, vergrössert sie durch Schlagen wie das erstemal, teilt sie dann zum zweitenmal in vier Teile und übergiebt diese nun den eigentlichen Goldschlägern zur endgültigen Verarbeitung und Fertigschlagen in Blattgold. Zunächst müssen aber noch die „Formen" näher beschrieben werden. Dieselben bestehen aus dem inneren Häutchen eines Rindsdarmes und zwar meist des Blinddarmes von Ochsen und haben sich erfahrungsgemäss als äusserst widerstandsfähig und dauerhaft erwiesen. Jedes Blättchen besitzt eine Grösse von ca. 150 Quadratcentimeter und ein übereinandergelegter Stoss von 1200 Stück, für Echtgold, und ein solcher von 1040 Stück für unechtes Gold, heisst eine „Form". Die sorgfältig prägnierten Häutchen sind nicht billig, sondern kostet eine solche Form für echtes Gold 180 bis 200 Mark und eine für unechtes 140 Mark. Dagegen kann man die Dauer der Haltbarkeit trotz täglichen, öfteren Gebrauchs und der Millionen heftiger Hammerschläge, die sie aushalten müssen, zu zwei Jahren annehmen.

Wie erwähnt, werden nun die geviertelten kleinen Blättchen zwischen die Blätter der Form einzeln eingelegt und zwar so, dass sie möglichst in die Mitte zu liegen kommen, das Ganze wird dann noch in eine Art Futteral aus gleichem Stoff gesteckt und auf einer ca. 80 Centimeter hohen Säule aus Syenit oder Granit, die oben flach ist, mit schweren, eisernen Hämmern bearbeitet, die nebenstehende Gestalt, wie Fig. 30. zeigt, haben. Die Hämmer sind 9—10 Kilo schwer, und werden für gewisse Zwecke sogar $11^{1}/_{2}$ Kilo schwer angenommen. Der Goldschläger hebt nun diesen schweren Hammer hoch und lässt ihn nicht nur auf das Packet, die Form, herabfallen, sondern giebt ihm auch noch einen kräftigen Zug nach unten, dabei beobachtend, dass die Schläge zunächst eine Zeitlang die Mitte der Form treffen und nach und nach immer weiter nach dem Umfange zu treffen. Gleichzeitig muss die Form nach einigen Schlägen abwechselnd umgedreht werden, so dass die Bearbeitung ganz gleichmässig erfolgt, und die eingelegten Plättchen schliesslich immer grösser werden und bis fast an den Rand der Form reichen. Dies ist in ungefähr drei Stunden erreicht und dann das Blattgold fertig. Das Gold ist so zähe, dass es trotz unglaublicher Verdünnung immer noch zusammenhält; man kann durch dasselbe leicht hindurchsehen, und so bei einem Baum z. B. jedes Blatt bequem erkennen. Je nach Art der Legierung hat das Blattgold eine verschiedene Farbe, es erscheint beim Durchsehen z. B. grün, wenn es vorher dunkel war, während helles Gold, d. h. mit mehr Silber versetztes, in der Durchsicht blau erscheint. Die verschiedenen Farben werden durch Legieren mit Silber oder Kupfer erhalten. Man kann sich einen Begriff von der Dehnbarkeit des Goldes machen, wenn man erwägt, dass tausend Bogen übereinander gelegt kaum einen Millimeter stark sind, und dass dies soweit fortgesetzt werden kann, dass

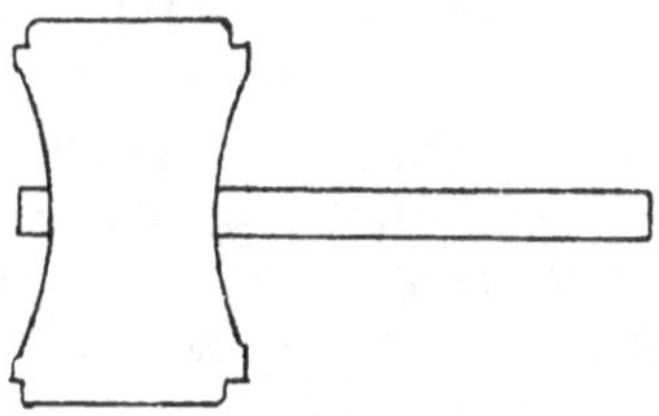

Fig. 30.

sogar 10000 solcher Blätter zusammen erst die Höhe von 1 Millimeter erreichen. Wegen dieser geringen Stärke kann das Blattgold auch gar nicht mit der Hand angegriffen werden, sondern muss in einem besonderen Sortiersaal von Mädchen mit langen Zangen aus Fischbein aus den Formen herausgenommen werden. Es wird dann jedes Blättchen auf den Tisch gelegt und durch Aufsetzen zweier paralleler Messer, die durch Stege verbunden in das verlangte Format eingestellt sind, durch zweimaliges kreuzweiises Aufsetzen auf allen vier Seiten richtig beschnitten, und mit den erwähnten Pinzetten gleichzeitig zwischen die Blätter eines 100 Blatt enthaltenden kleinen Buches aus Seidenpapier eingelegt und dadurch zugleich hundertblattweise abgezählt. In kleinen Holzkisten wird es dann versandt.

Es ist nur noch zu erwähnen, dass die Betriebe von echten und unechten Goldschlägereien, wenn sie in ein und demselben Hause stattfinden, vollständig von einander getrennt sind, und dass die Fussböden der einzelnen Lokale meist mit Lattenwerk belegt sind, damit nicht durch die Stiefeln der Arbeiter zuviel von dem kostbaren Material fortgetragen wird, das unvermeidlich heruntergefallen ist.

Bei Herstellung von unechtem Blattgold wird das Rohmaterial als eine dünne Folie aus Kupfer und Zink meist aus Fürth bei Nürnberg bezogen, wo sich überhaupt der Hauptsitz der Goldschlägerei und der Fabrikation von Goldpapier in Deutschland befindet. Ein Blatt von ungefähr 8 Centimeter im Quadrat wird auf die schon beschriebene Weise auf 10 Centimeter im Quadrat geschlagen, dasselbe dann geviertelt und jedes Blättchen davon dann erst in die eigentliche Form eingelegt, und wie oben angegeben durch Schlagen in Blattgold verwandelt. Es ist natürlich, dass durch das Schlagen selbst und die im Metall erzeugte Reibung ein ziemlich hoher Grad von Wärme erzeugt wird. Da andererseits die „Formen" hykroskopisch sind, ist es nötig, dieselben unmittelbar vor dem Gebrauch durch Dampfheizung oder andere Vorrichtung gut auszutrocknen.

Was nun die Herstellung des Goldpapieres selbst anbelangt, so wurde bis vor nicht zu langer Zeit das Blattgold meist dazu benutzt, und wird auch heute noch viel angewendet. Wenngleich das echte Blattgold wegen seines verhältnismässig hohen Preises wohl nur ausnahmsweise dazu gewählt wird, so dient doch das beschriebene unechte Blattgold, sowie Silber, Aluminium, Kupfer u. s. w. dazu, Papiere mit metallischer Oberfläche darzustellen.

Das Papier, welches vergoldet werden soll, muss fein, rein, ohne alle Unebenheiten und besonders gut geleimt sein, da es mit dünnem Leimwasser mehrmals getränkt wird. Dann reibt man gelben Ocker oder noch besser Bolus sehr fein, vermischt ihn mit Leimwasser und trägt ihn gleichmässig auf. Dadurch bekommt das Papier nicht nur auf seiner Oberfläche einen Klebstoff für das darauf zu legende Blattgold, sondern auch einen dunklen Untergrund, der durch die äusserst dünne Metallschicht hindurchleuchtet, und den Eindruck hervorruft, als wäre die Metallschicht viel stärker als sie ist. Dieser Untergrund wird Poliment genannt. Exner giebt das Rezept zu einem andern Polimente in Folgendem an: Man nehme 2 Lot Galbangummi und lasse ihn in einem Topfe mit verklebtem Deckel mit Flusswasser eine Stunde lang kochen. In einem anderen Topf gebe man $^1/_2$ Lot pulverisierten amerikanischen Bolus, 2 Lot weisses Wachs und $^1/_2$ Lot venezianische Seife, rühre dies über dem Feuer gut zusammen, giesse dann durch ein Tuch das Gummi über die Verbindung mit Bolus, Wachs und Seife, und drücke die Flüssigkeit rein ab. Diese Masse wird zuletzt aufs feinste gerieben, mit reinem Kornbranntwein und etwas Pergamentleim verdünnt und auf das Papier gestrichen.

Hierauf erfolgt nun das Auftragen des echten oder meist unechten Blattgoldes und zwar wird dabei folgendermassen vorgegangen: Man legt zunächst mit Hilfe von Pinzetten das zwischen Seidenpapier gelegte Blattgold auf ein glattes Kissen, das sogenannte Goldkissen, dicht daneben, nur einige Millimeter übergreifend, ein zweites Blatt und daneben so viele, als die Breite des Papierbogens beträgt, wobei der Ueberschlag an jeder Stelle sanft mit dem Goldmesser aneinander gedrückt werden muss, damit ein zusammenhängender Streifen entsteht. Den etwas vorstehenden linken Rand des Streifens legt man dann auf ein Auftragbrett auf, drückt ihn fest an und zieht vorsichtig das Kissen unter dem Streifen hinweg, so dass dieser auf das Brett zu liegen kommt. Hierbei muss das Blattgold eine Kleinigkeit über das Brett vorstehen; dieser Rand wird an das mit dem Leimwasser bestrichene Papier geklebt, das Brett, wie vorhin das Kissen, schnell unter dem Streifen hinweggezogen, so dass nun der Streifen auf dem Papier liegt und durch das Klebemittel darauf festgehalten wird. Stellen, welche durch die Arbeit vielleicht Risse oder Löcher bekommen haben, müssen durch darauf gelegtes Gold und Betupfen mit dem Messer ausgebessert werden, eventuell frisches Leimwasser mit einem Pinsel vorher aufgetragen werden, wenn das Poliment wieder getrocknet sein sollte. Ganz genau wie der erste Querstreifen müssen, ebenfalls einige Millimeter übergreifend, soviel andere auf das Papier aufgelegt werden, bis der Bogen vollständig damit bedeckt ist.

Eine andere Art, das Papier zu vergolden, ist folgende: Man bereitet eine Mischung von Gummi, Kandiszucker und etwas Honig und lässt es in mit etwas Branntwein versetztem Wasser zergehen. Mit dieser Lösung überzieht man das Papier mittelst eines Schwammes, trägt ein Poliment darüber, welches aus armenischem Bolus und Salmiaksalz, das mit Seifenwasser abgerieben worden ist, besteht, und trägt das Blattgold auf die vorhin beschriebene Weise auf.

Zu demselben Zwecke giebt es nun noch verschiedene Methoden, deren Einzelnerwähnung hier zu weit führen würde. Zu erwähnen ist nur noch, dass das Metall nach dem Auftrag auf das Papier mit weicher Baumwolle anzudrücken ist. Wenn keine weitere Bearbeitung mit dem getrockneten Goldpapier erfolgt, so ist es fertig und kann als Mattgoldpapier verarbeitet werden. Allermeist soll es aber als Glanzgoldpapier hergestellt sein und muss daher noch eine Satinage erfahren. Der Vorsicht wegen überwische man aber vorher die ganze Metallfläche mit einem weichen, langhaarigen Pinsel, um etwa darauf gefallenen Staub zu entfernen, legt dann ein glattes, gewichstes Papier auf und fährt dann über dieses mit einem Glättzahn herum, um das Gold anzuglätten, und wenn dieses geschehen, wird, oder wurde wenigstens früher das Papier hinweggenommen. Dann rieb man ein wenig weisses Wachs auf ein feines, leinenes Läppchen und überfuhr mit diesem das Gold. Dieses Verfahren sollte verhindern, dass der Glättzahn hängen blieb und das Gold beschädigte. Nach verschiedenen Richtungen hin fuhr man dann mit dem Glättinstrumente über das Papier hin, bis die Fläche hohen Glanz angenommen hatte. Unechtes Gold und andere Metalle nehmen keinen so hohen Glanz an wie das echte Gold.

Diese mühsame, ältere Glättweise wurde später durch Anwendung von Kalandern und neuerdings durch den Friktionskalander ersetzt, dessen Walzen bekanntlich etwas verschiedene Geschwindigkeit zu einander haben, dessen Wirkungsweise daher energischer glättend ist, dessen Konstruktion aber als bekannt vorausgesetzt werden muss. Ein vorzüglich schönes Aussehen, schreibt Exner, bekommen die Gold- und Silberpapiere, wenn sie lasiert und lackiert werden, was auf folgende Art geschieht. Man reibe helle Farben so fein als möglich, vermische sie mit Weingeist und Weingeistlack, und streiche sie dann recht dünn, besonders Körperfarben, über das Gold- oder Silberpapier, damit diese Metalle durch die Farben gut durchschimmern, worauf diese Papiere nach dem Trocknen einige Male mit einem lichten Lackfirnis überzogen werden. Statt der Körperfarben wendet man mit grösserem Vorteil Saft- oder Lasurfarben, z. B. Cochenille, Drachenblut, Curkuma, Quercitronenrinde, Beerengelb, Saft- oder Beerengrün, Berlinerblau u. s. w. an, welche die Grundflächen durchscheinen lassen.

Für viele Zwecke wird das Goldpapier mit irgend einem Muster gewünscht, das allerdings manche hübsche Effekte hervorbringt und daher das Papier noch durch eine der schon beschriebenen Gaufriermaschinen gelassen.

Bei der Herstellung des Gold- und Silberpapieres aus Blattmetall sind die Begrenzungen der einzelnen Blättchen im ganzen Bogen natürlich noch deutlich mit dem Auge zu erkennen, was für die Verwendung in kleineren Stücken, wie sie z. B. bei der Fabrikation von Kottillongegenständen vorkommt, keinen Schaden macht. Gleichmässiger fällt allerdings das Goldpapier aus, wenn es auf elektrolytischem Wege hergestellt wird. Hierüber giebt am besten eine Patentschrift Nr. 43351 Auskunft, welche bereits 1887 J. Brandt & G. W. v. Nawrocki in Berlin auf ein „Verfahren zur Herstellung von Gold- und Silberpapier" ausgestellt wurde. Die Uebelstände, welche mit der Benutzung von Blattmetall nicht ganz zu vermeiden sind, werden durch das nachfolgende Verfahren, nach welchem Metallpapier auf einmal mit Hilfe eines einzigen, äusserst dünnen, auf chemischem Wege erzeugten Metallhäutchens hergestellt wird, vermieden. Das Verfahren besteht darin, dass man zuerst eine äusserst dünne Metallschicht auf chemischem Wege auf einer glatten, geeignet isolierten Metallplatte niederschlägt, hierauf das gebildete Metallhäutchen mit der Unterlagsplatte trocknet, sodann die freie Fläche des Metallhäutchens mit einem Bindemittel versieht, schliesslich auf das auf der Unterlagsplatte befindliche Metallhäutchen angefeuchtetes Papier legt und durch Walzprozess beziehentlich Druck so innig mit dem Metallhäutchen vereinigt, dass das gebildete Metallpapier nach Losschneiden der Ränder desselben von der Unterlage abgehoben werden kann, ohne zu zerreissen.

Bei der Ausführung des Verfahrens werden als Unterlagsplatten polierte Metallplatten, z. B. Messing-, Kupfer-, Zink-, Blei- und Eisenplatten benutzt, auf welchen die zur Bildung des Metallpapieres bestimmten Metalle sich in gleichmässiger, zusammenhängender Schicht absetzen. Für Gold werden polierte Zink- oder Kupfer-, für Silber am vorteilhaftesten polierte Kupferplatten verwendet.

Diese Unterlagsplatten werden vor dem Einbringen in die Metallauflösungen mit einem sehr dünnen, schnell trocknenden Ueberzug versehen, um das feste Anhaften der sich bildenden Metallhäutchen zu verhüten, so dass letztere, nachdem sie mit Papier vereinigt und dadurch versteift sind, sich leicht von der Unterlagsplatte abheben lassen. Der Ueberzug für die Unterlagsplatten muss derart beschaffen sein, dass er dem elektrischen Strom nur einen ausserordentlich geringen Widerstand entgegensetzt und weder in alkalischer (selbst nicht in cyankalischer), neutraler, noch in saurer Metalllösung zerstört wird. Für alkalische und neutrale Lösungen, z. B. Gold, Silber, Nickel, Messing u. s. w. verwendet man als Ueberzug Phenilwasserstoff (z. B. Benzol) oder dergleichen, welche Stoffe die Eigenschaft besitzen, nach dem Verflüchtigen einen geringen unauflösbaren Rückstand (von Theer, bezw. Steinkohlentheer) zu hinterlassen. Im Falle der Verwendung von Benzol kann man dasselbe natürlicherweise mit einem oder mehreren Tropfen Steinkohlentheer versetzen, wenn man einen stärker isolierenden Ueberzug herstellen will. Für saure Metalllösungen eignen sich ausser den vorher erwähnten Stoffen auch alle in Alkohol leicht löslichen Harze, z. B. Mastix, Schellack, Sandarak, welche jedoch nur in ganz verdünntem Zustande, z. B. 1 : 50 verwendet werden dürfen. Man bereitet zweckmässiger Weise eine dicke Lösung von den genannten Harzen und verdünnt diese mit 50 bis 75 Teilen Spiritusäther.

Der isolierende Ueberzug wird auf den polierten Metallplatten einfach durch Aufgiessen der Ueberzugslösung auf diese Platten oder durch Eintauchen der Platten in die Ueberzugslösung erzeugt, wobei man darauf zu achten hat, dass der Ueberzug sehr dünn und sehr gleichmässig wird.

Die so vorbereiteten Unterlagsplatten werden, nachdem der Ueberzug vollständig trocken ist, in das gewünschte Metallbad, z. B. Silberbad, bestehend aus Wasser, salpetersaurem Silber und Cyankalium, in einer Koncentration von 5 g Silber pro Liter eingetaucht, nötigenfalls sehr kurze Zeit hindurch der Wirkung des elektrischen Stromes unterworfen und dann aus der Metalllösung genommen.

Auf diese Art wird auf der Unterlagsplatte, bezw. auf dem Ueberzug eine ausserordentlich dünne Metallschicht niedergeschlagen, welche ein vollständig zusammenhängendes, elastisches und gleichmässiges Metallhäutchen bildet. Dieses Metallhäutchen wird nun getrocknet, auf seiner freien Fläche mit einem geeigneten Bindemittel, z. B. einem Gemisch von $^2/_3$ Stärkekleister und $^1/_3$ tierischen Leim, versehen, und mit Papier verbunden. Das zu verwendende Papier muss vorteilhaft eine etwas körnige und rauhe Oberfläche haben, damit das Bindemittel und durch dasselbe das Metallhäutchen gut an dem Papier haftet. Das mit dem Metallhäutchen zu vereinigende Papier wird etwas angefeuchtet, auf die mit Bindemittel versehene Fläche des noch auf der Unterlage befindlichen Metallhäutchens gelegt und nun die Unterlage mit dem Metallhäutchen und dem Papier mehrere Male durch ein Paar Presswalzen (Gummiwalzen) geführt. Durch den Druck der Walzen wird das Papier so innig mit dem Metallhäutchen verbunden, dass dasselbe sich nach vollständigem Trocknen mit dem Metallhäutchen von der Unterlage abnehmen lässt, sobald man die Ränder des Papiers losschneidet.

Um eine durchaus feste Verbindung des Metallhäutchens mit dem Papier zu erzielen, ist es für manche Metalle erforderlich oder ratsam, das Verfahren in folgenderweise abzuändern: Nachdem das erste Metallhäutchen, z. B. Silber, erzeugt ist, wird auf dieses noch eine zweite, ebenfalls sehr dünne Schicht eines anderen Metalls, z. B. Zinn, Zink, Nickel, Eisen oder Kupfer, Neusilber oder eine andere Legierung, am besten jedoch Zinn, niedergeschlagen, und dann mit dem doppelten, jedoch ein zusammenhängendes Ganze bildenden Häutchen wie vorhin verfahren. Zur Herstellung von Goldpapier empfiehlt es sich, zuerst ein Häutchen von chemisch reinem Gold und darüber ein zweites Häutchen von Messing, Bronze oder Kupfer zu erzeugen.

Die Oberfläche des auf diese Weise gebildeten Metallpapieres ist ganz glatt, zusammenhängend, zeigt keinen Bruch und keine Verbindungslinie und kann mit bekannten Poliermitteln hochglänzend poliert werden. Das Metallpapier lässt sich ebenso wie gewöhnliches Gold- und Silberpapier oder anderes Papier zu Gegenständen aller Art verarbeiten.

Da nach dem eben beschriebenen Verfahren in der Praxis die Ablösung des Goldhäutchens immerhin noch verschiedene Schwierigkeiten bereitet und viel Ausschuss hervorruft, weshalb immer noch teilweise das ältere Verfahren durch Blattgold bevorzugt wird, so ist eine andere Methode erfunden und John von der Poppenburg in Berlin 1888 unter Nr. 51 643 patentiert worden. Das im Nachfolgenden beschriebene Verfahren sieht von der elektrolytischen Niederschlagung des Metalls gänzlich ab und benutzt ein Bad, aus welchem sich das Metall abscheidet, indem dabei (und das ist das Wesentliche des Verfahrens) die Platte, auf der sich das Metall abscheiden soll, durch vorherigen Ueberzug mit einem Fett oder fetten Oel zur späteren leichten Ablösung der Metallschicht geeignet gemacht ist. Es wird ein Bad bereitet aus 5 g Silber, 15 g Cyankali und 5 g Kaliumbicarbonat ($HKCO_3$) auf ein Liter Wasser. Zu diesem Bade giesse man soviel Salzsäure, dass die Lösung sich nicht trübt. Darauf überzieht man eine Metall- oder andere Platte mit einem Fett oder fetten Oel, so dass dieselbe ein feines Häutchen davon erhält, was durch gleichmässiges Bestreichen geschehen kann. Diese Platte wird auf kurze Zeit (je nach der gewünschten Stärke des Ueberzugs) in das auf etwa 60° erwärmte Bad eingetaucht, und es bildet sich auf der Platte ein dünner Ueberzug von Silber, bezw. Gold.

Nach dem Herausheben und Abtrocknen der mit dem metallischen Ueberzug versehenen Platte wird Papier entsprechender Stärke auf das Metallhäutchen geklebt und das Papier mit dem metallischen Ueberzug von der Platte abgelöst, was infolge des auf der Platte befindlichen Fetthäutchens stets leicht und sicher von statten geht. Man kann dieses Ablösen noch dadurch erleichtern, dass man die Papierdeckschicht mit der niedergeschlagenen Metallschicht und der Platte durch starken Druck zwischen Walzen mehr vereinigt, und kann eventuell von einem Ankleben des Papiers an die niedergeschlagene Metallschicht vollständig abgesehen werden.

Ebenso wie das Silberbad wird auch das Goldbad bereitet.

Bei Herstellung eines Kupferüberzuges und Kupferpapieres muss dagegen die Zusammensetzung des Bades verändert werden. Man benutzt Kupfernitrat und kocht dasselbe so lange, bis eine hineingetauchte polierte Messing- oder Kupferplatte nicht mehr anläuft. Darauf wird eine mit einem Fett oder fetten Oel besttrichene polierte Eisen- oder Stahlplatte in das Bad getaucht und umgeschwenkt, wobei sich sofort ein dünnes Häutchen von Kupfer an die Platte ansetzt. Dieses Kupferhäutchen wird wie das Silberhäutchen behufs Ablösung behandelt. —

Als vierte und letzte Art ist die Methode zu erwähnen, Goldpapier mit Hilfe irgend einer Bronze herzustellen, die dann zu einer Farbe mit Leim angerührt, genau so auf Grundiermaschinen durch Bürsten verstrichen wird, wie dies bei der Buntpapierfabrikation geschieht. Naturgemäss wird eine solche Fläche gleichmässig sein, jedoch nicht den Wert der bereits beschriebenen Verfahren haben, da der Metallglanz auch weniger haltbar ist. Die Fabrikation der verschiedenen Bronzen hat ebenfalls seinen Hauptsitz in Bayern, speziell in Fürth und Nürnberg, da sie als Nebenfabrikation der Goldschlägereien auftritt und hauptsächlich alle Abfälle derselben dazu benutzt, durch gleichmässige Verkleinerung dieser Abfälle in ein Pulver, das auch Massivgold genannt wird. Dies würde aber für die ausgebreitete Verwendung der Menge noch nicht genügen, und daher stellt man auch Bronzen zu dem angegebenen Zweck noch auf andere Weise her. Von der echten Goldbronze, wie sie z. B. Exner anführt, kann man ganz gut absehen, da solche wohl niemals zur Herstellung von Goldpapier benutzt werden wird. Die moderne Bronze, d. h. die Legierungen aus Kupfer und Zink, mit untergeordneten Beimengungen von Zinn und Blei stehen in ihren Eigenschaften zwischen Messing und Bronze; sie enthalten selten unter 80 % Kupfer und sind um so schöner gefärbt, je mehr das Kupfer vorherrscht.

Die eigentlichen Bronzefarben, die hier für die Buntpapierfabrikation nur in Frage kommen, bestehen für helle Nüancen aus 83 % Kupfer und 17 % Zink, für rote aus 90—94 % Kupfer und 6—10 % Zink. Man kann auf diese Weise alle Farben erzielen. Dies kann auch dadurch geschehen, dass man das Bronzepulver erhitzt, wodurch die sogenannten Anlauffarben entstehen.

Noch eine andere Goldbronze erhält man aus der Verbindung von Zinn mit Schwefel. Einfach-Schwefelzinn entsteht beim Erhitzen von Zinn mit Schwefel, wird durch Schwefelwasserstoff aus Zinnchlorür- und Zinnoxydulsalzen braunschwarz gefällt, löst sich in schmelzendem wasserfreien Zinnchlorür und krystallisiert beim Erkalten in Blättchen.

Das Zinnsulfid wird auch aus Zinnchlorid durch Schwefelwasserstoff gelblich gefällt, ist nach dem Trocknen gelbbraun und etwas wasserhaltig. In goldgelben Blättchen krystallisiert erhält man es durch Zusammenschmelzen von Zinnoxyd oder Zinnsulfurat mit Schwefel, wenn man durch Beimischung eines flüssigen Körpers die bei der Vereinigung der beiden Elemente auftretende Wärme bindet. Diese Bronze widersteht zwar den Säuren besser als die anderen, steht aber in der Farbe gegen dieselben zurück.

Es sind aber nicht nur metallische Bronzen, sondern sogar Niederschläge aus vegetabilischen Zusammensetzungen zur Herstellung von Goldpapier zu benutzen: Wenn man nämlich, wie Exner schreibt, in einem durch mehrtägige Ruhe geklärten Absud von Rotholz (St. Martins-, Japan- oder Bimasholz) Alaun mittelst Wärme auflöst, so entsteht beim Erkalten der Auflösung ein freiwilliger Niederschlag, der sich durch längeres

Stehen der Flüssigkeit vermehrt und fast allen Farbstoff enthält. Wäscht man den abgeschiedenen Niederschlag einmal mit Wasser aus und streicht ihn etwas dick auf Papier, so trocknet er mit einer schön goldglänzenden, sich etwas ins Grüne ziehenden Farbe auf, welche den Flügeldecken der gegetrockneten spanischen Fliegen ziemlich ähnlich ist. Versetzt man den zu Breiform gebrachten Niederschlag mit etwas Leim und Satinstoff (Glanzstoff), bestehend aus einer Auflösung von Wachs in Seife, und bestreicht dann mittelst eines Pinsels das Papier einigemale damit, so lässt er sich mit einem Achat oder mit einer Glaskugel glätten und nimmt einen schönen gelben Metallglanz, ganz ähnlich der Bronze, an. Es ist hierbei aber nötig, dass das Papier so dick damit überzogen werde, dass es vollkommen undurchscheinend ist.

Aehnlich wie dieser Farbstoff aus Rotholz verhält sich einer aus Blauholz, nur ist die Bereitung etwas verschieden und der Metallglanz zieht sich mehr ins Kupferfarbige, während sich jener mehr dem Messing nähert.

Nimmt man eine frisch bereitete konzentrierte Abkochung von Blauholz, und versetzt sie, in einem kupfernen Kessel erhitzt, mit Zinnchlorür (Zinnsalz), so erhält man einen reichlichen dunkelbraunen Niederschlag, den man unausgewaschen lässt. Dieser Niederschlag, ebenso behandelt wie der vorige, erteilt dem Papier eine Kupferbronze. Eine von letzterer verschiedene Nuance erhält man, wenn man die erwärmte Blauholzbrühe mit wenig Alaun und dann mit noch weniger rotem chlorsaurem Kali versetzt; dieser Niederschlag ist dunkler und sein Glanz auf dem Papier zieht sich mehr ins Gelbliche, so dass er gleichsam zwischen beiden ersteren die Mitte hält.

Diese erwähnten Niederschläge eignen sich ganz vorzüglich zur Buntpapier-, wie ebenso zur Tapetenfabrikation; denn ist die Mischung von Leim, Glanzstoff und Farbe eine gut getroffene, so erscheint der Metallglanz schon durch blosses Reiben mit einer mässig steifen Bürste.

3. Die Tapetenfabrikation.

Wenn man die Maschinen, deren Zeichnungen Professor Exner in dem Atlas zu seinem Werk giebt, mit den heutigen Maschinen vergleicht, so wird man im allgemeinen keinen grossen Unterschied finden. Es gab schon damals Tapetendruckmaschinen, die für 10 verschiedene Farben eingerichtet waren und werden englische erwähnt, die sogar bis zu 20 Farben gehen, während man heute, wenigstens bei uns, kaum mehr als 16 Farben anwendet, was auch gerade bunt genug ist. Trotzdem aber sind in Einzelnheiten der Fabrikation selbst so mannigfache Verschiedenheiten anzuführen, dass die einzelne Hervorhebung der Tapetenfabrikation von der Buntpapierfabrikation als nicht überflüssig erscheint.

Je nach dem einfacheren oder reicheren Muster, das die Tapete erhalten soll, drückt man bekanntlich verschiedene Farben einzeln und nach einander auf endloses Rollenpapier und besonders bei besseren Tapeten grundiert man auch noch das Papier mit einer gewissen Farbe, so gewissermassen ihm den Grundton verleihend. Es dient dazu eine genau solche Streich- oder Grundiermaschine, wie sie bei der Buntpapierfabrikation benutzt und dort beschrieben wurde. Höchstens macht man den Cylinder, der dort 1 Meter Durchmesser meist hatte, für die Zwecke der Tapetenfabrikation nur 650 Millimeter gross und wendet zur Verteilung der Grundfarbe einige Bürsten weniger an, weil das Papier noch überdruckt wird und daher der Grund nicht ganz so gleichmässig zu sein braucht, wie im ersteren Falle. Bei den billigeren Tapeten lässt man aber schon seit langer Zeit das Grundieren überhaupt weg, und verwendet ein gelbliches oder bräunliches Tapetenpapier, dessen Naturfarbe als

Grundfarbe betrachtet und auf welches das meist einfache, nur zwei- oder wenigfarbige Muster direkt gedruckt wird. Es ist natürlich, dass jede Tapetenfabrik, eben wegen der grossen Verschiedenheit der Muster auch verschieden grosse Tapetendruckmaschinen haben muss, für 2, 4, 6, 8, 10 und mehr, bis 16 oder 20 Farben, denn wenn man auch auf einer grossen, für viel Farben bestimmten Maschine Tapeten mit weniger Farben drucken kann, so ist dies vom praktischen und betriebstechnischen Standpunkt aus nicht richtig. Man kann dies wohl ausnahmsweise einmal machen, wird aber einfachere Tapeten stets auf kleineren und kompliziertere auf grösseren Maschinen anfertigen. Die Breite aller Tapeten ist nahezu überall gleich, beträgt nämlich $^1/_2$ Meter oder 50 Centimeter

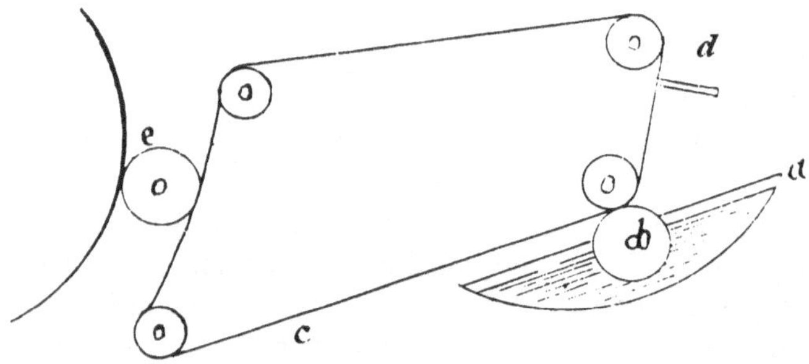

Fig. 31.

Wie schon bei der Buntpapierfabrikation gesagt worden, muss bezüglich der Bedeutung der Tapete, deren Geschichte, der Schönheit des Dessins u. s. w., stets auf das ausführliche Exnersche Werk verwiesen werden, welches hierüber Auskunft giebt, da das vorliegende Buch nur eine Ergänzung des anderen sein soll.

Der Grundgedanke bei der ganzen Tapetenfabrikation ist der, dass bei jeder Tapetendruckmaschine je nach der Anzahl der Farben ein kleinerer oder grösserer Cylinder vorhanden ist, um den das Papier von Rollen abgewickelt herumgeführt und auf welches dann mittelst kleiner Walzen das auf diesen erhaben befindliche Muster, mit der entsprechenden Farbe versehen, abgedruckt wird, das heisst also, dass diese Walzen, die sogenannten „Formen", an den Cylinder und das Papier angedrückt werden, sodass sie die Farbe an letzteres abgeben können. Wichtig ist hierbei die regelmässige und gleichmässige Zuführung der betreffenden Farbe an jede Form und zwar ist dies, nur linear dargestellt, aus Fig. 31 deutlich ersichtlich. a ist das Farbenschiff, b die darein eintauchende Farbwalze, die die Farbe an einen Farbfilz c abgiebt, der über vier Walzen läuft und die Farbe an die Druckwalze e oder die „Form" überträgt. Vorher kommt noch ein Schaber d in Thätigkeit, der etwa zu viel aufgenommene Farbe von dem Filz wieder abschabt und den Rest gleichmässig verteilt. Genau wie bei einer Form ist es nun auch bei jeder anderen, die Tapetendruckmaschine für viele Farben also nur eine Wiederholung der einfachen, obgleich die ersteren einen bedeutend komplizierteren Eindruck machen als die letzteren.

Von den verhältnismässig wenigen Maschinenfabriken, die sich mit dem Bau von Tapeten-Druckmaschinen als Spezialität beschäftigen, muss wieder die Firma Grahl & Höhl in Dresden erwähnt werden, von welcher die Maschine herrührt, welche in Fig. 32 abgebildet ist und für die kleine Zahl von nur 6 Farben eingerichtet wurde. Man sieht da zwischen zwei entsprechend gestalteten eisernen Gestellen den ebenfalls eisernen Cylinder gelagert, der auf der Rückseite, auf der Zeichnung nicht sichtbar, durch eine Riemenscheibe angetrieben wird. Um die untere Hälfte des Cylinders herum sind die Druckwalzen gelagert, was im Vergleich zu der englischen sechsfarbigen Tapetendruckmaschine, die in dem Atlas zu Exners Werk abgebildet ist, eine Abweichung ergiebt. Dort sind die Druckwalzen um den ganzen Umfang des Cylinders gleichmässig verteilt und jede einzelne Druckwalze wird durch ein gemeinschaftliches Antriebsrad, gleich dem Durchmesser des Cylinders, bewegt, damit sie das auf ihrem Umfange angebrachte Tapetenmuster, genau den einzelnen Farbenstellungen entsprechend, an das über den Cylinder geführte Papier abgeben kann. Der nötige stärkere oder schwächere Druck der Walze gegen den Cylinder wird hierdurch, wie auch meist heute noch, durch Schraubenpressung ausgeführt. Die jetzt erwähnten Momente des älteren Systems scheinen ein Vorzug zu sein; es hat sich jedoch im Laufe der Zeit herausgestellt, dass nach den jedesmaligen täglichen Arbeitspausen und anderen Stillständen, bevor die Maschine wieder ordentlich in Gang kommt, jedesmal ein nicht unbedeutender Ausschuss entsteht. Um diesen Ausfall nun zu vermeiden, hat die erwähnte Firma Grahl & Höhl bei einem grossen Teil ihrer Maschinen die Einrichtung getroffen, dass in allen Pausen der ganze Cylinder mit Hilfe eines kleinen Flaschenzuges oder durch einen Hebel und mit wenigen Griffen etwas angehoben werden kann, ohne dass die Räder, welche die Farbfilze treiben, und ebensowenig diejenigen für den Antrieb der Druckwalzen, aus ihrem Eingriffe kommen. Es genügt dies, um ein Antrocknen des Papiers an die Druckwalzen zu vermeiden, und sobald der Cylinder wieder herabgelassen ist, arbeitet die Maschine ohne jede Störung weiter, da, wo sie aufgehört hat. Es ist deshalb erklärlich, weshalb die Cylinder der neueren Art grösser sein müssen und nur die untere Hälfte derselben benutzt werden kann. Es wird auch heute noch der Antrieb aller Druckwalzen durch ein einziges, grosses Rad durch die Herren Grahl & Höhl ausgeführt, wenn ein Besteller dies wünscht, doch gehört in diesem Falle für jede Grösse der Druckwalzen, die je nach der Grösse des Tapetenmusters natürlich verschieden sein muss, ein spezieller Satz von Rapporträdern. Auch werden Druckmaschinen mit festliegendem Druck-Cylinder noch ebenfalls gebaut, wenn es gewünscht wird. Meist wählt man aber zum Antrieb der Druckwalzen die auch in der Fig. 32 sichtbaren Rapporträder, welche durch ihr Ineinandergreifen, also durch den Rapport, in welchem sie zu einander stehen, die Garantie für ein ebenso genaues und sicheres Ineinandergreifen des Musters bieten, und bei kleineren oder grösseren Druckwalzen nicht ausgewechselt zu werden brauchen. Die halbrunden Farbschiffe sind aus Kupfer und können leicht herausgenommen werden, ohne die Farbtücher oder deren Leitwalzen zu verstellen, da die Lager für dieselben nicht an den Farbkästen, sondern am Gestelle befestigt sind. Wie schon erwähnt, sind die Lager der Druckwalzen in kleineren angeschraubten Gestellen schlittenartig beweglich und können durch eine Schraubenspindel mit Handrad beliebig dem Cylinder genähert oder von demselben entfernt werden. Wie aus der Zeichnung noch ersichtlich, liegt über dem Cylinder noch eine Art Haspel, die aber nur als Leitwalze für das bedruckte Papier dient, welches nun über diese Walze hinweg nach einer Aufhänge-Trockenvorrichtung geführt wird, die genau derjenigen gleicht, welche in der Buntpapierfabrikation und zwar in Fig. 11 dargestellt wurde.

Es ist selbstverständlich, dass noch sogenannte Mustereinsteller vorhanden sind. Die Muster- oder Druckwalzen haben Spindeln aus Stahl, auf welchen die Walzen selbst so lange

Fig. 32.

gedreht werden, bis die einzelnen Farben, d. h. die Zeichnungen derselben, genau in das Muster selbst hineinpassen; dann werden sie mit Muttern und Conussen befestigt, so dass sie durch die Rapporträdchen in Drehung versetzt werden können und

Fig. :

imstande sind, die auf sie aufgetragene Farbe auf das Papier aufzudrucken.

Die meisten Tapetendruckmaschinen haben ausserdem noch eine Zählvorrichtung, welche die Umdrehungszahl des Cylinders und damit ungefähr die Menge des verdruckten Papiers in Metern anzeigen. Sie dienen dazu, wenigstens irgend eine Kontrolle zu ermöglichen.

Genau so wie die in Fig. 32 gezeigte Tapetendruckmaschine für 6 Farben, sind nun diejenigen für mehr Farben konstruiert, wie aus der Fig. 33 hervogeht, welche einer Tapetendruckmaschine für 16 Farben mit aushebbarem Cylinder zeigt, ebenfalls von der Firma Grahl & Höhl gebaut. Es soll durch das Bild nur der bedeutendere Eindruck gezeigt werden, der auf den Beschauer durch diese grössere Maschine hervorgerufen wird. Etwas wesentlich anderes als die kleineren Gattungen enthält sie nicht.

Es muss nun etwas Näheres über den eigentlich wichtigsten Teil der Tapetendruckmaschine, die „Form" gesagt werden: Diese bestand bekanntlich früher aus einem brettartigen Holz, in welchem das Tapetenmuster, d. h. das Muster für jede einzelne Farbe so herausgearbeitet war, dass das Muster selbst erhaben erschien und nach Bestreichen mit einer Farbe beim Aufdrücken auf das Papier dieses Muster an die Tapete abgab. Das eigentliche Andrücken der flachen Form geschah mit Hilfe eines langen, hölzernen Hebels. Auf dieselbe Weise mussten die verschiedenen Farben nacheinander auf das Papier gedruckt werden und ebenso die Wiederholungen des Musters selbst auf einem Streifen von der Länge der Tapete hintereinander. Die einzelnen Längen wurden dann zum Trocknen aufgehängt. Für manche Zwecke, besonders die Borden, wendet man die alte Methode mit den Flachformen und dem Aufdrücken mittelst der Hand auch heute noch oft an. Mit Einführung der Maschine jedoch wurde das Tapetenmuster auf eine Holzwalze, deren Umfang genau der Länge des Musters entsprach, aufgepaust und so herausgestochen, dass es wie bei der Flachform erhaben vortrat und die Walze auf den oben beschriebenen Maschinen als Druckwalze benutzt werden konnte. Es ist natürlich, dass jede einzelne Farbe eine besondere Walze haben muss, und diese eben je nach der Zusammenstellung des Musters sehr kompliziert sein, oder aus nur wenigen hervorstehenden Punkten, Strichen oder Flächen bestehen wird.

Neuerdings macht man sich die Formen oft in der Tapetenfabrik selbst und verfährt dabei in folgenderweise: Zur Herstellung der eigentlichen Zeichnung werden dünne, biegsame Messingstreifen von ca. 8 Millimeter Breite benutzt, die man in eine abgedrehte Holzwalze mit einem kleinen Hammer hineinschlägt, so dass die Streifen festsitzen und ca. 4—6 Millimeter hervorstehend das Muster bilden. Es ist notwendig, dass die Walzen, soviel als die Höhe der vorstehenden Blechstreifen beträgt, kleiner angenommen werden, so dass das Muster auch nur in entsprechend verkleinertem Massstabe auf die Holzwalze gepaust werden kann. Mit einer kleinen Zange wird dann ein Blechstreifen genau so gebogen, wie die Linie der Zeichnung, die man darstellen will, notwendig macht, mittelst einer Scheere in der richtigen Länge abgeschnitten, durch wenige Striche mit einer Feile an der unteren Seite abgeschärft und nach der Zeichnung, wie erwähnt, durch den Hammer fest in das Holz eingeschlagen. Mit dieser verhältnismässig mühseligen und viel Geduld verlangenden Arbeit fährt man so lange fort, bis das ganze Muster dargestellt, d. h. der ganze Umfang der Walze mit Blechstreifen besetzt ist, wobei man zu beobachten hat, dass alle grösseren Flächen des Musters nur in ihren Umrissen durch Blechstreifen dargestellt werden, Die Zwischenräume füllt man dann durch Filzstückchen aus, die durch Leim an der Oberfläche der Walzen festgeklebt werden und eine Fläche bilden, welche die Farbe gleichgut annimmt und ebenso an das Tapetenpapier abgiebt. Es ist selbstverständlich, dass die Walze vor der Benutzung genau rund und gleichmässig abgedreht oder vielmehr abgefeilt oder geschliffen werden muss.

Obgleich man die vorbeschriebenen Druckwalzen noch meist so, wie angegeben, herstellt und benutzt, so hat man doch ganz neuerdings noch eine Abänderung vorgenommen, die darin besteht, dass man an Stelle von hölzernen Druckwalzen kalanderförmige Papierwalzen setzt, die dem Einschlagen der Messingstreifen ein überall gleichartiges und leichtes Eindringen gestatten. Man kann für diese gleichartigeren Walzen Abfälle von Tapetenpapier benutzen, die in jeder Fabrik unvermeidlich mehr entstehen, als den Fabrikanten lieb ist. In einer mittleren Fabrik beträgt der tägliche Ausschuss etwa 250 Kilo, der nicht hoch zu verwerten ist.

Es liegt in der Natur der Sache, dass jede Tapetenfabrik eine sehr grosse Anzahl von Druckwalzen haben muss, die sich im Laufe der Jahre fortwährend vergrössert und die den Reichtum einer jeden Fabrik ausmacht Dieses Lager wird am besten gegen Feuersgefahr geschützt, wenn es in einem oder mehreren Kellern, von den Hauptfabrikgebäuden getrennt, aufbewahrt wird. Sie liegen dort in grossen, hölzernen Gestellen, mit Buchstaben und Nummern entsprechend bezeichnet, so dass man sie je nach Bedürfnis schnell wieder auffinden und von neuem benutzen kann.

In einer mittelgrossen Fabrik, die nur 4 Druckmaschinen beschäftigt, hatte z. B. das Lager der fertigen Formen einen Wert von 60000 Mark, wobei durchschnittlich ungefähr 50 Mk. auf eine Form zu rechnen sind. Es ergiebt sich schon hieraus, dass etwa 1200 Formen vorrätig waren.

Es ist natürlich, dass diese Formen mit der Zeit in gewisser Beziehung an Wert verlieren, da doch die Tapetenmuster sehr der Mode unterworfen sind und oft wechseln. Dieser Verlust wird aber dadurch ausgeglichen, dass die alten Formen leicht ins Ausland, besonders nach Russland, zu annehmbaren Preisen verkauft werden können.

Was nun die eigentliche Tapetenfabrikation mit Hilfe der erwähnten Formen und vorher beschriebenen Maschinen anbelangt, so muss in Bezug auf Vorrichtung der Farben, sowie etwaiger Extrasorten u. s. w. auf Exners Werk verwiesen werden, da sonst Wiederholungen nicht vermieden werden könnten. Es ist nur zu erwähnen, dass meist Erdfarben verwendet werden, die in kleinen Maschinen (Mühlen) zerrieben, in grösserem Bottich gemischt und mit Leim oder Stärkekleister versetzt werden. Es wird meist etwas Säure hinzugesetzt, wodurch die Farbentöne lebhafter werden. Auch Gold wird bei der Tapetenfabrikation oft benutzt, jedoch nur in pulverförmiger Bronzeform, wovon das Kilo $4^1/_2$ bis 10 Mark kostet.

Die Farbschiffe sind nur mit der jedem Muster entsprechenden Farbe zu füllen, das Papier in Rollen einzulegen, um den Cylinder herumzuführen und das Bedrucken der Tapete kann beginnen. Unmittelbar hinter jeder Maschine erfolgt mittelst der schon beschriebenen Aufhängevorrichtung das Trocknen der Tapete unter denselben Vorsichtsmassregeln, Absaugen der feuchten Luft, u. s. w., wie bei der Buntpapierfabrikation und ebenso wie dort die Wiedervorführung der getrockneten Tapete neben dem Ausgangspunkt.

Dort steht nun entweder eine gewöhnliche „Papier-Rollmaschine“, welche die getrocknete Tapete in gleichmässige, feste Rollen aufwickelt, wenn die Tapete noch irgend einer Nacharbeit, wie Satinieren, Granulieren u. s. w. unterworfen werden soll, oder eine Mess- und Rollmaschine für Tapeten, wie in den meisten Fällen. Von der näheren Darstellung der ersteren können wir hier wohl absehen. Fig. 34 zeigt jedoch eine Abbildung der letzteren, die für die Tapetenfabrikation nicht zu entbehren ist, und die von Grahl & Höhl herrührt. Es ist bekannt, dass jede Tapete überall in der gleichen Länge von acht Meter hergestellt, abgemessen, aufgerollt und verkauft wird. Diese Arbeit geht sehr schnell von statten und muss, schon wegen der Billigkeit der Tapeten im allgemeinen, mittelst einer Maschine ausgeführt werden. Die vorstehend abgebildete dient hierzu, und zwar wird die bedruckte Tapete, mit dem Muster nach oben, über ein bogenförmiges Gestell geführt, das je nach der Breite verstellbare Leisten hat, die verhindern, dass das Papier bei dem schnellen Aufrollen ausschiesst. Zur Erhöhung dieser Sicherheit wird es noch über einige Kupferwalzen geleitet und ein kurzes Stück horizontal nach vorn geführt, wo eine gespaltene, verhältnismässig dünne Spindel so gelagert ist, dass sie schnell aus- und wieder eingelegt werden kann. Das vordere Ende der Tapete wird nun in den Schlitz der gespaltenen Spindel gesteckt, die durch eine Stufenscheibe und eine Lederschnure in ausserordentlich rasche Umdrehung versetzt wird, so dass sich die Tapete in wenigen Sekunden auf der Spindel zu einer kleinen Rolle aufwickelt. Die Zuführung der Tapete erfolgt durch eine Messwalze, die so eingerichtet ist, dass ein bestimmtes Vielfaches ihres Umfanges die Länge von gerade 8 Metern darstellt. Die Messwalze wird durch eine Kuppelung mitgenommen, welche selbstthätig ausgelöst wird, wenn die Rolle die gewünschte Länge von 8 Metern hat. Durch ein Wechselrad kann man die Maschine zwar auf verschiedene Rollenlängen stellen, doch wird dies wenig oder garnicht notwendig sein. Sobald die Messwalze still steht, und damit die Aufwickelung ebenso, wird ein durch ein Gewicht schräggestellter, mit einem Handgriff versehener Hebel, der in der Zeichnung sichtbar ist und als Messer dient, durch den Handgriff nach unten bewegt und die Tapete dadurch in der gewünschten Länge abgeschnitten. Das Gewicht schnellt das Messer natürlich sofort wieder in die Höhe. Die

Fig. 34.

Spindel ist rechts mit einem Handgriff versehen, kann an diesem schnell herausgezogen werden, so dass das Papierröllchen, an einen Teller anstossend, herunterfällt und die Spindel sofort wieder in ihre alte Lage gebracht werden kann. Bei einiger

Uebung ist der Arbeiter imstande, in einer einzigen Minute auf diese Weise 6—10 Rollen abzumessen und aufzurollen: Die Maschine misst die Tapete ganz genau und liefert sehr feste, an den Enden gerade Rollen. Diese kleinen Rollen werden nun

Fig. 35.

noch durch Mädchen mit der Hand am Ende gerade geschnitten, das Ende selbst glatt umgeschlagen, und dann die Röllchen versandfähig gepackt. Es geschieht dies in hörnerartigen Packpressen, deren Gestalt die Fig. 35 zeigt. Die Presse wird auch Pack-Bock genannt, weil sie in der Hauptsache, wenigstens wie sie Grahl & Höhl bauen, aus einem niedrigen, halbkreisförmigen Bock besteht, in den die Rollen, ca. 100—120 Stück, gelegt werden. Darunter befindet sich eine Welle, die durch ein

Handrad gedreht werden kann. Darum wickeln sich ein oder zwei Lederriemen auf, welche um den Ballen geschlagen, am anderen Ende befestigt werden, und die bei dem Drehen am Handrad den Ballen schnell und fest einschnüren. Es braucht nur an den Enden Bindfaden darum geschnürt werden. Dann kann man den Riemen wieder lockern und ganz entfernen, denn der Ballen ist versandfähig, besonders wenn man noch Packpapier darum geschlagen hat.

Viele fertige Tapeten werden noch granuliert, d. h. durch ein Gaufriermaschine gelassen, damit sie gerippt oder mit erhabenen Punkten versehen, erscheinen. Diese Prägung geht zwar beim Tapezieren meist wieder verloren, aber beim Verkauf der Tapete macht das Muster, sowie die ganze Tapete einen viel lebhafteren, solideren Eindruck.

Andererseits soll manche Tapete noch Glanz erhalten. Es wird für diesen Zweck der Farbe ziemlich viel Talkum beigemengt und die Tapete, natürlich noch vor der Abmessung, über zwei kreisrunde, schnell rotierende Bürsten geführt, die die beabsichtigte Satinage hervorrufen. Nachher erfolgt die Abmessung und Aufwickelung der Röllchen, sowie die Verpackung wie bereits beschrieben.

Nach der allgemeinen Tapetenfabrikation sind noch einige Spezialitäten derselben anzuführen. Dahin gehört zunächst eine Druckmaschine für Holztapeten, d. h. einer solchen Tapete, die ein einfarbiges Holzmaserungsmuster aufzunehmen hat. Fig. 36 zeigt ein solches Exemplar, das naturgemäss einfacher als die für mehrfarbigen Druck bestimmte ist. Ausser dem auf der Zeichnung sichtbaren Gestell mit Antriebsvorrichtung u. s. w. ist der Hauptteil der Druckcylinder, der bei diesen Maschinen auf einen Umfang von 1—2 Metern eingerichtet ist. Er ist aus Zink hergestellt, so dass das Muster in demselben eingeätzt werden kann. Mehrere Farbwalzen teilen die nötige Farbe dem Cylinder oder der Druckwalze mit. Sie ist mit Mutter und Conus auf ihrer Achse befestigt, so dass man sie leicht auswechseln kann. Die Leistungsfähigkeit einer solchen Maschine beträgt pro Stunde 1200—1500 Meter. Sie lässt sich selbstverständlich auch für jedes andere, einfarbige Muster benutzen.

Eine ziemlich grosse Verbreitung haben auch noch die Tapeten gefunden, welche mittelst Oeldruckes hergestellt sind und daher nötigen Falles abgewaschen werden können, was in Fällen schwerer und ansteckender Krankheiten in den Wohnungen von grosser Wichtigkeit ist. Daher werden sie auch in vielen Krankenhäusern gern benutzt.

Fig. 37 zeigt eine solche, von Grahl & Höhl in Dresden gelieferte Maschine, die für 8 Farben, und zwar Oelfarben, ein-

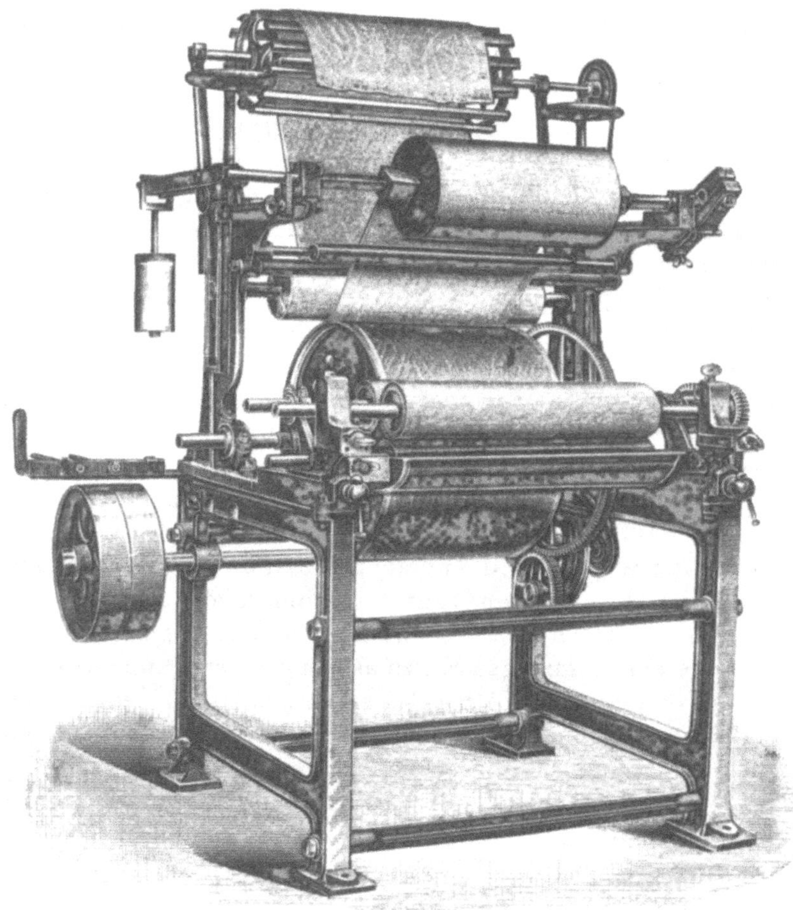

Fig. 36.

gerichtet ist. Sie unterscheidet sich in der Hauptanordnung von anderen Tapeten-Druckmaschinen nicht und braucht deshalb auch nicht näher beschrieben zu werden. Die Farbenzuführung erfolgt hier nur nicht durch einen Farbfilz, wie in Fig. 31 abgebildet, sondern durch Weichwalzen, wie solche bei der Steindruckerei verwendet werden. Ausserdem arbeitet diese Druckmaschine meist mit gravierten Zink- oder Kupferwalzen, doch können auch die beschriebenen Druckwalzen verwendet werden. Auf den erwähnten Weichwalzen liegen hin- und hergehende

Fig. 37.

Vertreiberwalzen, die für gleichmässige Verteilung der, hier natürlich dickeren Farbe, sorgen. Die Maschine wird sowohl für erhaben, wie für vertieft gravierte Druckwalzen, sowohl für jede beliebige Anzahl von Farben eingerichtet, von zwei Farben an gerechnet. Ein genaueres Eingehen auf diese Maschine ist nicht notwendig.

Es giebt in der Tapetenfabrikation zwar noch manche, mehr nebensächliche Maschinen, wie z. B. Streifenzieh- und Lackier-Maschinen, dann eine Schnelltrocken-Maschine für die ausgewaschenen Bürsten (Buntpapierfabrikation), Papier-Umrollmaschinen für schlecht gewickelte Rollenpapiere u. s. w., aber diese Maschinen werden zum Teil auch in anderen Industrieen gebraucht, gehören nicht ausschliesslich hierher oder sind in Exners Werk bereits erwähnt. Daher ist ihre genauere Anführung hier überflüssig.

4. Die Briefumschlag-Fabrikation.

Bei der in der Neuzeit riesenhaft gewachsenen, privaten und hauptsächlich geschäftlichen Korrespondenz aller Völker der Erde, wesentlich erleichtert durch immer günstiger gewordene Post- und Verkehrsverhältnisse, war es natürlich, dass auch die Herstellung der dazu gehörigen, nebensächlichen Artikel, wie der Briefumschläge oder Kouverts, durch Maschinen vorgenommen wurde, um diese scheinbar unwichtigen Dinge in den nötigen kolossalen Mengen fabrizieren zu können, und dabei zu einem so niedrigen Preise zu verkaufen, wie es früher gar nicht für möglich gehalten worden wäre. Noch vor wenigen Jahrzehnten machten sich die Meisten ihre Kouverts selbst zurecht und benutzten dabei oft mit Vorliebe bereits auf einer Seite beschriebenes Papier. Jetzt wäre dies eine unnötige Zeitverschwendung und Ersparnis, da die Umschläge viel eleganter und dabei so billig gekauft werden, dass man denkt, kaum den Wert des Papieres bezahlen zu müssen. Es ist in der That in den letzten Jahrzehnten ausserordentlich viel daran gearbeitet worden, Maschinen zu erdenken, die möglichst schnell und einfach alle diejenigen Arbeiten verrichten, die zur Herstellung der so bekannten Briefumschläge notwendig sind. Es ist ganz natürlich, dass im Laufe der Zeit an den Kouverts selbst oder an den Maschinen dafür Fehler entdeckt wurden, und man es versuchte, dieselben auf die eine oder die andere Weise zu ändern und zu verbessern. Manche der Einrichtungen haben sich bewährt und sind beibehalten worden, andere wieder nicht, da schliesslich doch nur das Einfache den Sieg behält. Es ist ganz unmöglich und würde auch viel zu weit führen, wenn alle Versuche nach dieser Richtung hin nur erwähnt oder gar näher beschrieben werden sollten; es mag absichtlich im folgenden nur eine beschränkte Auswahl getroffen werden, woraus man trotzdem ersehen wird, zu welcher ungeahnten Höhe und Leistungsfähigkeit sich die Industrie der Kouvertfabrikation emporgeschwungen hat.

Es sei zunächst über die Umschläge selbst gesprochen. So verschieden auch die Kouverts je nach ihrem Zweck nach Grösse, Farbe, Stärke des Papiers u. s. w. sein mögen, so ist doch bei allen die Grundform nahezu dieselbe. Sie besteht aus einem viereckigen Blatt Papier, der Grösse des zusammengebrochenen Briefbogens entsprechend, an welchem vier Lappen oder Klappen seitlich vorstehen, von denen drei an den Rändern zusammengeklebt sind, und die vierte, auch am Rande gummiert, als Verschlussklappe dienen soll. Diese Grundform zeigt Fig. 38 und muss für alle Umschläge zunächst aus einem Stoss passenden Papieres herausgestanzt werden. Es geschieht dies wie in der Kartonnagenindustrie mittelst entsprechend geformter Stanzeisen, die man auf den Papierstoss setzt, und durch den Druck irgend einer Presse durch das Papier drückt, so dass mindestens 50 Stück Grundformen auf einmal herausgestanzt werden.

Ehe die weitere Reihenfolge in der verhältnismässig einfachen Fabrikation der Briefumschläge beschrieben wird, sei aber noch der schon oben erwähnten, verschiedenen Vorschläge zur Umgestaltung der zu verschiedenen Zwecken dienenden Kouverts gedacht. Da ist zunächst eine „Neuerung an Briefumschlägen" anzuführen, die Othmar Rohr in Wien bereits 1877 unter Nr. 1147 patentiert worden ist, und die auch heute noch, wenn auch vielleicht in etwas anderer Form, nicht selten mehr benutzt wird. Da die gewöhnlichen Briefumschläge manchmal nicht leicht zu öffnen sind, besonders wenn man kein Messer zur Hand hat, und durch letzteres auch zuweilen der Inhalt des Kouverts verletzt wird, so hat der Erfinder zunächst an einer Seite eine Reihe dicht stehender eingestanzter Löcher angebracht, welche das Abreissen eines schmalen Streifens vom Umschlag erleichtern und die Anwendung eines Instrumentes unnötig machen. Das jetzt an diese Stelle getretene Perforieren hat denselben Zweck und giebt es dazu Perforiermaschinen. Gleichzeitig aber hat man mit diesem Patent noch einen zweiten Zweck vereinigt, nämlich den Brief selbst durch die Post abstempeln zu lassen. Daher wird auf der Vorderseite des Umschlages ein Loch herausgestanzt, so dass in demselben die unbeschriebene Seite des Briefes erscheint. Auf diese Stelle des

Briefes klebt man die Marke, welche sodann von der Post abgestempelt wird. Die Ränder dieser Löcher werden behufs Verhinderung des Einreissens innen oder ausserhalb entweder mit Papier, Leinwand oder Seide beklebt. Auf diese Weise wird erreicht, dass der Brief selbst die postamtliche Abstempelung trägt, was in gewissen Fällen von Vorteil sein kann. Gleichen Zweck verfolgt das Patent von Emile Manger in Paris,

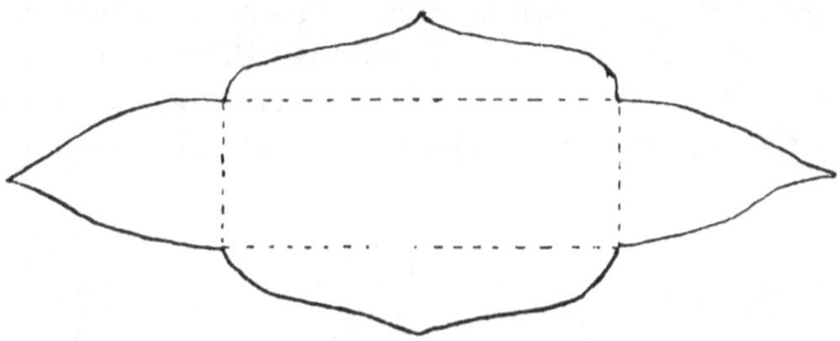

Fig. 38.

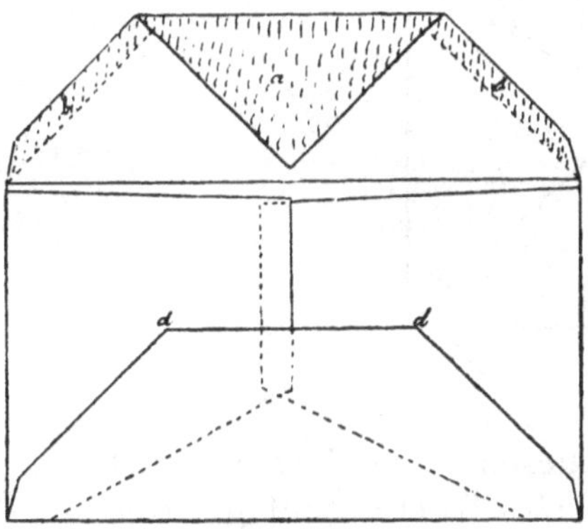

Fig. 39.

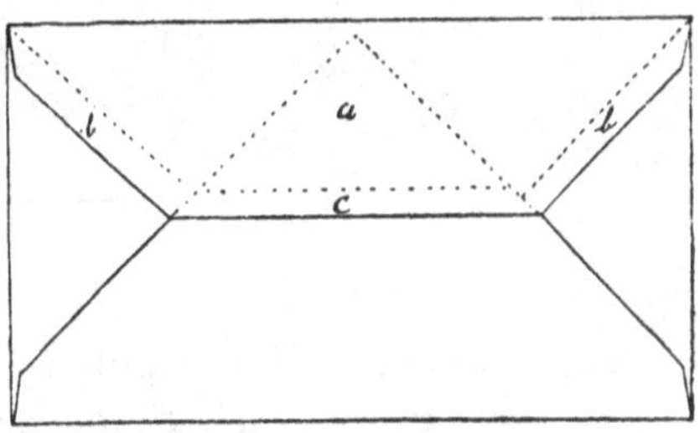

Fig. 40.

welcher ebenfalls ein Loch in die obere Seite des Briefumschlages stanzt, dasselbe aber etwas kleiner als die Briefmarke macht, und rund um die Oeffnung das Papier perforiert, damit es beim Herausnehmen des Briefes durchreisst und die Marke selbst nicht beschädigt wird.

Bei den meist gebräuchlichen Briefumschlägen lässt die einfache, dem Rand der oberen Klappe entlang laufende Gummierung ein leichteres Oeffnen, insbesondere wenn angefeuchtet, zu. Dieses zu erschweren, lässt sich aus dem Vorschlag von Otto Kühnle in Pforzheim ersehen, der unter Nr. 26891 des D. R. P.

geschützt und in Fig. 39 und 40 abgebildet ist. Der Briefumschlag besitzt eine verhältnismässig lange Klappe a, deren Spitze umgelegt und auf der dann oben liegenden Seite gummiert ist.

Die Seiten bb sind in bekannter Weise gummiert und sollen verhindern, dass man an das Innere des Umschlages gelange. Dadurch, dass die umgelegte Klappe a auf den Umschlag geklebt ist, liegt über dem Gummi eine zweifache Papierlage, welche schwer durch Anfeuchten von oben aufzulösen ist.

Die meist im Gebrauch befindlichen Briefumschläge zeigen den Nachteil, dass bei Drucksachensendungen, Postkarten, Briefe u. s. w. in die offenen Briefumschläge einrutschen und dadurch leicht verloren gehen. Um diesen Mangel zu vermeiden, ist von Rich. Liebig in Leipzig ein Briefumschlag erdacht worden, der allerdings auch keine weitere Verbreitung gefunden hat. Fig. 41 zeigt die Einrichtung. Es ist da unter der Briefumschlagklappe a eine Zunge b angebracht worden, welche sich in das Innere des Umschlages schiebt und hierbei eine Absperrung bewirkt, wodurch das Eindringen von Briefen, Karten u. s. w. vollständig vermieden wird. Bei geschlossenen Briefen wird durch die Zunge b das Ankleben der Briefumschlagklappe an den inliegenden Brief unmöglich gemacht.

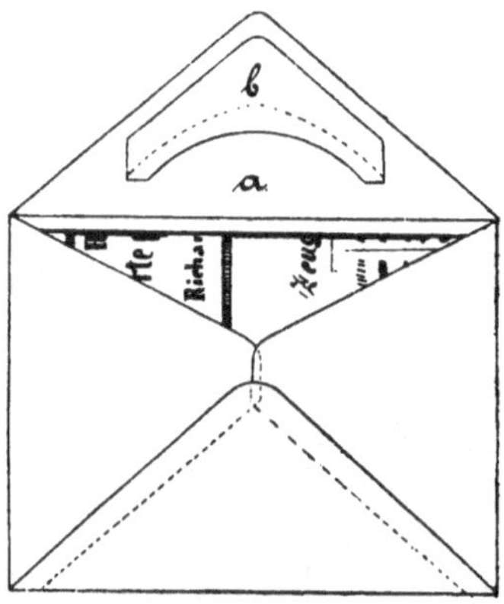

Fig. 41.

Aehnlich ist der Umschlag, der Heinrich Neu in Warnemünde unter Nr. 55 163 geschützt wurde. Durch zwei Schlitze in der Verschlussklappe ist hier eine schmale Zunge gesteckt, die an den Enden gummiert, beim Verschliessen des Kouverts in einen weiteren Schlitz der unteren Klappe geschoben und auf diese Weise auch im Innern des Umschlages nochmals angeklebt wird, genau wie das andere Ende.

Eben so wenig praktische Einführung wie die vorstehenden hat der Briefumschlag gefunden, der Frau Marguerite Ruaux in Paris unter 67 602 patentiert wurde, und der eine portefeuilleartige Tasche bildet, entschieden zu kompliziert ist. Noch ähnlicher einer Brieftasche ist der von Jesse Williams Alton in New-Whatcom (Washington) konstruierte, unter 64 386 patentierte, aber zu wenig einfache Briefumschlag.

Eine andere, wenn auch wenig oder gar nicht mehr ausgeführte Idee ist die eines „verlängerbaren Briefumschlages" von Julius Alfred Bourry in Zürich (D. R. P. 64 86). Es ist dies ein Couvert, welches gleichzeitig für mehrere Nummern, d. h. bis auf eine gewisse Länge, den einzuschliessenden Schriftstücken angepasst werden kann. Bei der heutigen kolossalen Auswahl in allen Formaten und Grössen ist diese Einrichtung natürlich überflüssig. —

Noch sei der „Durchschau-Briefumschlag" von Carl Blanke in Barmen erwähnt, der ihm unter Nr. 64 677 patentiert wurde und für Drucksachen, Geschäftspapiere aller Art, überhaupt für alle jene Postsendungen, welche unter Kreuzband oder in offenem Umschlag versendet werden und das billigere Porto geniessen, bestimmt ist. Um die schon erwähnten Uebelstände der Kreuzband- oder offenen Sendungen zu beseitigen und doch rasche und bequeme Einsichtnahme zu gestatten, ist der angeführte Durchschau-Briefumschlag erfunden worden. Es wird hierbei ein Briefumschlag ganz gewöhnlicher Art hergestellt, mit längs- und querseitig verschliessbarer und gummierter Klappe. Dieser Umschlag wird an den beiden Seitenkanten, wie Fig. 42 zeigt, mit kreisrunden, entsprechend grossen Löchern versehen. Die Löcher können selbstverständlich auch oval sein oder in Form von länglichen Schlitzen auftreten. Die Gestalt ist ganz nebensächlich. Wenn die Seitenkanten, d. h. die Längskanten des Briefes mit der Hand etwas zusammengedrückt werden, und man durch die Löcher etwas hindurchbläst, so öffnet sich der Brief ballonmässig, um nun ist die Einsicht in das Innere frei.

Eine besondere Form hat der Briefumschlag von Theodor Kerckhoff in Chateau-Salins, welcher auf der Adressseite mittelst der Freimarke verschlossen wird; er ist unter Nr. 34 565 patentiert und zeigt die Grundform, die in Fig. 43 dargestellt ist, und wobei die schraffierten Stellen die Klebestellen bedeuten. Das Couvert ist zusammengefaltet und geklebt in Fig. 44 abgebildet, mit Ausnahme eines kleinen Lappens, der auf die andere, die Adressenseite, übergreift, und erst zugeklebt wird, wenn der Brief hineingesteckt ist. Fig. 45 zeigt den fertigen

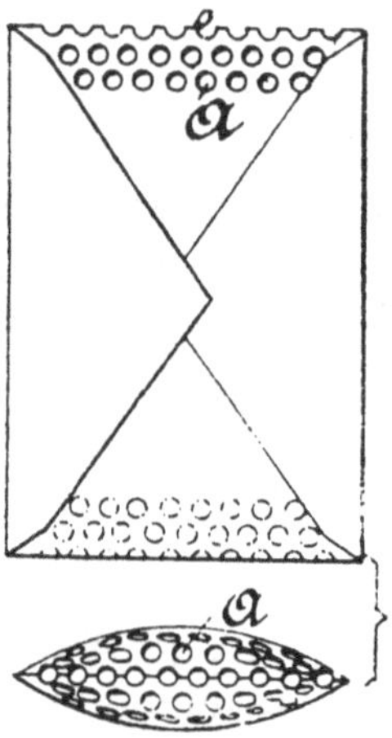

Fig. 42.

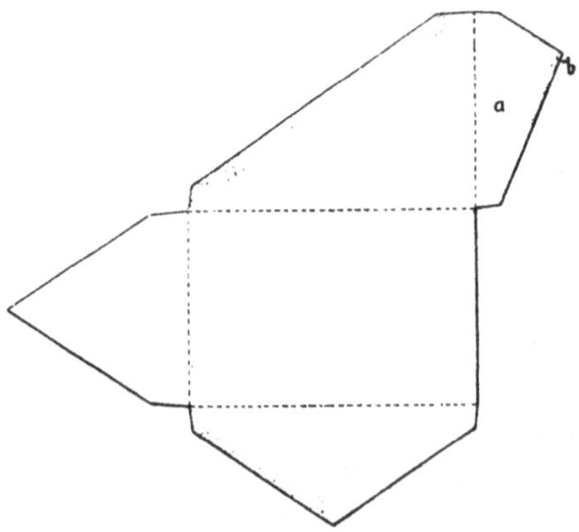

Fig. 43.

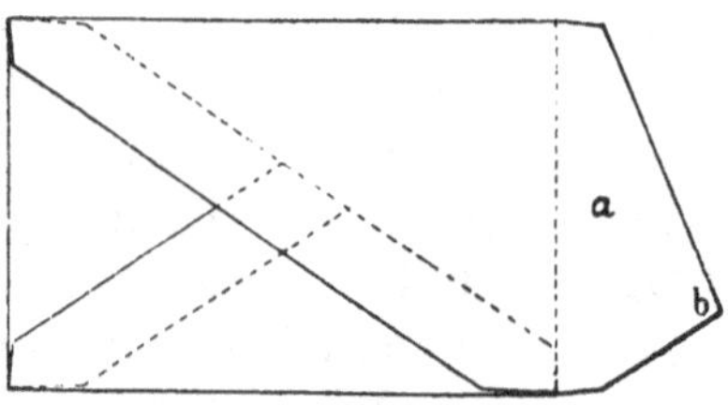

Fig. 44.

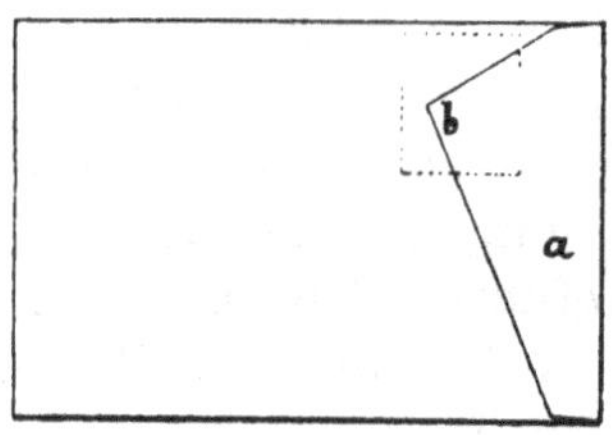

Fig. 45.

Brief mit dem umgeschlagenen Lappen a, der an der Stelle b auch noch durch die Freimarke überklebt, ein heimliches Oeffnen also dadurch fast unmöglich gemacht worden ist. Bereits 1885 erhielt Kerckhoff noch ein Zusatzpatent Nr. 37 117 hierzu.

Nach diesen Anführungen von besonderen Briefumschlägen sei wieder bis zum notwendigen Ausstanzen aller Couvert-Grundformen zurückgekehrt. Sobald dies geschehen, erfolgt die Gummierung der vier das Couvert bildenden Klappen, Das erfolgte früher meist mit der Hand und zwar so, dass man die ausgestanzten Papierblätter so aufeinander legte, dass jedes nachfolgende um die Breite der Gummierung hinter dem vorhergehenden lag, gewissermassen also als Schablone für die Gummierung desselben diente. Eine grosse Anzahl auf resp. hinter einander gelegte Papierblätter bilden nun eine breite, glatte Fläche, die mittels eines Pinsels mit dem gewünschten

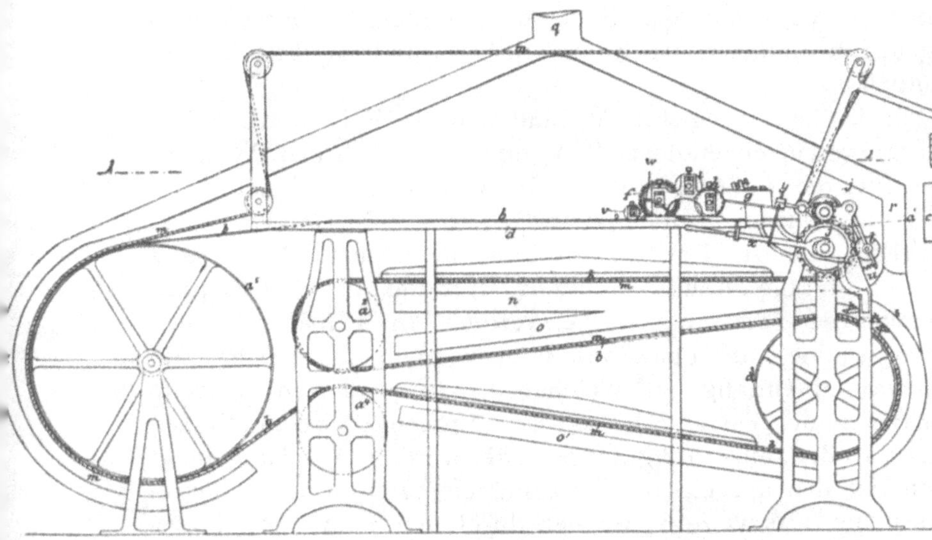

Fig. 46.

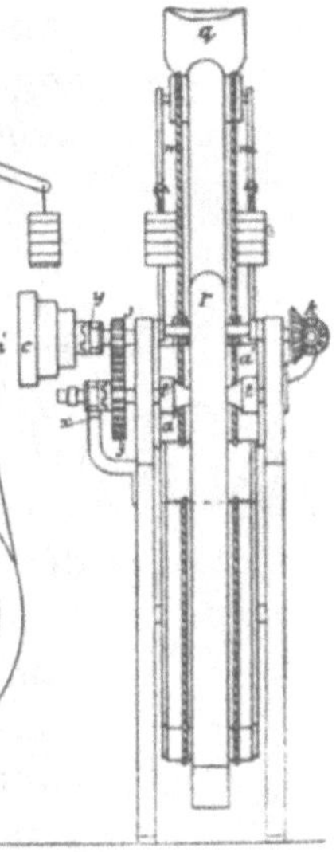

Fig. 47.

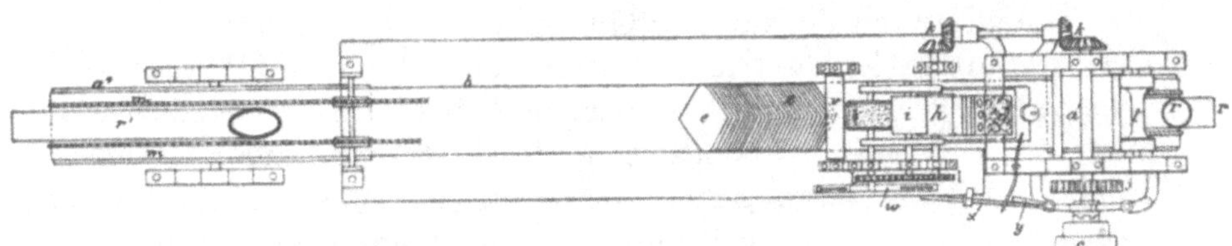

Fig. 48.

Klebestoff, meist weissem Gummi arabicum, bestrichen werden kann. In der Neuzeit, wo die Umschlagfabrikation in grossem Massstabe betrieben wird,, benutzt man aber Klebmaschinen, von denen in Folgendem eine Konstruktion von Rest Fenner in London näher beschrieben werden soll, die das D. R. P. 28 786 erhielt. Die Fig. 46 zeigt die Maschine im Aufriss, Fig. 47 in der Seitenansicht und Fig. 48 im Grundriss.

Es ist daraus im allgemeinen zu ersehen, dass ein endloses Band die auf demselben aufgestapelten Briefumschläge unter oder an einer rotierenden oder hin- und hergehenden, den Gummi zuführenden Bürstwalze vorbeiführt, worauf die gummierten Umschläge über, unter oder neben gelochten Röhren hingeführt werden. Durch diese Röhren wird Luft eingetrieben, die gegen die gummierten Verschlussklappen gerichtet ist, um deren Trocknung zu bewirken. Die Umschläge selbst werden in ähnlicher Weise auf dem Band ausgebreitet, wie bereits oben angegeben und wie auch aus dem Grundriss, Fig. 48, ersichtlich.

In der Zeichnung, Fig. 46, sind a bis a^5 Walzen oder Scheiben, um welche ein endloses Band bb herumgeführt ist. Walze a^1 oder eine der anderen Walzen wird von einem geeigneten Antrieb aus durch Riemenscheibe c und Zahngetriebe jj in Drehung versetzt. Der Antrieb kann auch auf andere Weise erfolgen und die Drehbewegung durch das endlose Band bb auf die anderen Walzen übertragen werden. Auf dem oberen Teile der Maschine läuft das Band b über einen Tisch oder eine Plattform d entlang, auf welcher die ausgestanzten Briefumschläge in der bei c, Fig. 48, ersichtlichen Weise durch den Arbeiter oder selbstthätig ausgebreitet werden. Band b gelangt dann mit den aufgelegten Umschlägen unter die mit Gummi versehene Bürstwalze f, welcher durch ein Paar Verteilungswalzen h i von dem Gummibehälter g Gummi zugeführt wird. Beim Vorübergehen der Umschläge e an der Bürstwalze f werden erstere mit der nötigen Gummimenge befeuchtet. Walze h wird durch Kegelgetriebe kk von der Welle der Riemenscheibe c aus in Drehung versetzt und diese Bewegung durch Rädertrieb ll auf die Walze i und Bürstwalze f übertragen. Band und Umschläge gehen dann um die Walze a^1 herum, wobei die Umschläge an ihrem nicht mit Gummi befeuchteten Teile durch endlose Schnüre mm festgehalten werden, die mit Ausnahme der Tischlänge d gleichzeitig mit dem Bande b und den Umschlägen e die gesammte Maschine durchlaufen.

Band b, Umschläge e und Schnüre m gehen dann über ein mit Löchern versehenes Rohr n hinweg, das der Länge nach unterhalb des Tisches d angebracht ist, laufen um die Walze a^2 und unter dem Rohr o oder unter dem genannten Rohr n zurück u. s. w. von dem einen Rande der Maschine zum andern, um dann über die Walze a^3 zurück nach Walze a^4 und endlich über Walze a^5 zu gelangen. Auf dem Wege von a^3 nach a^4 laufen die Bänder mit den zu trocknenden Umschlägen über das gelochte Rohr o^1 hin, während beim Passieren der Umschläge über die Walze a^5 letzere durch ein mit Löchern versehenes Rohr r^1 mittelst eines kräftigen Luftstromes angeblasen werden. Die Zahl der Walzen und gelochten Röhren muss eine der guten und sicheren Trocknung des Gummis entsprechende sein.

Ausser dem Anblasen der Umschläge durch die aus den Löchern der Röhren n o austretende Luft werden die Umschläge bei ihrem Passieren der Walzen noch durch Luftstrahlen getroffen, die ausser dem Trocknen noch den Zweck haben, die Umschläge selbst an ihren Rändern von einander zu trennen. pp sind die Austrittsöffnungen der Luft, um die Umschläge bei ihrem Vorübergang um die Walze a^3 anzublasen. Die Luft wird bei q durch ein geeignetes Gebläse zugeführt, und teilt sich das Rohr in zwei Hälften r und r^1, von denen Rohr r den Mündungen p, sowie den Löchern der Rohre n o o^1 einen kräftigen Luftstrom zuführt. Von der Walze a^5 werden Band und Umschläge über einen Tisch geführt, der sich an den Tisch d anschliesst, und von welchem die Umschläge mit der Hand weggenommen werden.

Um dem Bande b einen genügenden Halt auf der Antriebswalze a^1 zu geben und dadurch ein Gleiten zu vermeiden, drückt eine durch Feder u oder Gewicht gepresste Walze t das Band gegen die Walze a^1. In der Mitte ist diese Walze ausgehöhlt, wie dies in Fig. 48 ersichtlich ist, damit sie mit den gummierten Rändern der Umschläge nicht in Berührung kommt.

Die Walze legt sich mit ihren breiten Rändern gegen das Band an. Die Walzen a^2 und a^4 sind in gleicher Weise und zu demselben Zwecke in der Mittelpartie ausgehöhlt. v ist eine Presswalze für die Umschläge, die letztere beim Gummieren festhält, und einfach durch Reibung der Umschläge in Drehung versetzt wird. w ist ein verschliessbares, keilförmiges Gestell, das durch Verschieben den die Bürstwalze f und die Walzen h i tragenden Rahmen hebt und dadurch die Bürstwalze f mit dem Bande b ausser Kontakt bringt, was sich nötig macht, wenn das Band ohne Umschläge läuft. x ist ein Ausrückhebel, durch den die Bürstwalze f und die Walzen h i ausser Betrieb gesetzt werden, ohne die Maschine selbst zum Stillstand bringen zu müssen, während y ein Ausrückhebel ist, durch welchen die Maschine selbst zum Stillstand gebracht wird.

Um die Umschläge, d. h. die ausgestanzten Grundformen, so wie oben beschrieben, regelmässig für das Gummieren zurechtlegen zu können, bedient man sich einer mit Ansätzen versehenen Walze, die sich unter dem aufgestapelten Papier dreht. Da aber manchmal Stockungen dadurch eintreten, dass sich das Papier aufwärts schiebt, giebt es noch eine Verbesserungsvorrichtung, die R. Ernst Fischer in Barmen unter Nr. 99 749 patentiert worden ist. Die Figuren 49, 50, 51 zeigen diese einfache Einrichtung.

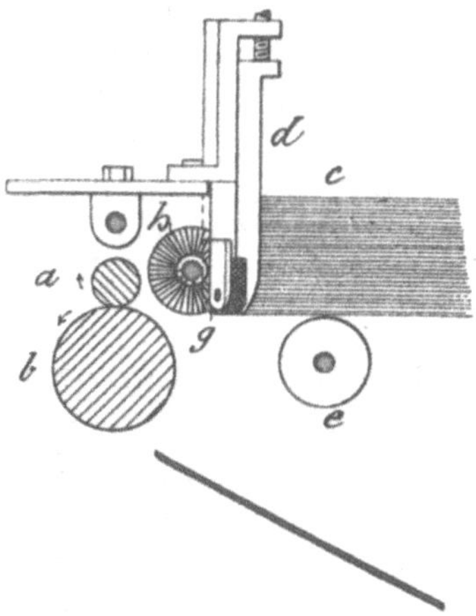

Fig. 49.

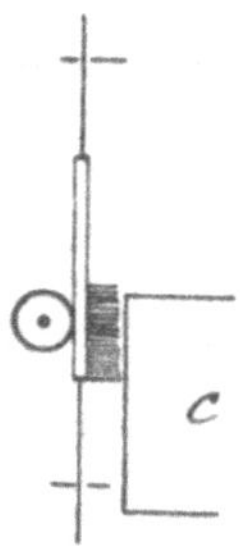

Fig. 51.

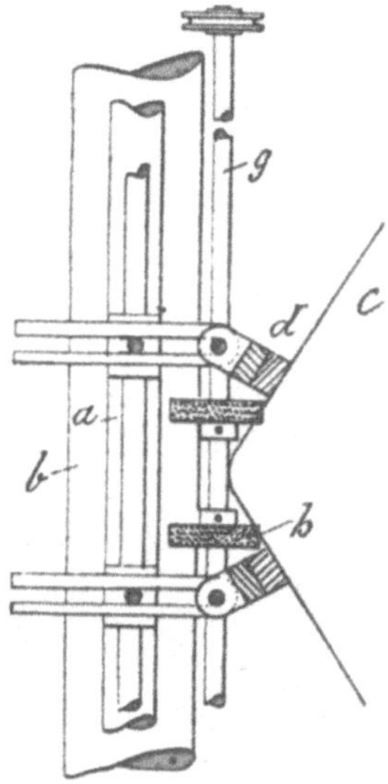

Fig. 50.

Fig. 49 stellt einen vertikalen Schnitt und Fig. 50 einen Grundriss dar. Fig. 51 ist eine Ausführungsform, dargestellt in schematischen Linien. In den Figuren bezeichnet a b die Mitnehmerwalzen, vor denen der Stapel c auf entsprechenden Schienen gelagert ist. Der Stapel wird durch die Stellschienen d, die in wagerechter sowie senkrechter Richtung verschiebbar sind, eingestellt, und findet an ihnen ein Widerlager. Unter dem Stapel ist die Walze e drehbar angeordnet, die mittelst ihrer Ansätze die Bogen vor- und den Mitnehmerwalzen a b zutreibt. Zwischen diesen und dem Stapel ist nun eine Achse g drehbar angeordnet, auf welcher sich Kreisbürsten h befinden, die infolge ihrer Drehbewegung mit ihren Borsten am Stapel herunterstreichen. Die Wirkung hiervon ist, dass sich die Bogenränder nicht nach aufwärts biegen können, sondern glatt nach unten gestrichen werden, so dass die Fläche des Stapels eine gleichmässige ist und die einzelnen Bogen ordnungsmässig den Walzen zugeführt werden können. Anstatt den Bürsten eine Drehbewegung zu geben, können dieselben auch eine von oben nach unten senkrecht oder schräg gerichtet Bewegung erhalten so dass sie beim Niedergang an der Stapelfläche herunterstreifen, beim Aufgang dieselbe aber nicht berühren (Fig. 51).

In manchen einzelnen Teilen ist nun die beschriebene Gummiermaschine nach und nach noch verbessert worden. In neuester Zeit hat Henry Eyster Smyser in New-York z. B. eine Vorrichtung zum Auftragen von Klebstoff patentiert erhalten, unter Nr. 101 468, die aber auch für andere Zwecke verwendbar ist, jedoch hier nicht näher angeführt sei. Meist wird die zuerst erwähnte kreisförmige, d. h. cylindrische Bürste zum Auftragen des Klebstoffes noch benutzt. Die Leistungsfähigkeit derartiger Gummiermaschinen ist soweit ausgebildet worden, dass eine einzige Maschine täglich unter günstigen Umständen 300 000 Stück Umschläge fertig gummieren soll. Wenn sie dieses Mass auch nicht vollständig erreicht, so sieht man doch schon, welche ungeheure Menge Couverts im Verhältnis zum früheren Handbetrieb hergestellt werden können, und welche geringe Arbeit aufzuwenden ist, dass also eine möglichst billige Herstellung erreicht werden muss.

Die Trocknung des Gummis erfolgt neuerdings meist mittelst durch Gasflammen erwärmter Luft, was natürlich schneller geht und die rasche Fertigstellung bedeutend fördert.

Die fertig gummierten, flachen Umschläge kommen nun in die Briefumschlag-Maschine, um da zu fertigen Couverts gebrochen und eventuell geklebt zu werden. Das Hauptmerkmal einer jeden solchen Maschine besteht aus einem Loch oder Rahmen, der genau der Form und Grösse des gerade herzustellenden Couverts entspricht. und in welchen hinein das darüber gelegte flache Couvert durch einen Stempel gepresst wird, so dass sich die vier Lappen umbiegen müssen. Auf welche Weise und wie schnell dies selbstthätig geschieht, hängt nun davon ab, welche Konstruktion der vielen vorhandenen zur Fabrikation angewendet wird. Wie schon erwähnt, ist die Erfinderthätigkeit gerade in dieser Richtung hin in den letzten Jahrzehnten eine ausserordentlich grosse gewesen, und es wäre unmöglich, alle Stufen zu erwähnen, die zur heutigen Vollkommenheit nach und nach geführt haben. Man kann gewissermassen drei Gruppen hierin unterscheiden. Zuerst die älteren deutschen Handmaschinen, die verhältnismässig einfache Konstruktion hatten, nur Bewegung durch einen Fusstritt erhielten und pro Tag ungefähr 13000 Couverts fertig machen konnten. Ein grosser Fortschritt waren die amerikanischen Briefumschlagmaschinen, die allerdings eine sehr komplizierte Einrichtung hatten. Als beste Maschinen gelten jedoch nach dem Urteil eines älteren Fachmannes neuerdings wieder die deutschen, von denen sich besonders die Elberfelder durch Güte und Leistungsfähigkeit auszeichnen sollen, da sie z. B. 50—70 Stück Couverts in der Minute, also 30—40000 Stück pro Tag fertigzustellen vermögen.

In Folgendem sei nun eine zwar nicht ganz alte, aber doch ältere deutsche Konstruktion einer Briefumschlagmaschine näher beschrieben. Es ist die Hermann Richard in Rummelsburg bei Berlin unter Nr. 31093 geschützte Maschine vom Jahre 1884. Der Umstand, dass sich auf den älteren Maschinen dünne Hanfbriefumschläge nicht herstellen liessen, hat zu dieser vorliegenden Erfindung geführt. Dadurch, dass auf den nachstehenden Zeichnungen 52 bis 58 alle weniger wichtigen Teile weggelassen sind, haben dieselben an Deutlichkeit gewonnen. Bei den früheren Maschinen wurde das zugeschnittene Papier C, Fig. 53, durch den in den Führungen $f f^1$ gehenden Schlitten $s s^1$ s^2 unter den Stempel S geführt. (Der Schlitten $s s^1$ s^2 erhielt seine Hin- und Herbewegung durch den Winkelhebel HH, dessen Rolle F auf dem von der Antriebsscheibe R und Welle W bewegten Excenter E läuft.) Diese Vorrichtung genügt, um starkes Papier zu verarbeiten; dünnes Papier aber biegt sich durch und kommt nur unvollkommen unter den Stempel. Zur Unterstützung des dünnen Papieres ist bei der vorliegenden Maschine ein zweiter Schlitten angeordnet, der durch den alten Schlitten s s^1 s^2 intermittierend bewegt wird. Dieser neue Schlitten besteht aus den Stangen $a a^1$, die an ihrem Ende die Kloben k k^1 tragen, welch letztere durch ein Führungsblech B verbunden sind. An den vorderen Enden der Stangen a a^1 sind die Führungsbleche b b^1 angebracht, deren Details aus den Figuren 57 und 58 ersichtlich sind.

Diese Führungsbleche $b b^1$ bestehen aus je zwei Teilen, und zwar ist der eine Teil an den Stangen a befestigt, während der andere Teil zwei Längsschlitze erhält, die sich auf den Nieten

1 und 2 verschieben können. Die beiden Teile werden durch eine Feder c bezw. c^1 stets zusammengehalten, Fig. 57. Den ausgezogenen Zustand zeigt Fig. 58. Fig. 52 und 53 zeigen die Maschine in der Endposition.

Bewegt sich der Schlitten s s^1 s^2 in der Pfeilrichtung, so nimmt er das Papier C mit und führt es über das Unter-

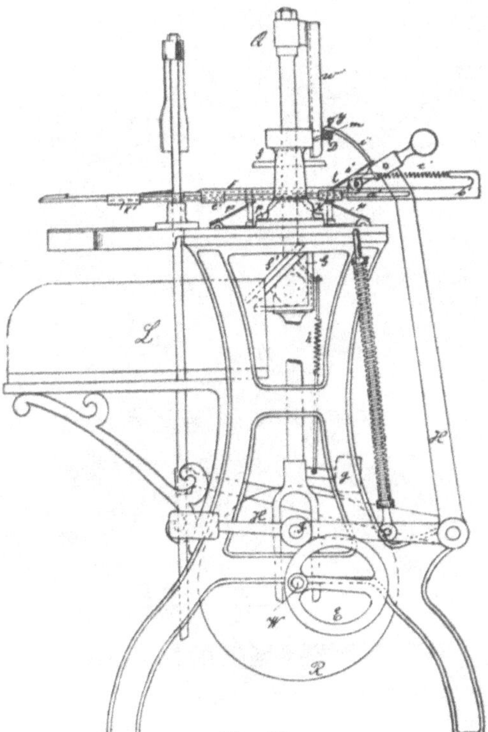

Fig. 52.

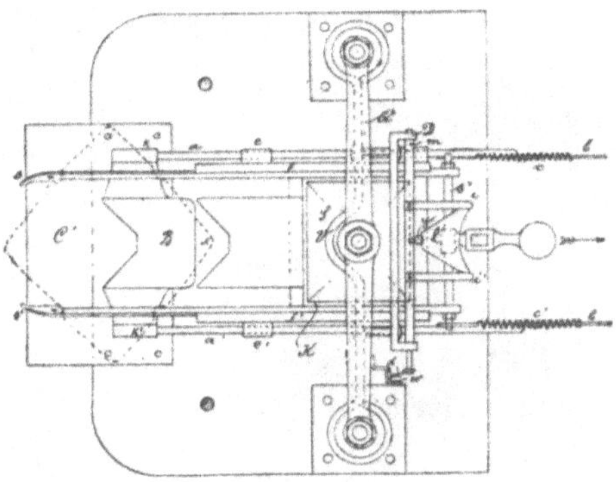

Fig. 53.

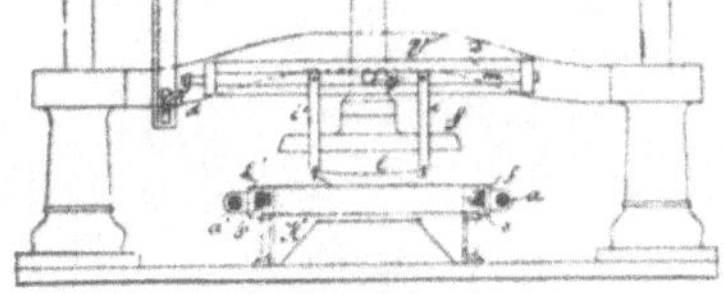

Fig. 54.

stützungsblech B hinweg. Erreicht die Welle s^2 das Ende der Führungen b b^1, so werden diese und somit die Stangen a a^1, sowie das Blech B mitgenommen und dient letzteres dem Papier stets als Stütze. Die Bewegung des Schlittens a a^1, sowie des Bleches B dauert so lange, bis die Kloben k k^1 an die Führungen e e^1 der Stangen a a^1 anstossen, und befindet sich nun die Maschine in der Stellung Fig. 55. Der alte Schlitten muss nun, um das Papier C ganz unter den Stempel zu bringen, noch eine kleine Vorwärtsbewegung machen; es zieht hier Stange s^2 die Führungen b b^1, wie bei Fig. 57 und 58 beschrieben, auseinander. Während dieser Zeit drückt der Stempel S das Papier C in den Kasten K (Stempel und Kasten entsprechen bekanntlich der Grösse des Couverts). Nun erfolgt eine Rückbewegung des Hebels H und des damit verbundenen Schlittens s s^1 s^2, die Federn c c^1 ziehen die Führungen in die ursprüngliche Lage zurück, Fig. 57. Der neue Schlitten bleibt so lange in der Lage Fig. 54 stehen, bis die Stange s^2 an das hintere Ende von b b^1 stösst; nunmehr geht der Schlitten a a^1, sowie Blech B in die

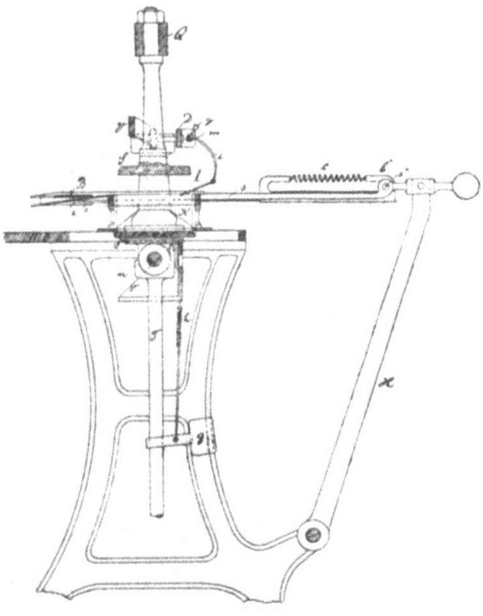

Fig. 55.

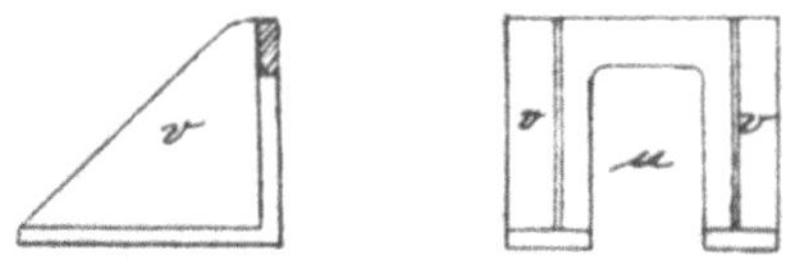

Fig. 56.

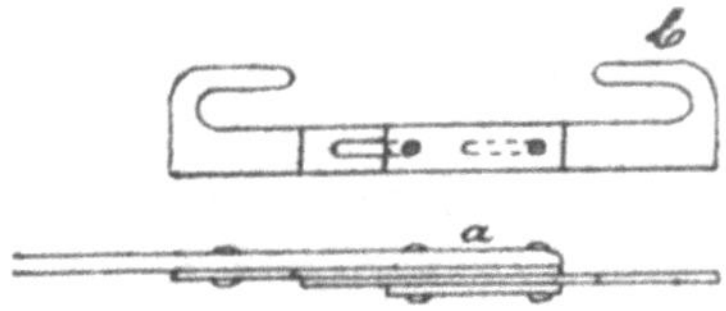

Fig. 57.

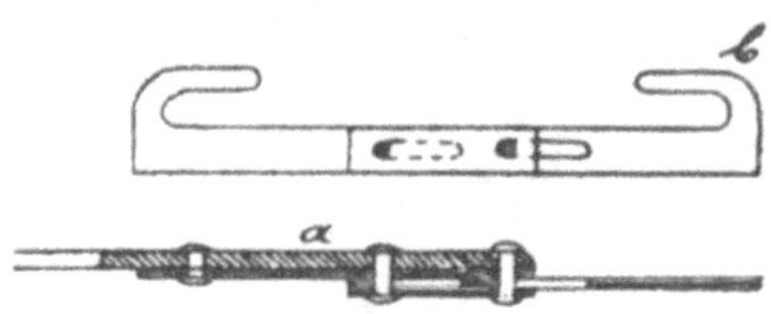

Fig. 58.

Anfangsstellung zurück, Fig. 52 und 53. Während dieser Bewegung haben die Falzklappen p in bekannter Weise die Klappen des Couverts erzeugt, und das letztere selbst liegt auf dem Unterstempel S^1. Wichtig an der vorliegenden Maschine ist auch das sichere Auswerfen des Couverts. Zu diesem Zweck ist der Unterstempel S^1 nicht fest mit der Stange T, sondern durch ein Scharnier damit verbunden. Der Stempel S^1 wird durch eine Feder h und ein Gewicht g stets in der Lage der Fig. 55 gehalten. Unter dem Stempel S^1 ist eine Gleitbahn G angebracht; dieselbe besteht nach Fig. 56 aus einem mit Ausschnitt u versehenen Winkeleisen und den schiefen Ebenen v v.

Bewegt sich nun Stange T abwärts, so muss sich der Stempel S^1 um seinen Drehpunkt u drehen, dadurch veranlassen die schiefen Ebenen v v eine Schrägstellung des Stempels S^1, Fig. 53, und das Couvert gleitet in den Behälter L.

Ein fernerer Uebelstand, welcher den noch älteren Maschinen anhaftete, war der, dass bei der Vorwärtsbewegung des Couvertpapieres C die vorangehende Klappe x, Fig. 53, nicht über den Kasten K wegglitt, sondern infolge ihres Gewichtes sich in den Kasten schob. Um auch diesem Uebelstande zu begegnen, ist an der Verbindungsstange N eine Schiene D befestigt, vor der eine Welle m gelagert ist. Die Welle erhält in der Mitte zwei fest an sie genietete Bügel i i^1, die ihrerseits den unten beweglichen Löffel l tragen. Das Ende der Welle m erhält einen Daumen d, der durch einen Schlitz einer am Querbalken Q befestigten Winkelschiene w greift. In der Mitte der Welle ist noch ein kleines Gewicht y in Gestalt einer Kugel angebracht.

Bewegt sich nun der Schlitten s s^1 s^2 mit dem Papier C vorwärts und damit der Querbalken Q aufwärts, so drückt Gewicht y den Daumen d in den Schlitz der Schiene w und gleichzeitig geht damit der Löffel l in den Kasten k hinein, empfängt die vordere Klappe x des Couverts und hebt dieselbe an. Bei der weiteren Bewegung der Maschine geht der Querbalken Q nebst Stempel S abwärts, die Winkelschiene drückt bei dieser Bewegung den Daumen d aus dem Schlitz, und es geht der Löffel l aus der Kastenöffnung heraus, Fig. 52 u. s. w. Die Arbeit beginnt von vorn.

Da die amerikanischen Patente, wie schon erwähnt, bereits von den deutschen wieder überholt sind, überhaupt eine sehr komplizierte Konstruktion besitzen, so seien nur einige hier angeführt, aber nicht näher beschrieben: Das eine trägt die Nummer 36813 des D. R. P. und ist von J. F. Ellis und Louis Peter Bouvier in Toronto (Canada). Es soll von ihm nur gesagt sein, dass es nicht nur die eigentliche Briefumschlagmaschine, sondern zugleich eine Gummiervorrichtung umfasst, die eine besondere Gummiermaschine überflüssig macht.

Das zweite hat Sidney Austin Grant in Springfield und Walter Whitfield Bootwick in Brooklyn unter Nr. 39714 patentiert erhalten. Es ist ebenfalls mit einer Gummiervorrichtung verbunden.

Das dritte, Nr. 39912, von Francis Henry Richards in Springfield geht noch weiter als die beiden erwähnten, denn es zählt noch die fertigen Briefumschläge zu Bündeln ab und um-

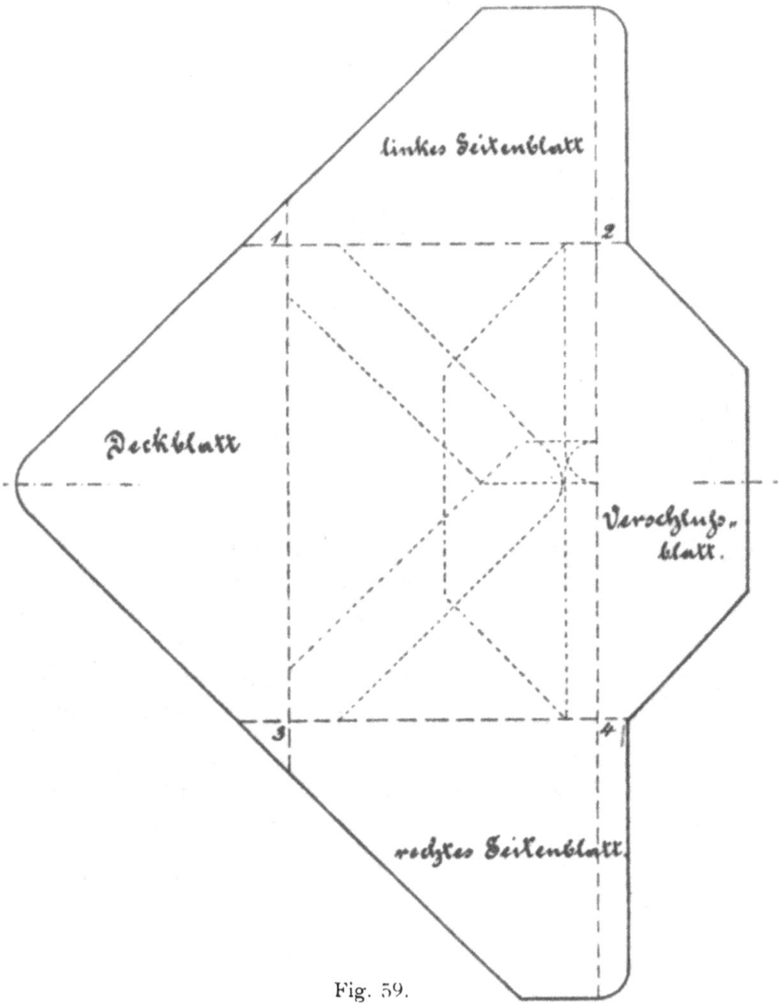

Fig. 59.

schliesst dieselben sogar mit einer Schleife, das Fabrikat also fertig zur Verpackung abliefernd.

Unter der ziemlich grossen Anzahl der neueren deutschen Konstruktionen, die unmöglich alle aufgenommen oder nur erwähnt werden können, sei diejenige von Carl Blanke in Barmen ausführlich beschrieben und durch Zeichnungen erläutert. Sie ist dem Erfinder unter Nr. 45943 des D. R. P. gesetzlich geschützt worden und zeichnet sich durch Folgendes aus: Die Briefumschläge werden durch diese Maschine in wesentlich abweichender Weise gegen das früher geltende Verfahren hergestellt, indem nicht das vorgeschnittene Papierstück, aus welchem der Briefumschlag gebildet werden soll, durch einen Stempel in einen geschlossenen Rahmen eingedrückt wird, wobei dann die 4 Seitenblätter des Papierstückes gleichzeitig ein- bezw. nach aufwärts geknifft werden, sondern die vorliegende Maschine erzeugt die Umschläge derart, dass die genannten Blätter einzeln, jedes für sich, umgeknifft werden, und zwar zunächst die beiden Blätter der schmalen Seiten, das rechte und das linke Seitenblatt (Fig. 59), dann das Deckblatt und hierauf das Verschlussblatt. Durch dieses Verfahren eignet sich die Maschine vorzugsweise zur Anfertigung von Geld- und Wertbriefumschlägen, bei welchen die Ecken zu dem Zwecke, dieselben vollständig geschlossen zu erhalten, doppelt eingeknifft werden sollen.

Zum Einkniffen der vorgeschnittenen Papierstücke, Fig. 59, nach den in Strichen angedeuteten Linien werden dieselben auf eine der Grösse des fertigen Briefumschlages genau entsprechende Formatplatte a, Fig. 60—67, gelegt, so dass die Punkte 1, 2, 3, 4 auf die Ecken der Platte zu liegen kommen. Die letztere ist von allen vier Seiten von für sich verschiebbaren Rahmenstücken a_1 a_2 a_3 a_4 eingeschlossen und erfolgt das Umkniffen der einzelnen Blätter des Umschlages, indem die an den Seiten der Formatplatte fest anliegenden Rahmenstücke um ein geringes nach oben über die Platte hinausgeschoben werden, nachdem sich vorher auf den Umschlag zum Festhalten desselben Stempel b b_1 c c_1 aufgelegt haben, Fig. 62, 63 und 64. Dies geschieht in der Weise, dass die nach aussen gerichtete gerade Kante genau mit der entsprechenden Kante der Platte abschneidet. Es ist daher ersichtlich, dass bei einer Aufwärtsschiebung der Rahmenstücke, wie sie Fig. 63 für die Rahmen a_3 a_4 der schmalen Seiten zeigt, an der Kante des Stempels ein rechtwinkliges Umkniffen des Papiers, und zwar im angegebenen Falle nach den Linien 1—2 und 3—4, Fig. 59, eintritt.

Um eine schneidende Wirkung der Rahmenstücke bei deren Verschiebung zu verhindern, sind dieselben an der oberen, gegen die Stempel gerichteten Kante etwas abgeschrägt oder abgerundet. Die Befestigung eines jeden Rahmenstückes an der auf einer kreuzförmigen Unterlage a_5 ruhenden Formatplatte geschieht vermittelst je zweier Winkel dd, welche mit

Fig. 62.

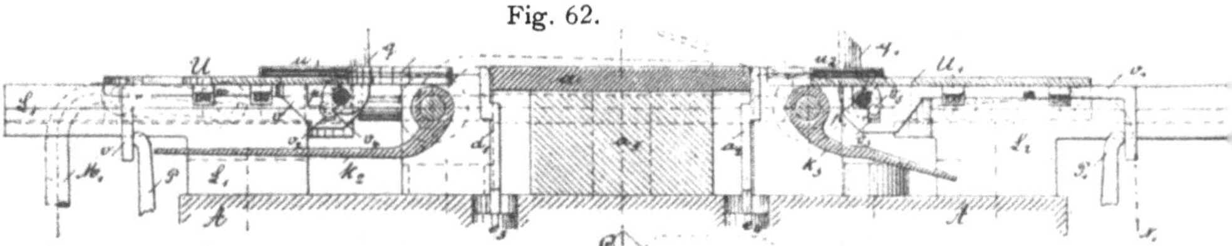

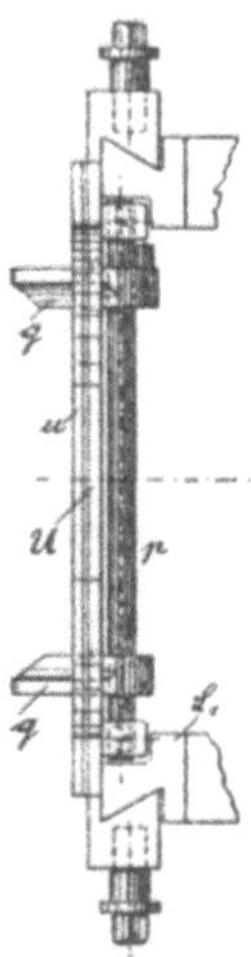

Fig. 61.

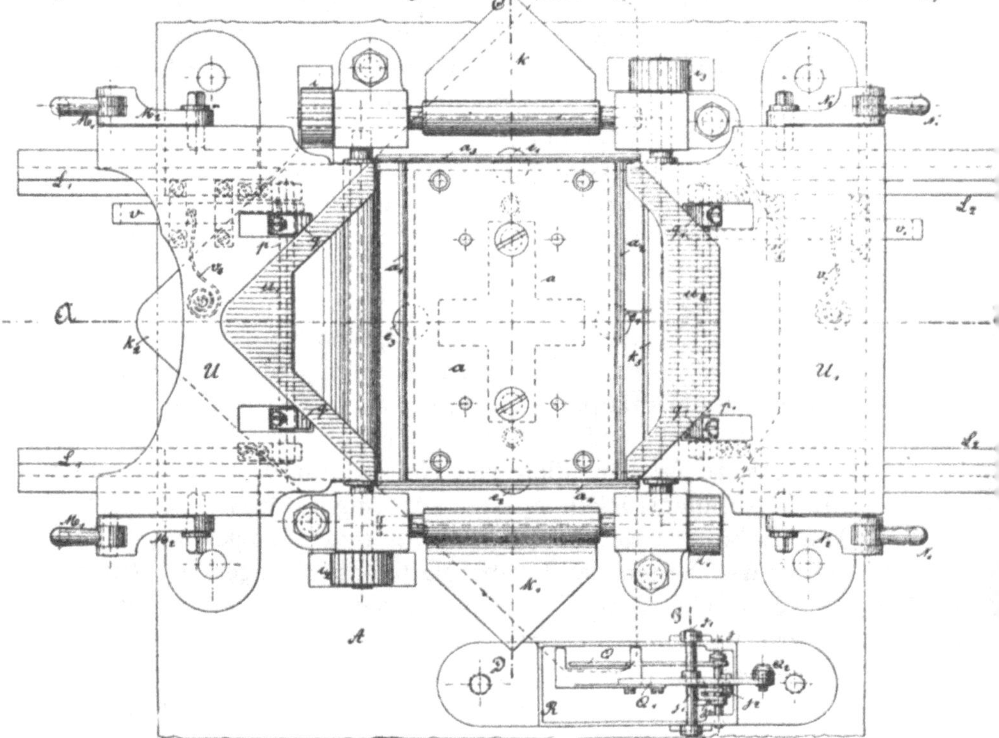

Fig. 60.

einem Schenkel an die untere Fläche der Platte angeschraubt sind. Vor diesen Winkeln werden die Rahmenstücke an den Nocken d_1, in den Schlitzen d_2 und ausserdem an den Ansätzen d_3 seitlich der Winkel genau geführt und durch Federn f, Fig. 63 und 65, gehalten, welche gleichzeitig gestatten, dass die Stücke beim Umkniffen des Papiers etwas nach aussen hin nachgeben können, was namentlich bei der Verarbeitung dickeren Materials von Wichtigkeit ist.

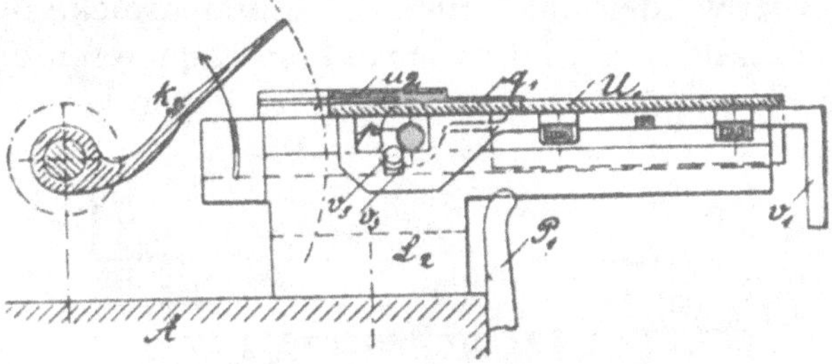

Fig. 63.

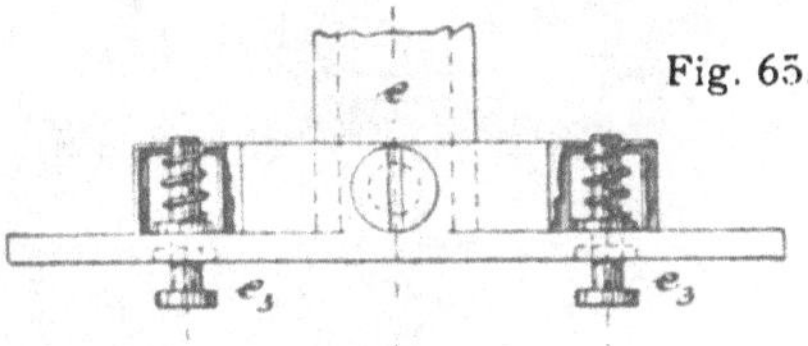

Fig. 65.

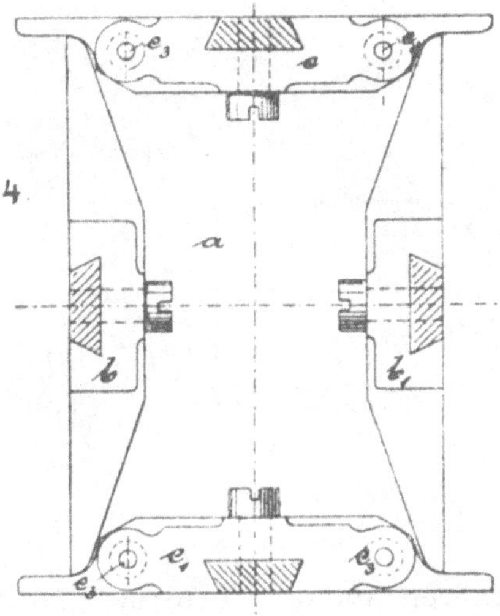

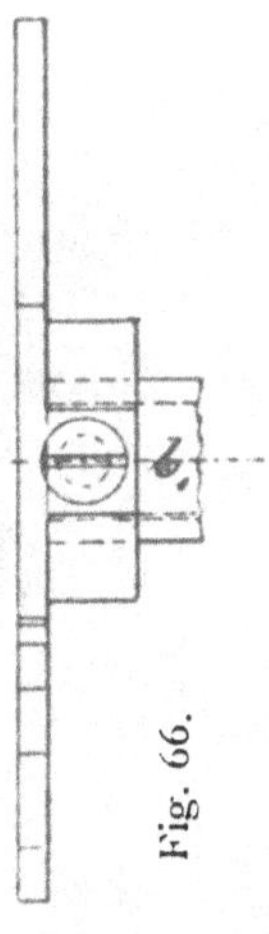

Fig. 66.

Fig. 64.

Sobald durch die Verschiebung der Rahmenstücke in der beschriebenen Weise ein rechtwinkeliges Umkniffen des Papiers bewerkstelligt ist, werden die Festhaltungsstempel gehoben, wobei die geknifften Blätter senkrecht aufgerichtet bleiben. Das vollständige Umlegen derselben erfolgt dann mittels besonderer, neben der Formatplatte angeordneter, drehbarer Klappen k k_1 k_2 k_3, welche die Blätter gänzlich auf die Formatplatte niederlegen. Hierbei werden dann auch die Rahmenstücke durch die Klappen zurückbewegt, so dass die oberen Kanten mit der Oberfläche der Formatplatte in eine Ebene zu liegen kommen. Die

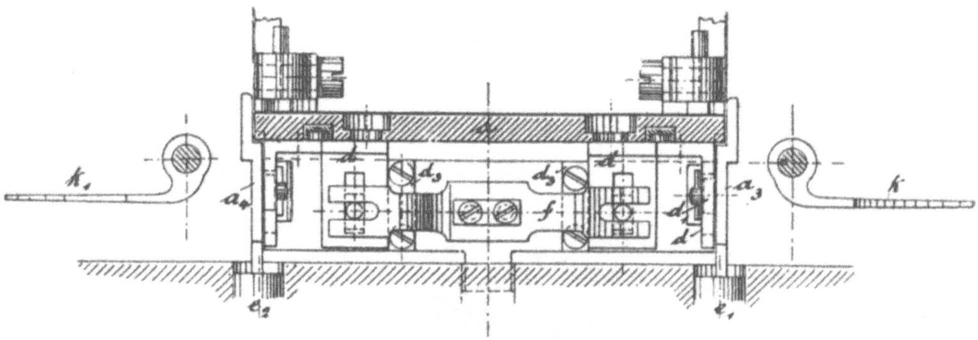

Fig. 67.

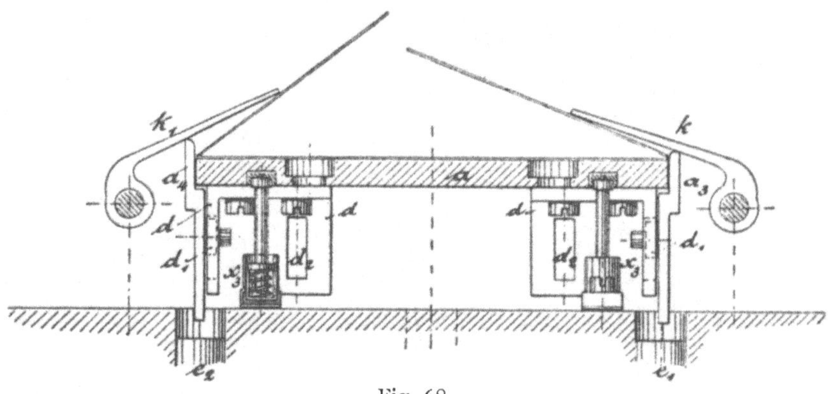

Fig. 68.

Aufwärtsbewegung erfahren die Rahmenstücke durch unter ihnen angeordnete Druckstangen e_1 e_2 für die Stücke der schmalen Seiten, bezw. für die Stücke e_3 e_4 für die Rahmenstücke der breiten Seiten der Formatplatte.

Das Umkniffen und Umschlagen der Blätter des den Umschlag bildenden Papierstückes erfolgt in der Reihenfolge, dass zunächst das rechte und linke Seitenblatt, und zwar gleichzeitig durch die betreffenden Rahmen, eingekniffft und dann durch die Klappen k k_1 umgelegt werden. Hierbei wird der das rechte Seitenblatt bewegenden Klappe k, etwas Voreilung gegeben, damit dieses Blatt vor dem linken vollständig umgeschlagen und unter letzteres zu liegen kommt. Es ist dies nötig, da das Blatt an seinem äusseren kurzen Rande von einer besonderen Gummiervorrichtung, die später näher beschrieben werden soll. mit Klebstoff versehen worden ist, welche gummierte Stelle in der umgeschlagenen Lage des Blattes nach oben liegt und von dem später aufgedrückten, durch die Klappe k bewegten

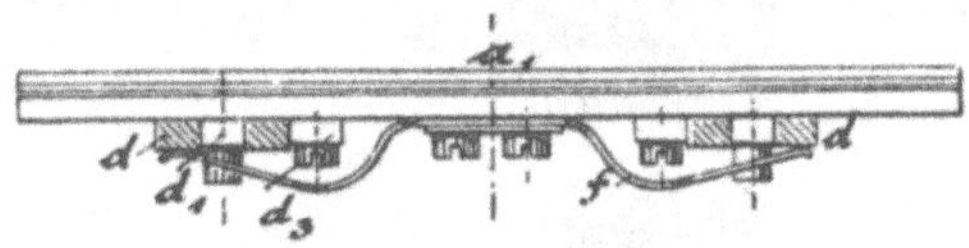

Fig. 69.

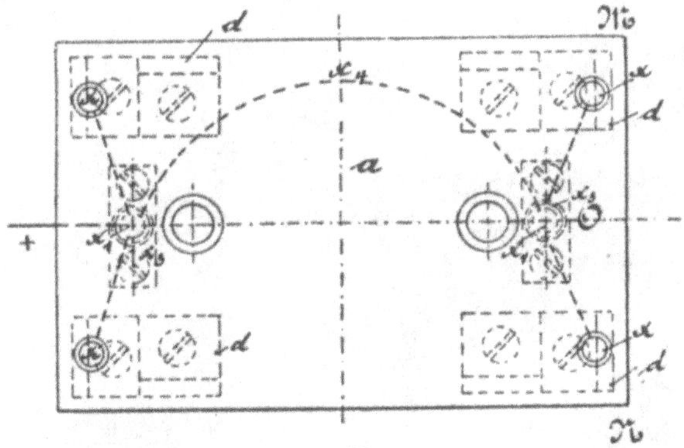

Fig. 70.

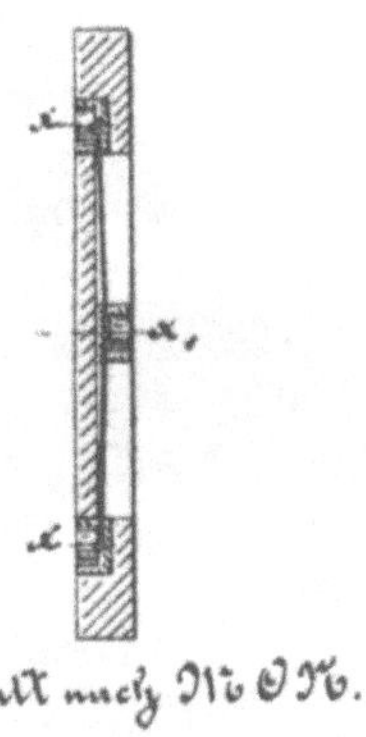

Fig. 71.

Seitenblatt überdeckt wird. Nunmehr erfolgt, nachdem die entsprechenden Festhaltungsstempel b b_1 aufgesetzt worden sind, die Umkniffung des Deckblattes und des Verschlussblattes nach den Linien 1—3 bezw. 2—4, Fig. 59, und nach Abhebung der Stempel b b_1 durch die Klappen k_2 bezw. k_3 das gänzliche Umlegen der in Rede stehenden Blätter. Diese sind beide, noch bevor sie durch die Rahmenstücke umgeknifft wurden, am Rande mit Gummi versehen worden. Die hierzu benutzten Einrichtungen werden ebenfalls weiter unten noch näher beschrieben werden. Die beiden Klappen k_2 und k_3 arbeiten nun auch so, dass das Deckblatt etwas früher umgelegt und fest auf die bereits umgeschlagenen Seitenblätter gepresst wird, während das Verschlussblatt durch die Klappe k_3 etwas später umgeschlagen und nur in der Einkniffung auf die Formatplatte

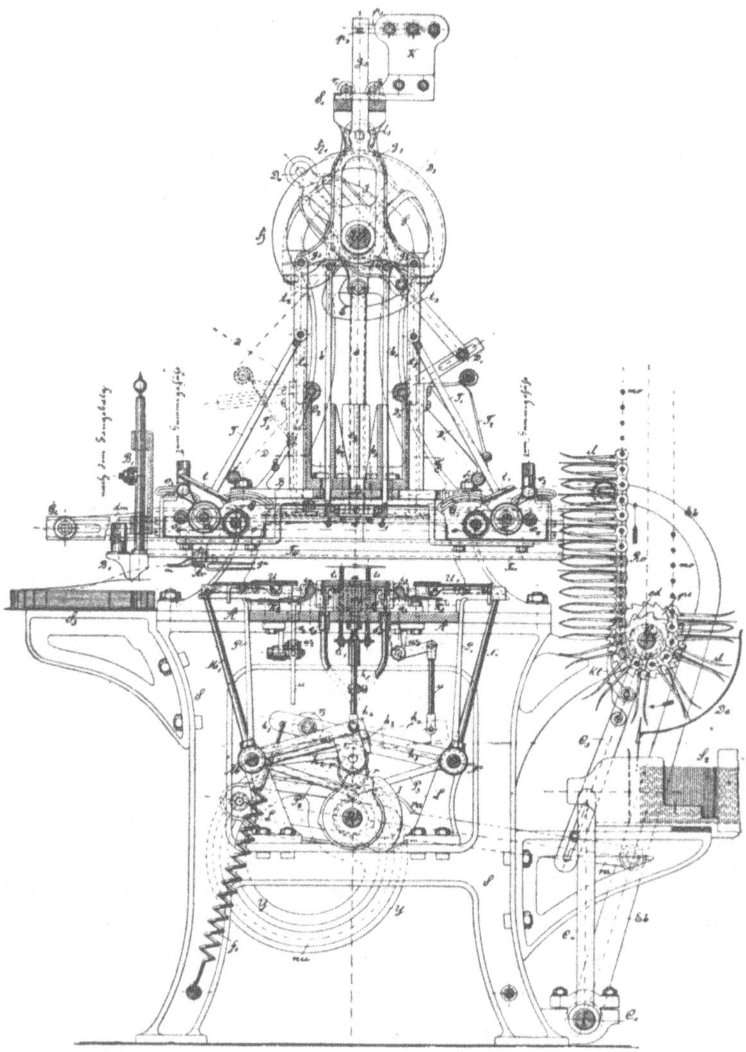

Fig. 72.

gepresst wird, so dass der gummierte Rand des Blattes nirgends aufzuliegen kommt. Zu diesem Zwecke ist die Klappe k_3 nicht ganz eben gestaltet, wie Fig. 61 erkennen lässt; aus der in dieser Figur in Strichen angedeuteten Stellung ist zu sehen, dass bei der gekennzeichneten Gestaltung der Platte sich dieselbe nur gerade auf die Kante der Formatplatte auflegt, während das freie Ende der Klappe schräg nach oben gerichtet bleibt.

Die vorstehend beschriebenen, zum Einfalten des Umschlags dienenden Mechanismen sind in der in den Fig. 72 und 74 im Zusammenhang dargestellten Maschine auf einem Tisch F angeordnet, welcher zwsichen den beiden Gestellteilen S S befertigt ist. Der Antrieb der Rahmenstücke und der Klappen

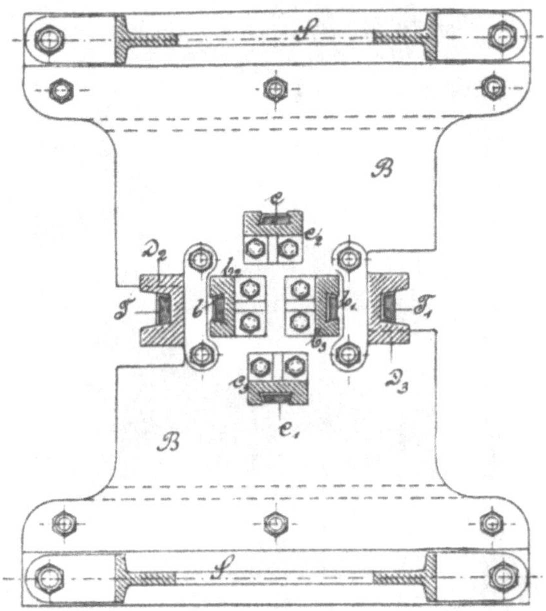

Fig. 73.

erfolgt von der unteren Welle W aus, während die Bewegung der Festhaltungsstempel, die in Führungen b_2 b_3 und c_2 c_3 gleiten, welche auf einem über dem Tisch A angebrachten Tisch B stehen, von der oberen Welle W_1 aus bewerkstelligt wird. Die letztere erhält ihre Umdrehung durch die Zahnräder ZZ_1 von dem Vorgelege V und überträgt ihre Bewegung mittelst der vertikalen Achse C, Fig. 74, auf die Welle W, so dass diese dieselbe Umdrehungsgeschwindigkeit wie die Welle W_1 erhält. Das Heben der vier Rahmenstücke durch die Druckstange e wird durch Excenter bezw. durch unrunde Scheiben vermittelt, die auf der Welle W befestigt sind, und zwar werden die zum

Umlegen des Deckblattes und des Verschlussblattes dienenden Rahmenstücke von einem mit VII bezeichneten Excenter gehoben, dagegen bewerkstelligen das Anheben der Rahmen a_3 a_4

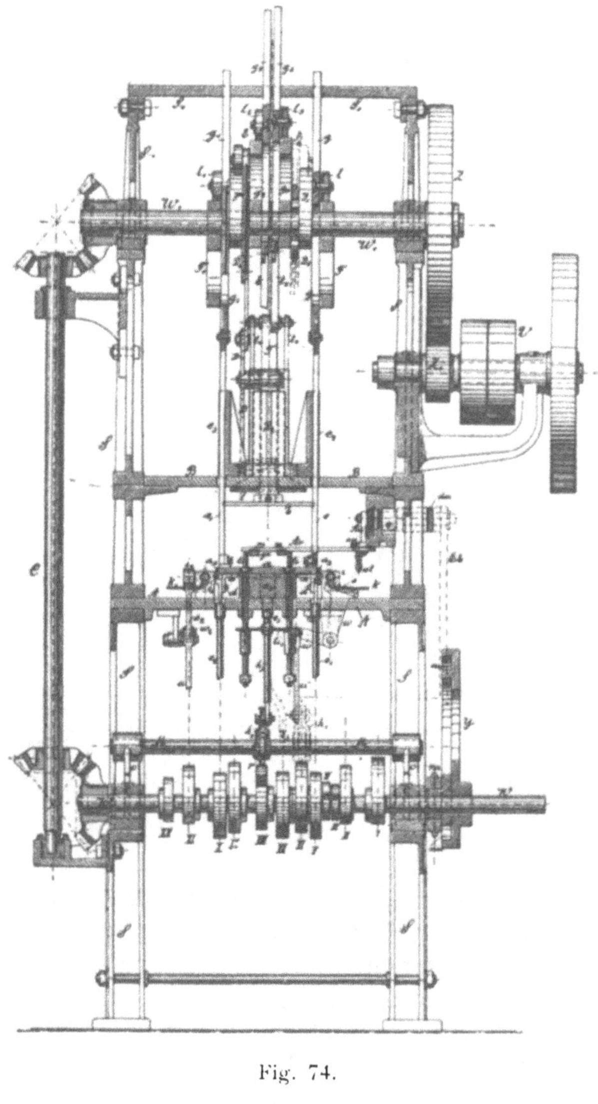

Fig. 74.

zum Umkniffen der Seitenblätter die beiden Scheiben V und X, Fig. 74. Auf dem Umfang der genannten Scheiben ruhen mit Laufrollen r einarmige Hebel h, die sich teils um die linksseitig der Welle W in den Stutzen L gelagerte Achse M, teils um die rechtsseitig gelagerte Achse N drehen und mit den Druckstangen an den freien Enden verbunden sind. Für die Druckstangen e_1 e_2 sind zwei Hebel notwendig, wovon der eine durch die Scheibe X, der andere durch die Scheibe V angehoben wird; dagegen sind die Druckstangen e_3 und e_4, wie in Fig. 72 angedeutet ist, an dem von dem Excenter VII bewegten Hebel gemeinschaftlich angebracht. Die Scheiben erhalten zum Anheben der Hebel bezw. der Druckstangen nur an einer Stelle ihres Umfanges entsprechend geformte Erhöhungen, deren Ausladung über den Scheibenumfang die Grösse der Aufwärtsbewegung der Hebel bedingt. Um die Drehung der 4 Klappen k hervorzubringen, werden ebenfalls auf den Achsen M N sich drehende, auf diesen geeignet verteilte Hebel in Anwendung gebracht, von welchen je einer für jede Klappe erforderlich ist. Dementsprechend sind auch auf der Welle W vier Excenter II, VI, IX und XI so gegen einander versetzt angeordnet, dass die Drehung der Klappen in der erforderlichen Aufeinanderfolge stattfindet. Die Drehung selbst wird erzielt, indem auf der Achse einer jeden Klappe ein Zahnrad i bezw. i_1, i_2, i_3, Fig. 60, befestigt wird, in welches ein Zahnsegment s s_1 s_2 s_3, Fig. 72 und 74, eingreift. Ein jedes dieser Segmente ist an einem Schenkel eines Winkelhebels angebracht, und jeder dieser Winkelhebel w w_1 ist mit dem anderen Schenkel durch eine Zugstange u mit je einem auf den Achsen M und N gelagerten Hebel h_1 verbunden. Wird also durch die auf der Triebwelle W befestigten Excenter ein Anheben der Hebel veranlasst, so erfolgt durch die auf die Winkelhebel übertragene Bewegung eine entsprechende Drehung der Klappen und damit das Umlegen der verschiedenen Blätter des den Umschlag bildenden Papierstückes.

Die Anhebung der Festhaltungsstempel besorgt, wie bereits bemerkt, die Welle W_1, auf welcher zu diesem Zwecke für die Stempel b b_1 ein gemeinschaftlicher Excenter E, für die Stempel c c_1 die beiden Excenter F F_1, Fig. 72 und 74, angeordnet sind. In Fig. 75 ist die Form der Excenter besonders dargestellt. Die Stempel c c_1 sind an ihrem oberen Ende mit den um die Achse W_1 greifenden Gabeln g bezw. g_1 verbunden, welche mit ihrer oberen Verlängerung in dem Querstück S_1, zwischen zwei auf letzterem angebrachten Führungsrollen r_1 r_2, Fig. 72, Führung erhalten. Die genannten Gabeln liegen unmittelbar neben den Excentern und sind mit Laufrollen l l_1 ausgerüstet, welche auf dem Rande der Excenter aufliegen. Die Stempel b b_1 für das Deck- und Verschlussblatt sind gemeinschaftlich an der Gabel g_2, Fig. 74, befestigt, und vermittelst der Excenter E durch Bethätigung der Rolle e_2 gleichzeitig das Anheben beider Stempel. Der Rückgang derselben, sowie auch der Stempel c c_1 erfolgt durch das Eigengewicht, sobald die Excenter mit ihren Aussparungen unter die Laufrollen treten.

Um das Deckblatt und das Verschlussblatt des Umschlags mit Klebstoff zu versehen, werden die Gummierstempel T T_1 benutzt, welche an ihrem unteren Ende flache Platten t bezw. t_1 tragen, deren Form dem Rande des Deckblattes bezw. dem

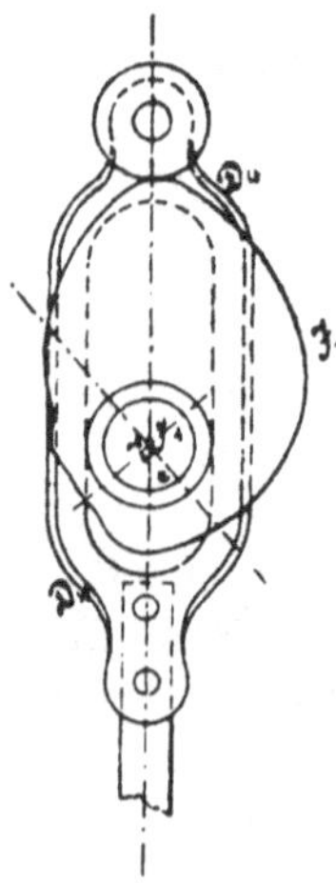

Fig. 76.

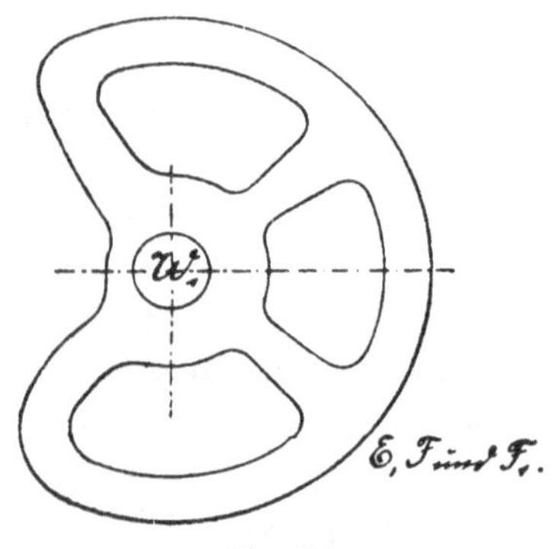

Fig. 75.

Rande des Verschlussblattes entspricht. Diese Gummierstempel hängen drehbar an den Stangen t_2 bezw. t_3, und diese stehen an ihrem anderen Ende mit der gemeinschaftlichen Gabel g_3, Fig. 72 und 74, in Verbindung. Die letztere erhält ebenfalls, wie die Gabeln der Festhaltungsstempel, teils auf der Welle W_1, teils zwischen Gleitrollen auf dem Querstück S_1, geeignete Führung, und die Aufwärtsbewegung der beiden Gummierstempel besorgt der gemeinschaftliche, unter die Rolle l_3 greifende Excenter H. Ausser der auf- und abgehenden Bewegung machen die Gummierstempel auch noch eine seitliche, welche durch die Winkelhebel D bezw. D_1 vermittelt wird. Diese sind in den auf dem Tisch B stehenden Ständern D_2 und

D_3 drehbar und greifen mit einem Schenkel, an welchem sie mit Rollen d d versehen sind, unter die Gummierstempel T und T_1. An dem andern Schenkel sind die Winkelhebel mit je einer entsprechend schräg stehenden Gabel D_4 bezw. D_5 verbunden, welche Gabeln von je einer auf der Welle W_1 sitzenden unrunden Scheibe I und I_1, hin- und her bewegt werden. Die Fig. 76 zeigt eine der Scheiben I mit der zugehörigen Gabel besonders. Zur Rückbewegung der Gummierstempel aus der durch die Winkelhebel bewirkten schrägen Lage in die senkrechte, bei welcher sie in den Ständern D^2 D^3 gleiten und darin durch die Seitenstücke t_4 und t_5 noch besonders senkrecht geführt werden, sind die von aussen wirkenden Federn T_2 und T_3, Fig. 72, angeordnet, welche, an ihren Enden mit Gleitrollen ausgerüstet, die Gummierstempel bei der senkrechten Lage derselben fest in die Führungsständer D_2 D_3 eindrücken. Die seitliche Bewegung machen die Gummierstempel stets in aufgehobener Stellung, und zwar zu dem Zwecke, um die Platten t t_1 mit Klebstoff zu versehen. Dies geschieht durch die Gummiervorrichtung G G_1, Fig. 72, indem die Stempel mit den Platten am unteren Ende bei dem seitlichen Ausschlag über Bürstenwalzen geführt werden, welche in den in entsprechender H.öhe gelagerten Gummiervorrichtungen angebracht sind. Diese Bürstenwalzen o werden von einer dahinterliegenden Walze o_1 stets mit Klebstoff versehen, der den letztgenannten Walzen durch Rohre o_3, die mit oberhalb angeordneten, den flüssigen Klebstoff enthaltenden Gefässen in Verbindung stehen, zugeführt wird. Eine hinter den grossen Walzen o_1 gelagerte Walze o_4 dient zu einer gleichmässigen Verteilung des aus dem Rohr o_3 auf erstere Walze o_1 austretenden Gummis. Die sämtlichen Walzen werden von der Triebwelle W_1 aus vermittelst Kolben in entsprechende Umdrehung versetzt.

Die Auftragung des Klebstoffes erfolgt durch die Bürstenwalzen während der Auswärtsbewegung der Gummierstempel. Beim Rückgang werden dieselben etwas angehoben, so dass sie dann mit der Bürstenwalze nicht mehr in Berührung kommen. können. Zu diesem Zwecke erhält der die Anhebung der Stempel vermittelnde Excenter H auf einen Teil seines Umfanges eine entsprechende Erhöhung, wie in Fig. 72 bei H_1 angedeutet ist. Sind dann die Stempel in die senkrechte Stellung zurückgegangen, so erfolgt im geeigneten Zeitpunkt, sobald die Gestalt des Excenters H es zulässt, ein Abwärtsgang der

Stempel so weit, dass sie den an ihren Endplatten aufgenommenen Klebstoff auf den Rand des Deckblattes oder der Verschlussklappe auftragen können, indem sie sich auf das auf der Formatplatte liegende Papierstück aufstellen. Zur Unterstützung des letzteren während dieses Vorganges sind auf beiden Seiten der Formatplatte a verschiebbare Gummierunterlagen U, Fig. 60, 62 und 72, für das Deckblatt, und U_1 für das Verschlussblatt angeordnet. Diese Unterlagen tragen an ihrem nach der Formatplatte hingekehrten Rande Lederauflagen u_1 u_2, deren Form dem Deckblatt bezw. dem Verschlussblatt angepasst ist. Den Unterlagen ist in den auf dem Tisch F befestigten Gleitschienen L_1 L_1 bezw. L_2 L_2 eine verschiebbare Lagerung gegeben, damit die Unterlagen aus der gegen die Formatplatte vorgeschobenen Stellung, wie sie in Fig. 60 und 62 dargestellt ist, zurückgeführt werden können, um so den Umlegeklappen k_2 k_3 bei ihrem Ausschlag Platz zu machen, Fig. 63. In der erwähnten vorgeschobenen Stellung liegen die Unterlagen derart, dass die Ledererhöhungen u_1 u_2 unter dem Deckblatt bezw. unter dem Verschlussblatt stehen und in dieser Stellung erhalten auch die besagten Blätter den Aufdruck des Klebstoffes vermittelst der Gummierstempel T und T_1, wobei dann die Gummierunterlagen für die Blätter des Papierstückes die nötige Unterstützung darbieten. Die Verschiebung der Unterlagen vermittelt die untere Welle W, und zwar durch Excenter I, Fig. 72 und 74. Auf demselben ruht mit einer Laufrolle ein auf der Achse M befestigter Hebel h_2, und auf der oberen Kante dieses Hebels liegt wiederum mit einer Rolle r_3 ein auf der Achse N befestigter Hebel h_3, welcher an seinem freien Ende durch eine Feder F_1 stets abwärts gezogen wird. Bei dieser Einrichtung bewirkt Excenter I beim Anheben des auf ihm ruhenden Hebels h_2 gleichzeitig sowohl eine teilweise Drehung der Achse M als auch der Achse N. Diese Drehung der einen Achse wird nun durch auf derselben festsitzende Arme M_1 M_1, Fig. 72 und 60, welche an ihren Enden durch kurze Gelenke M_2 mit der Unterlage U verbunden sind, auf letztere übertragen, derart, dass diese beim Anheben des Excenters von der Formatplatte wegbewegt wird. Eine gleiche Verschiebung wird der anderen Unterlage U_1 durch die Arme N_1 N_1 und Gelenke N_2 von der Achse N aus erteilt. Die Bewegung gegen die Formatplatte hin machen die Unterlagen durch den Zug der Feder F_1.

Um das Papierstück bezw. den umgefalteten Umschlag auf der Formatplatte und den Gummierunterlagen in die richtige Lage zu bringen, sind die letzteren noch mit einer besonderen Vorrichtung versehen. Unter jeder Unterlage ist eine kurze Achse p und p_1, Fig. 60, 62 und 63, angebracht, wovon jede zwei Finger q und q_1 trägt. Diese Finger, auf den Achsen durch Schrauben festgestellt, können durch Drehung der Achsen senkrecht nach oben gerichtet, Fig. 60 und 61, oder in wagerechter Lage, Fig. 62, in die Unterlagen zurückgeschlagen werden. Diese Drehung der Achsen wird durch an den unteren Flächen der Gummierunterlagen befestigte Schieber v bezw. v_1 ausgeführt, die an einem Ende über die Achse und mit einem Schlitz v_2 v_3 über einen in einem der Finger befestigten Zapfen v_4 bezw. v_5 greifen. Das andere Ende der Schieber ist nach unten umgebogen, und hinter diese Enden fassen bei der gegen die Formatplatte vorgeschobenen Stellung der Unterlagen die Drücker P und P_1, wovon der eine auf der Achse M, der andere auf der Achse N, Fig. 72, drehbare Lagerung erhält. Mit den genannten Drückern stehen die Arme P_2 und P_3 in fester Verbindung, welche an ihren freien Enden auf je einem auf der Achse W angeordneten Excenter III und IV, Fig. 74, aufliegen Wird durch letztere ein Anheben der Arme P_2 P_3 veranlasst, so müssen die Drücker P P_1 einen Ausschlag nach aussen ausführen, welcher, auf die Schieber v v_1, übertragen, eine Drehung der Finger q in die senkrechte Stellung herbeiführt. Wagerecht zurückgeschlagen werden die Finger durch die Wirkung von Federn v_6 und v_7, Fig. 66, auf die Schieber v v_1, welche dieselben nach innen hin drücken, sobald die winkelförmigen Enden von den Drückern P P_1 frei werden. Die Finger wirken nun in der Weise, dass sie das von einer besonderen, später noch näher zu beschreibenden Vorrichtung auf die Formatplatte gelegte Papierstück, aus welchem der Briefumschlag gefertigt werden soll, bei der durch die Drehung der Achsen erzielten Aufrichtung mit dem entsprechend abgeschrägten Kanten so zurechtschieben, dass das Papierstück genau die für die Einfaltung erforderliche Lage auf der Formatplatte einnimmt. In Fig. 60 ist diese Lage teilweise angedeutet, und es ist zu ersehen, wie das Papierstück einerseits an dem Deckblatt zwischen den schrägen Kanten der Finger q q_1, andererseits an dem Verschlussblatt zwischen den Abschrägungen der Finger q_1 q_1 liegt.

Da es vorkommen kann, dass beim Betriebe der Maschine die Zubringung bezw. Auflegung eines Papierstückes auf die Formatplatte einmal unterbleibt, so ist es erforderlich, dass in solchem Falle die mit Klebstoff versehenen Gummierstempel nicht abwärts geführt werden, da sie sonst den Gummi auf die unbedeckten Auflagen der vorgeschobenen Gummierunterlagen drücken würden, wodurch natürlich der weitere Betrieb der Maschine vollständig gestört würde. Um nun in dem bezeichneten Falle ein Abwärtsgehen der Gummierstempel zu verhindern, wird eine elektrisch wirkende Stellvorrichtung angewendet, die den Abwärtsgang der Gummierstempel jedesmal sperrt, sobald die Formatplatte einmal unbelegt bleibt. Diese Vorrichtung ist in den Figuren 72, 77 und 78 dargestellt und

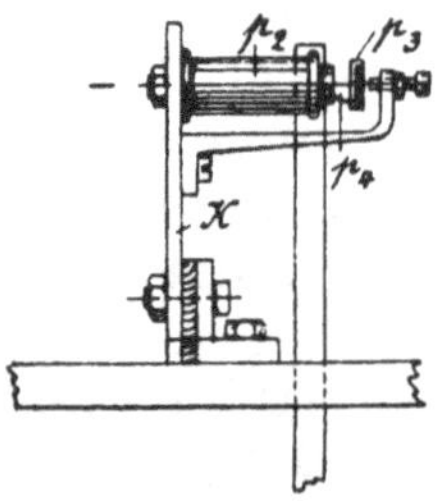

Fig. 77.

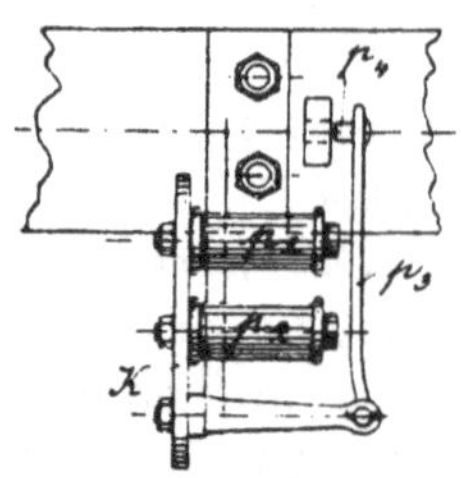

Fig. 78.

besteht aus einem auf dem Querstück S_1 mittelst des Ständers K befestigten Elektromagneten p_2, dessen Anker p_3 an seinem freien Ende mit einer Nase p_4 versehen ist, die unmittelbar vor der nach oben verlängerten Führungsstange des die beiden Gummierstempel tragenden Bügels g_3 steht. In der besagten Stange befindet sich eine Oeffnung, welche bei gehobener Stellung der Gabel bezw. der Stempel T T_1 vor die Nase p_4 des Ankers gelangt, so dass diese bei der Wirkung des Ankers in die Oeffnung einspringen kann. Bei jedem Anziehen des Ankers durch den Elektromagneten werden also die Gummierstempel in der höchsten Stellung an der Führungsstange der sie tragenden Gabel g_3 mittelst der Ankernase in der Oeffnung erwähnter Stange aufgehängt. Das Anziehen des Ankers aber wird bewirkt, indem der um den Elektromagneten gelegte Leitungsdraht einerseits mit in der Formatplatte angebrachten Kontaktstücken, andererseits mit den Festhaltungsstempeln c c_1 verbunden ist. In jedem der letzteren befinden sich zwei federnde Stifte c_3,

Fig. 64 und 65, mit flachen unteren Köpfen, die sich beim Aufstossen der Stempel ganz in die Fussplatte derselben eindrücken können. Diesen Stiften entsprechen in der Formatplatte die bereits erwähnten Kontaktstücke x, Fig. 70 und 71, welche gegen die Platte isoliert sind und nur an der Oberfläche der Platte frei liegen. Je zwei der genannten Kontaktstücke sind unterhalb der Platte leitend mit den beiden Einsätzen x_1 x_1 verbunden, zwischen welchen eine leitende Verbindung dadurch hergestellt wird, dass gegen dieselben senkrechte Stifte angepresst werden, die in kleinen, auf dem Tische A befestigten, durch Drahtstücke x_4 leitend verbundenen Gehäusen x_3 stehen. Wird nun an eins der Gehäuse x_3 der um den Elektromagneten gehende, beispielsweise mit dem positiven Pol angeschlossen, mit dem negativen Pol aber mit den Stempeln c c_1 in leitende Verbindung gesetzt, wozu ohne weiteres die Metallteile der Maschine als Leitung benutzt werden können, so muss Stromschluss eintreten, sobald die Stifte c_3 der Festhaltungsstempel mit den in die Formatplatte eingesetzten Kontaktstücken x in Berührung kommen. Dies findet aber stets dann statt, wenn die Formatplatte frei, d. h. nicht mit einem Papierstück belegt worden ist. Die Schliessung des Stromes hat das Anziehen des Ankers durch den Elektromagneten zur Folge und damit tritt jedesmal zuverlässig eine genaue entsprechende Bewegung der Gummierstempel ein.

Es wurde bereits oben erwähnt, dass das rechte Seitenblatt des Papierstückes an dem kurzen Ende mit Klebstoff versehen wird; dies erfolgt, während das Papierstück auf der Formatplatte aufliegt, und zwar unmittelbar nachdem dasselbe durch die Finger q die richtige Lage erhalten hat, vermittelst der auf dem Tische A befestigten Gummiervorrichtung R, Fig. 60, 79 und 80. Diese Vorrichtung besteht aus dem Klebstoffkasten R und den beiden Hebeln Q und Q_1, von denen der erstere einarmig ist und auf der Achse j sitzt, während der zweiarmige Hebel Q_1 auf der Achse j_1 angebracht ist. Bei einer Drehung des Hebels Q nach unten taucht dessen Ende in den Klebstoff und führt beim Aufwärtsgang eine gewisse Menge mit sich, die dann durch Aufdrücken des Endes auf das Seitenblatt zum Teil an dieses abgegeben wird. Die schwingende Bewegung des Hebels Q bewerkstelligt der obere Hebel Q_1, welcher durch eine Stange j_2, die mit einem kurzen, auf der Achse j sitzenden Hebel j_4 verbunden ist, eine teilweise Drehung der genannten

Achse j herbeiführt. Wird der äussere Arm des Hebels Q_1 durch die Stange Q_2 abwärts gezogen, so findet dadurch ein Eintauchen des Gummierhebels Q statt, während der freie Arm des Hebels Q_1, an dessen Ende eine winkelförmig umgebogene Platte befestigt ist, einen Ausschlag nach oben ausführt. Die Hebel gehen also bei dem Zug der Stange nach unten auseinander, so dass beim Auflegen des Papierstückes auf die Formatplatte genügend Platz vorhanden ist, dass sich das rechte Seitenblatt zwischen die beiden Hebel Q und Q_1 legen kann. Erfolgt nun eine nach aufwärts gerichtete Bewegung der Stange

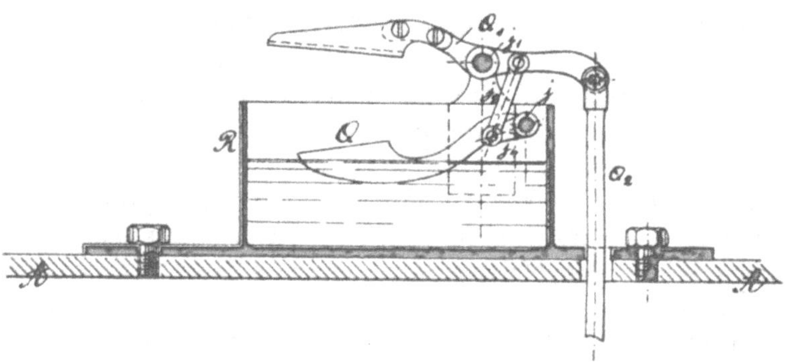

Fig. 79.

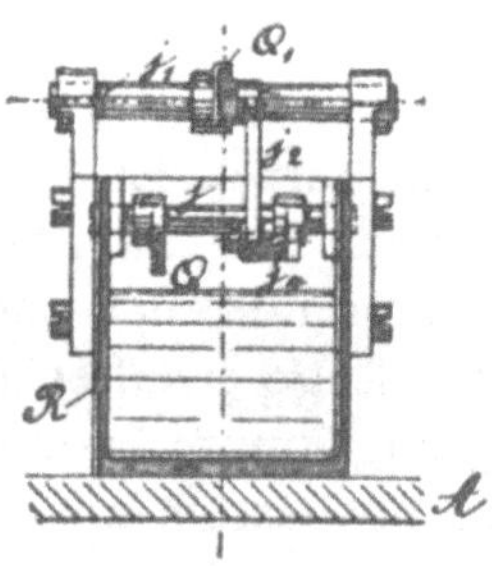

Fig. 80.

Q_2, so geht das mit der Winkelplatte ausgerüstete freie Ende des Hebels Q_1 abwärts, der Gummierhebel aber aufwärts, und während ersterer sich auf das Seitenblatt des Papierstückes auflegt, drückt letzterer den aus dem Kasten R mitgenommenen Klebstoff unter das Seitenblatt. Der Betrieb der beschriebenen Gummiervorrichtnug R bezw. die auf- und abgehende Bewegung der Zugstange Q_2 wird durch einen auf der Achse W befindlichen Excenter XII, Fig. 74, bewirkt. Um einesteils die vorgeschnittenen Papierstücke, welche auf einer seitlich des Maschinengestelles befestigten Platte S_3 aufgeschichtet sind, auf die Formatplatte zu bringen, und um anderenteils die fertigen Briefumschläge einem auf der anderen Seite der Maschine befindlichen Sammel- bezw. Trockenapparat zuzuführen, kommt eine Vorrichtung in Anwendung, welche in den Fig. 72 und 74 in der Maschine, in den Fig. 81, 82 und 83 in grösserem Masse dargestellt ist. Vor der Beschreibung dieser Vorrichtung sei zunächst noch bemerkt, dass die bei S_3 aufgeschichteten Papierstücke von einem Saugapparat B_1, Fig. 72, bekannter Anordnung mittelst des auf- und abgehenden Saugers einzeln angehoben werden. Ferner werden auch die fertigen Briefumschläge, Fig. 72, von der Formatplatte A abgehoben, wozu 4 Stifte t i dienen, welche bis unter den Tisch A durchgeführt und hier durch eine gemeinschaftliche Platte t i_1 verbunden sind. Diese Platte erhält auf den Schrauben Führung, durch welche die Formatplatte a auf dem Untersatz a_5 bezw. auf dem Tisch A befestigt ist, und die Bewegung der Platte wird von der Welle W aus mittelst Excenters VIII durch einen auf der Achse M sich drehenden Hebel h_4 bewirkt, dessen Ende mit der Platte durch eine Stange h_5 verbunden ist. Der Saugapparat und die zuletzt beschriebene Anhebevorrichtung bringen nun die vorgeschnittenen Papierstücke sowie die fertigen Umschläge in eine Höhenlage, in welcher sie von der erwähnten Vorrichtung, Fig. 81 bis 83, dem sogenannten „Vogel“, zur Fortschaffung aufgenommen werden können. In einer am Seitengestell der Maschine befestigten Schlittenführung F u wird eine lange Gleitschiene G i bewegt, die einen Aufsatz A u trägt, welcher nach unten über die Führung vorsteht und hier in einen Bolzen ausläuft, auf welchem der drehbare Arm A r angebracht ist. Dieser Arm, welcher mittelst der Gleitschiene zwischen der Saugvorrichtung und dem Trockenapparat R o, Fig. 72, hin- und hergeführt wird, trägt an seinem vorderen Ende einerseits die beiden Greifer mm, andererseits zwei umlegbare Gabeln g a. Die unteren Hälften der Gabeln sind auf einer Achse m_1 drehbar, so dass sie, um ein von der Saugvorrichtung angehobenes Papierstück aufzunehmen, bezw. letzteres bei entsprechender Stellung des Armes auf die Formatplatte abzulegen, geschlossen und geöffnet werden können. Dieses jedesmal im geeigneten Augenblick erfolgende Oeffnen und Schliessen der Greifer kann in verschiedener Weise, wie derartige Einrichtungen bei anderen Briefumschlagmaschinen in Anwendung kommen, herbeigeführt werden. Die Gabeln g a sollen den auf den Stiften t i hochgehobenen, fertigen Briefumschlag zwischen sich aufnehmen, wenn der Arm den Weg von der Saugvorrichtung nach rechts, Fig. 72, zum Trockenapparat zurücklegt. Während der Arm diesen Weg durchläuft, hat derselbe eine zur Führung F u lotrechte Stellung, in welcher er durch eine Feder F e, die ihn mit dem Anschlag d n an die Führung andrückt, gehalten wird. Beim Rückgang des Armes von der Trockenvorrichtung R o zu dem Sauger kann der Arm indes diese lotrechte Stellung nicht beibehalten, da er inzwischen an dem von oben abwärts auf die Formatplatte geführten Stempel vorbeigehen muss. Um dies zu ermöglichen, wird der Arm, gleich nachdem er den Rückweg von der Trockenvorrichtung, Fig. 72, nach links antritt, umgelegt, wie in Fig. 81 angedeutet ist. Dieses Umlegen erfolgt mittelst eines an der Schlittenführung angebrachten Anlaufes L a; derselbe ist in dem Bolzen b o drehbar, jedoch nur nach der Trockenvorrichtung, bezw. in Fig. 82 nach rechts hin, so dass er dem von links kommenden Arm durch seitliches Ausschlagen Platz machen kann. An der entgegengesetzten Drehung (nach der linken Seite) ist der Anlauf durch eine Nase n a, welche sich gegen den Vorsprung n legt, gehindert, so dass der rückwärts gehende Arm beim Anstoss gegen den Anlauf während seines Weiterganges nach und nach umgelegt wird. Um den Arm in dieser Stellung während seines Rückganges zu halten. ist derselbe in der Nähe seines Drehpunktes mit einem federnden Stift s t versehen, welcher bei normaler Stellung des Armes mit seinem abgerundeten Ende auf einer mit der unteren Fläche der Schlittenführung in einer Ebene liegenden Ausladung s u des Aufsatzes A u steht, dagegen, wenn der Arm umgelegt ist, in eine in der Schlittenführung angebrachte Nut t h einspringt und so den Arm in der letztgenannten Stellung festhält. Die Nut t h geht durch die ganze Länge der Schlittenführung, enthält aber an dem an der Saugvorrichtung liegenden Ende eine keilförmig zulaufende Einlage e i, welche den Sperrstift s t, der den Arm während seines Rückganges in umgelegter Lage gehalten hat, aus der Nut aushebt, sobald der Stift die schräg zulaufende Fläche der Einlage durchlaufen hat. Dann wird der Arm durch die auf ihn wirkende Kraft der Feder F e sofort in die normal zur Führung gerichtete Lage gebracht in welcher nun die Aufnahme eines neuen, von dem Sauger angehobenen Papierstückes durch die Greifer erfolgen kann. Bei umgelegtem Arm A r legen sich auch die Gabeln g a teilweise um, indem sie mit ihren Enden gegen eine unterhalb der Schlittenführung durch eine Platte gebildete Wand anstossen. Damit die Gabeln, sobald der Arm in seine normale Stellung geht, sich selbstthätig wieder senkrecht zu dem Arm einstellen, sind sie beide mti Federn F e_1 versehen, deren Wirkung aus Fig. 81 und 82 ohne weiteres zu erkennen ist.

Die hin- und hergehende Bewegung der die zuletzt beschriebenen Vorrichtungen tragenden Gleitschienen G i wird durch einen auf der Achse C_1, Fig. 72, angebrachten Hebel E b bewerkstelligt, dessen Ende durch eine Lenkstange d m mit der Gleitschiene G i verbunden ist. Der Hebel E b macht eine Schwingung, welche ihm von der Antriebswelle W aus durch die gabelfrömige Zugstange r a erteilt wird, die über die Welle W greift, und dadurch auf derselben hin- und hergeschoben wird, dass eine an dem freien Ende der Stange angeordnete Rolle in einer kreisförmigen, aber excentrisch gegen die Welle W in dem Excenter Y angebrachten Nut n u läuft.

Die in den Gabeln des Armes A r von den Stiften t i über der Formatplatte aufgenommenen fertigen Umschläge werden in eine Vorrichtung r o abgelegt, Fig. 72, welche die Umschläge so lange aufnimmt, bis der auf das Verschlussblatt aufgedrückte Klebstoff vollständig trocken geworden ist und dann diese Umschläge in eine Sammelvorrichtung bringt. Dieselbe besteht aus einer Doppelkette ohne Ende, welche aus den Gliedern i l, Fig. 72, 84, 85, zusammengesetzt ist. Jedes dieser Glieder besteht aus einer durch zwei Bolzen verbundenen Doppelgabel, und bei der Aneinanderreihung der so gebildeten Glieder hat das eine mit dem nächstfolgenden immer einen der Verbindungsbolzen m o gemeinsam. Die senkrechte Kette wird gegenüber der Formatplatte oben und unten über Zahnräder c d geführt, deren Zähne in den Zwischenraum zwischen je zwei Bolzen greifen. Das untere Zahnrad sitzt auf der Achse C_2 und wird mit derselben ruckweise umgedreht, was vermittelst eines Sperrrades p e bewerkstelligt wird, indem in die Zähne desselben eine an dem auf der Achse C_2 sitzenden Hebel C_3 angebrachte Klinke k l eingreift und eine Drehung des Sperrrades bewirkt, sobald der Hebel C_3 mit der Klinke k l eine der Stellung der Sperrzähne entsprechende seitliche

Bewegung ausführt. Diese Bewegung wird durch den Hebel C_4 vermittelt, welcher auf der Achse C_1 befestigt ist und durch diese, entsprechend der derselben von dem Hebel E b erteilten teilweisen Drehung in Schwingung versetzt wird. Letztere wird durch den Anschlag des Hebels C_4 gegen einen in dem Hebel C_3 angebrachten Stift auf den letztbezeichneten Hebel übertragen. Die einzelnen Glieder oder die dieselben bildenden Doppelgabeln nehmen in der senkrechten Kette eine wagerechte Lage ein; bei dem Lauf der Kette um die Zahnräder p e gehen die Gabeln der einzelnen Glieder, wie aus Fig. 72 zu ersehen ist, etwas auseinander. Die absatzweise Fortbewegung der Kette ist derart, dass jedesmal eine Doppelgabel, welche mit ihren in der Höhe des fertigen, über der Formatplatte liegenden Briefumschlags stehenden offenen Schenkeln den zugeführten Umschlag aufgenommen hat, um den Abstand der Kettenglieder aufwärts bewegt wird. Die auf diese Weise zwischen die Gabeln der Kettenglieder abgelegten Briefumschläge werden nun von der Kette in der Richtung des Pfeiles nach oben fortgeführt, und es ist die Länge der Kette derart eingerichtet, dass der Klebstoff der Verschlussklappe innerhalb der Zeit, welche der Umschlag in der Kette verbleibt, vollständig trocknet. Nachdem die zwischen den Gabeln der Glieder gehaltenen Briefumschläge um die obere Achse geführt worden sind, gehen sie mit der Kette abwärts und gelangen unten bei ihrem Wege um die Achse C_2 in ein Gehäuse mit bogenförmigem Boden D e. Von diesem Boden werden die Umschläge so lange gehalten, bis sie von den Doppelgabeln bis zum Rande des Bodens D e geführt worden sind, dann fallen die Umschläge, Fig. 72, in einen unterhalb angebrachten Sammelraum S_2.

Die zur Herstellung eines Briefumschlages in der Maschine stattfindenden einzelnen Arbeitsvorgänge sind nach dem Vorhergegangenen nun folgende: Mit der Aufnahme eines von dem Sauger angehobenen Papierstückes durch die Greifer des Armes A r haben sich die beiden Gummierunterlagen U U_1 gegen den Formatrahmen geschoben; die in den Unterlagen angeordneten Finger bleiben noch zurückgeschlagen, bis von dem unterdessen über die Formatplatte getretenen Arm A r auf letzterer das Papierstück abgelegt wird. Alsdann richten sich die Finger auf und bringen das Papier in die richtige Lage. Gleich darauf fallen die beiden Festhaltungsstempel c c_1 auf die

Formatplatte und drücken das Papierstück während der sofort nach dem Niedergang erfolgenden Umbiegung der beiden Seitenblätter durch die verschiebbaren a_3 a_4 fest an. Das rechte Seitenblatt des Umschlages ist indes vorher in der kleinen Gummiervorrichtung R mit Klebstoff versehen worden. Nunmehr werden die beiden Festhaltungsstempel c c_1 abgehoben, durch die beiden Seitenplatten k k_1 die eingefalteten Blätter nach innen umgeschlagen und die Rahmenstücke wieder abwärts gedrückt. Hierbei arbeitet die rechte Platte etwas früher, damit das von derselben umgelegte gummierte Seitenblatt unterhalb zu liegen kommt; die beiden Klappen bleiben noch kurze Zeit in der nach innen gerichteten Stellung, in welcher sie dies Papierstück festhalten. Es drücken sich nun, nachdem die Finger der Unterlagen wagerecht gelegt worden sind, die nach abwärts gegangenen Gummierstempel T T_1 auf den Rand des Deckblattes resp. des Verschlussblattes, und gleich hinterher setzen sich auch die Festhaltungsstempel b b_1 auf das Papierstück auf. Durch Einwirkung der hinter die Gummierstempel fassenden Winkelhebel D D_1, welche ihre Bewegung durch die zugehörigen Excenter II erhalten, machen die genannten Stempel einen kleinen Ausschlag nach aussen und verteilen dadurch den Klebstoff auf den Rändern der Blätter. Dann werden die Stempel etwas angehoben, damit die Blätter, welche nun durch die Rahmenstücke a_1 a_2 umgeknifft werden, von den Gummierstempeln frei sind. Zu gleicher Zeit werden die letzteren und die Festhaltungsstempel nach aufwärts und die beiden Unterlagen von der Formatplatte zurückgeführt, wonach die Klappen k_2 k_3 das Deckblatt bezw. das Verschlusssblatt nach innen umschlagen. Bis zu diesem Zeitpunkte haben die beiden anderen Klappen k k_1 auf dem Papier bezw. der Formatplatte gelegen, und es werden nun diese Klappen mit den zum Umlegen von Deckblatt und Verschlussblatt bestimmten Klappen k_2 k_3 gleichzeitig nach aussen zurückgeschlagen. Die hochgehobenen Gummierstempel haben während dieser Zeit den grossen seitlichen Ausschlag vollführt und sind von den Gummiervorrichtungen mit Klebstoff für den neu zu fertigenden Briefumschlag versehen worden. Der nach dem Rückgang der vier Klappen auf der Formatplatte liegende, fertig hergestellte Briefumschlag ist nun sogleich durch die vier Stifte gehoben worden. wird von den Gabeln des Armes A r aufgenommen und in die Trockenvorrichtung gebracht. Die Greifer auf der anderen

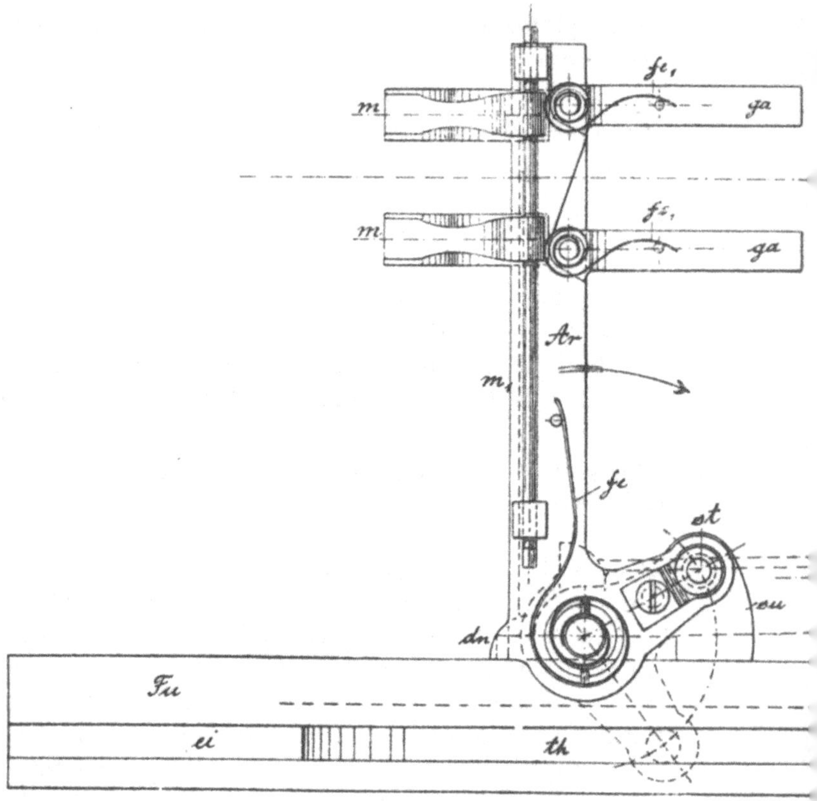

fe,
m
ga
m
fe,
ga
Ar
m,
fe
st
eu
dn
Fu
ei
th

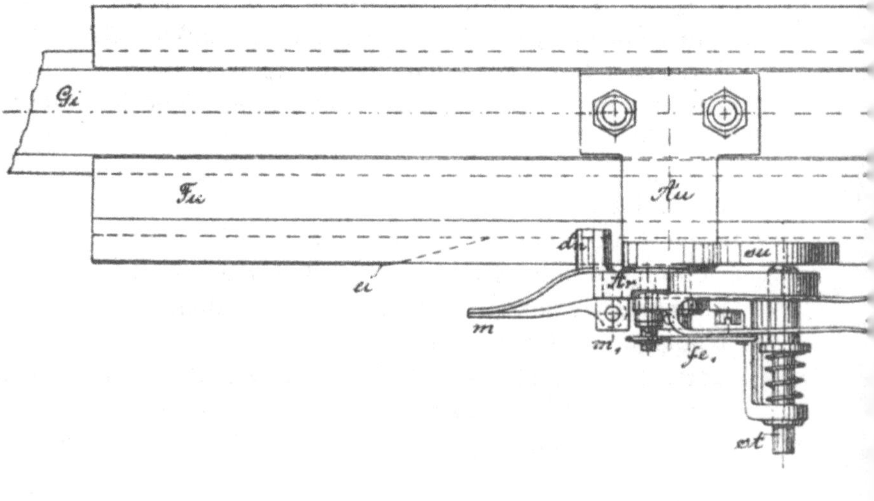

Gi
Fu
Au
dn
eu
Ar
ei
m
m,
fe,
st

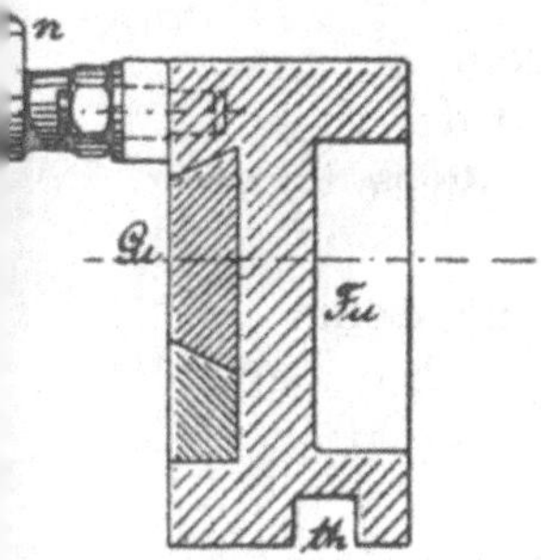

Fig. 83.

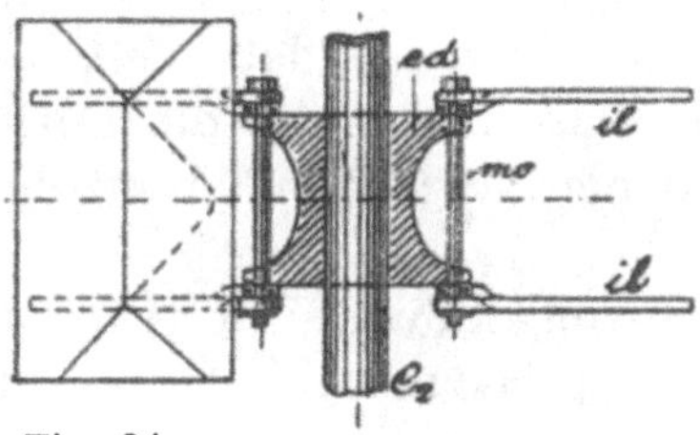

Fig. 84.

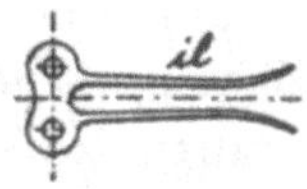

Fig. 85.

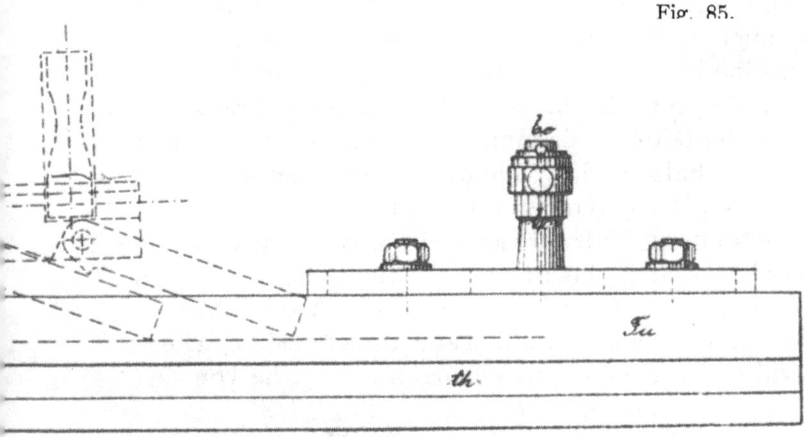

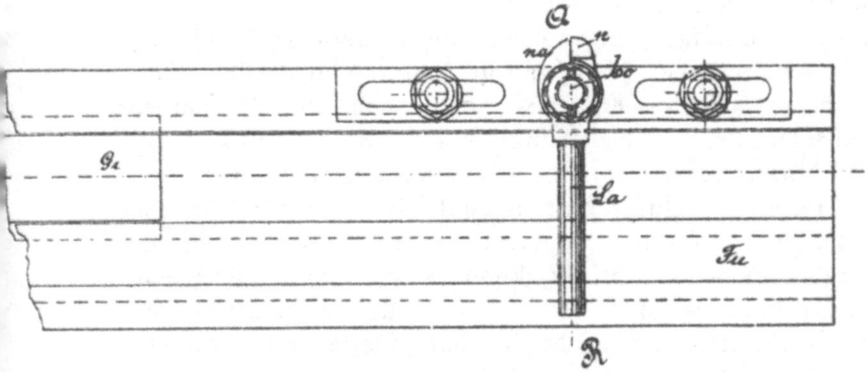

Seite des Armes führten dabei ein neues, von dem Sauger entnommenes Papierstück auf die Formatplatte, und das Spiel der verschiedenen Vorrichtungen erfolgt in gleicher Weise von neuem.

Noch leistungsfähiger ist eine Briefumschlagmaschine, welche erst 1894 Herren Jul. Liebhardt & Comp. in Barmen unter Nr. 77 491 patentiert worden ist, und welche gestattet, gleichzeitig nebeneinander beliebig viele Umschläge, je nach Breite der Maschine, herzustellen. Bei diesem Verfahren wird nicht vorher ausgestanztes Papier benutzt, sondern Papier in endlosen Rollen, aus dem in einer einheitlichen Operation die Couverts gummiert und fertig erzeugt werden. In diesem Falle wird hierzu das Papier für jeden Aufgang der Falz- und Schneidwerkzeuge von der Stapelrolle mittelst geeigneter Transportwalzen bei gleichzeitiger Gummierung der erforderlichen Stellen unter die Falz- und Schneidwerkzeuge geführt, von ihnen seiner ganzen Breite nach gefalzt und durchschnitten, um dann durch ein weiteres Falzwerkzeug einer Walzengruppe zugeführt zu werden, welche das Biegen und Zusammenkleben des Streifens bewirken und denselben dann einer Anzahl Messer übergeben, die ihn in eine Anzahl Teile zerschneiden. Diese Teile sind fertige Umschläge und gelangen als solche von den Messern in einen Sammelbehälter.

Bei verbrauchter Stapelrolle rückt die Maschine sofort selbstthätig aus, worauf eine neue Rolle mit dem Papierrest in Verbindung gebracht werden kann.

Auf den nachfolgenden 13 Zeichnungen, den Fig. 86 bis 98, ist die zu beschreibende Maschine in Schnitt und Ansicht dargestellt. Es ist da Fig. 86 eine Seitenansicht der Maschine, Fig 87 eine Draufsicht oder Grundriss, Fig. 88 ein Längsschnitt durch die Maschine, Fig. 89, ein Querschnitt nach Linie II der Fig. 86, Fig. 90 ein Querschnitt nach Linie II II der Fig. 86. Fig. 91, 92, 93 sind Details der Ausrückvorrichtung und Fig. 94 bis 98 zeigen eine selbstthätig wirkende Kuppelung. — Auf dem Fundamentrahmen 1 sind die Seitenständer 2 montiert, an welchen die Stapelrolle 3 leicht drehbar gelagert ist. Von ihr wird das Papier über die gleichfalls in den Ständern gelagerten Leitrollen 4, 5 zwischen die Transportwalzen 6, 7 geführt und von diesen über die Unterlage 8 zu den ebenso wirkenden Walzen 9, 10, die dasselbe dann den Schneidwerkzeugen zuführen. Die Walzenpaare 6, 7, 9, 10, von denen die oberen

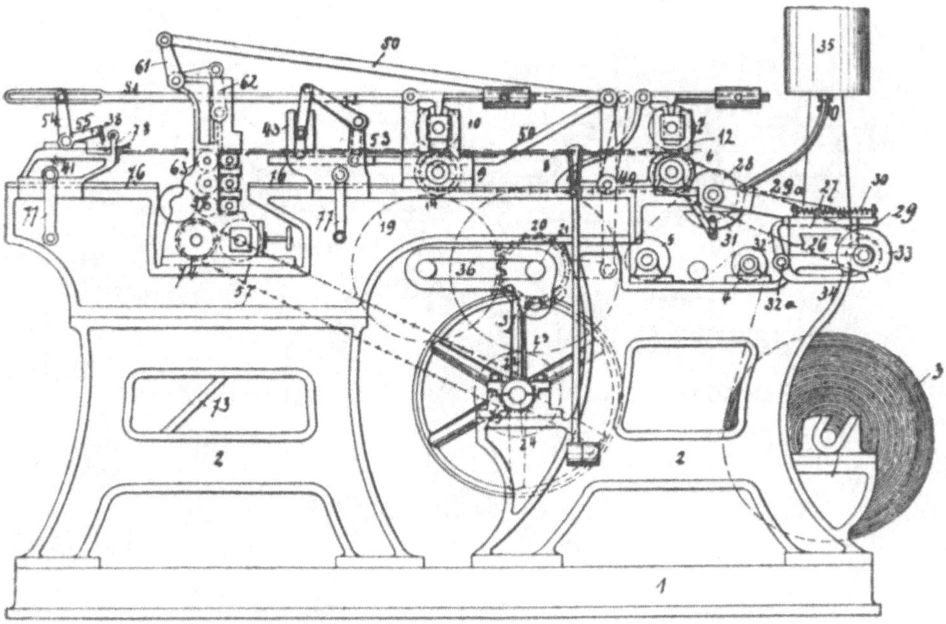

Fig. 86.

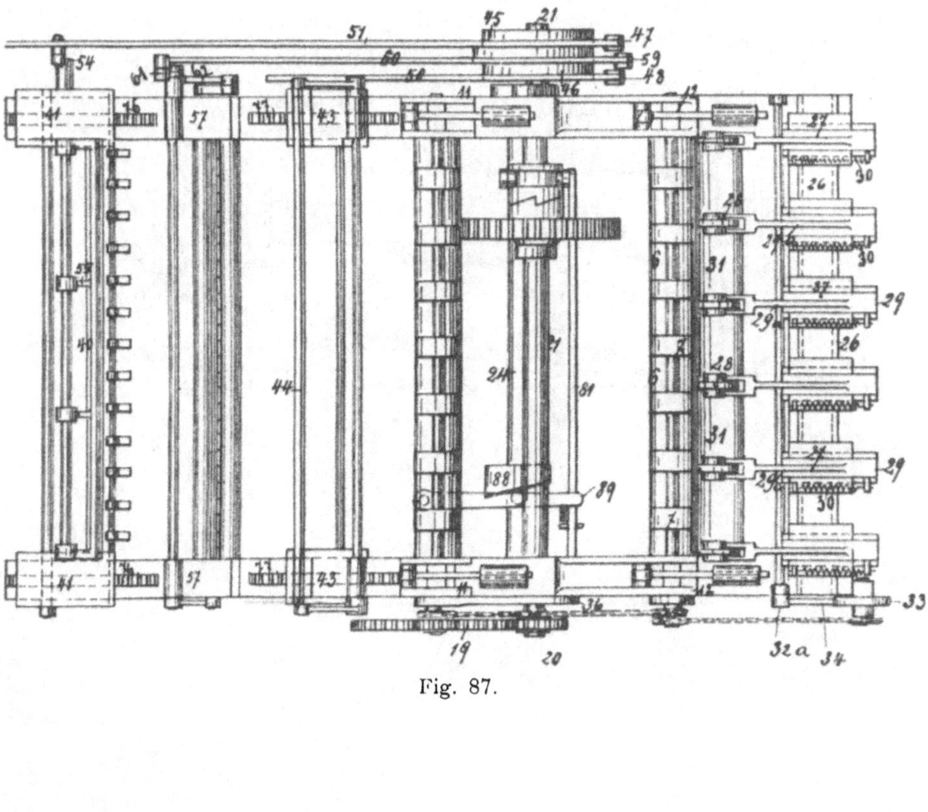

Fig. 87.

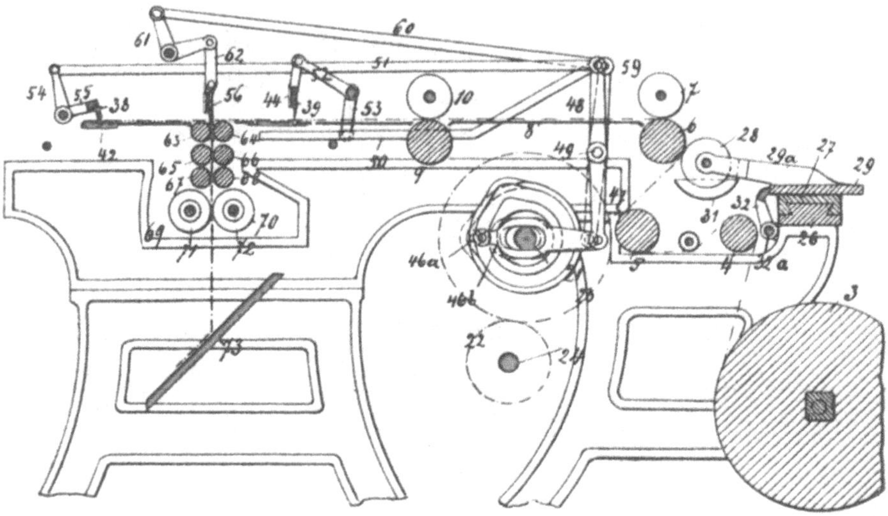

Fig. 88.

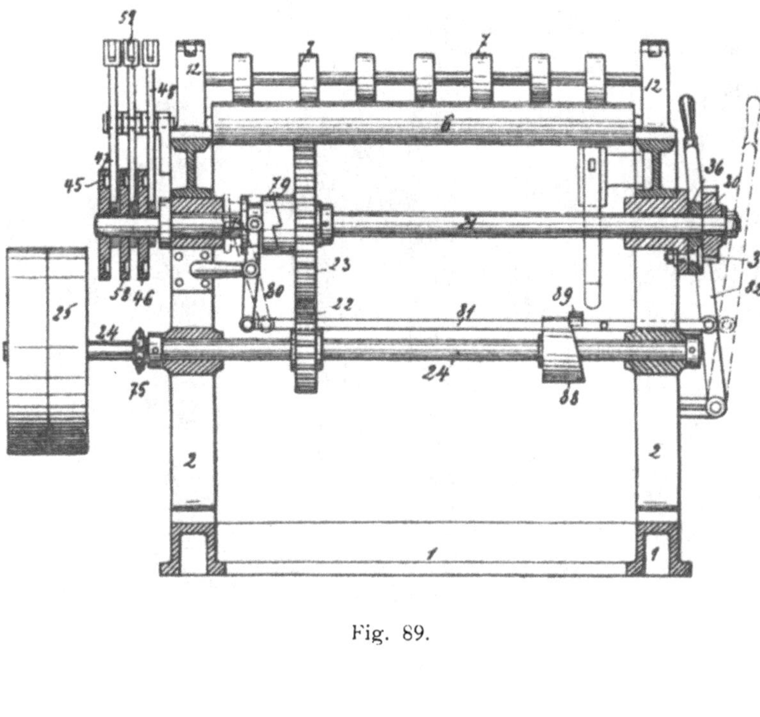

Fig. 89.

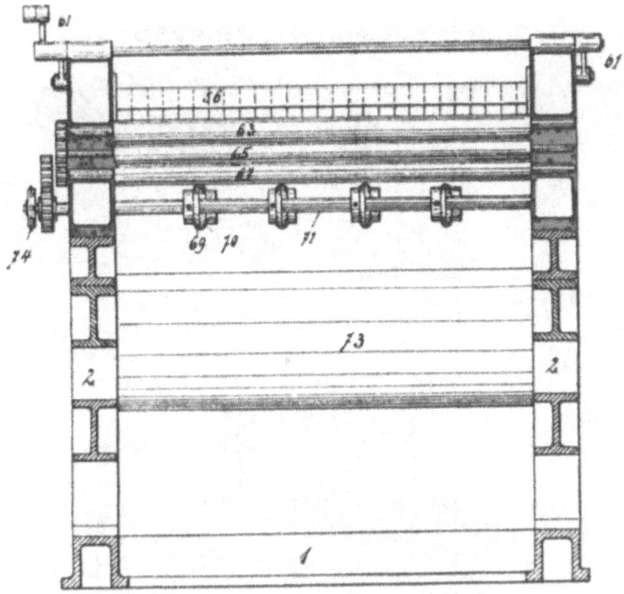

Fig. 90.

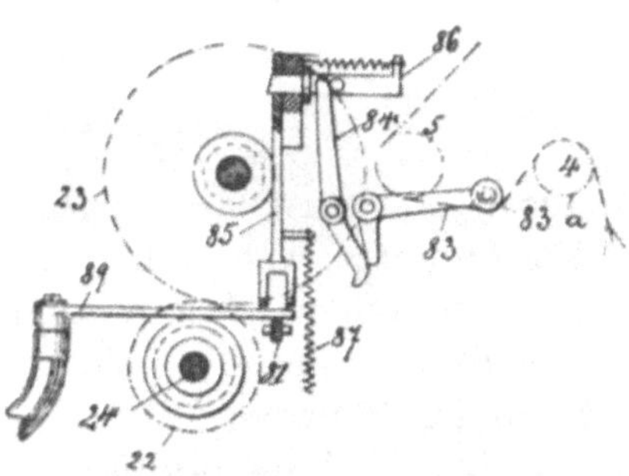

Fig. 91.

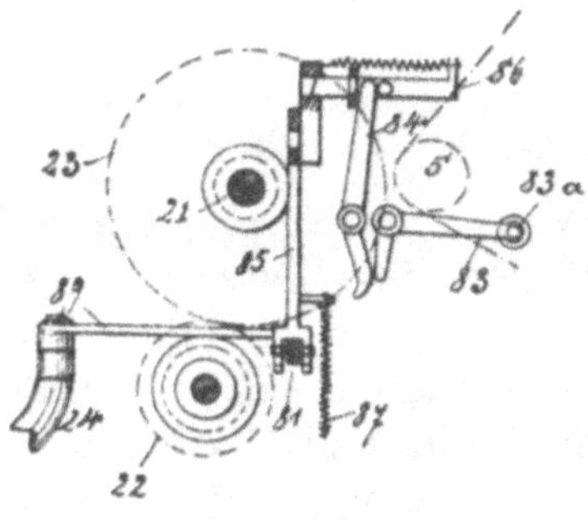

Fig. 92.

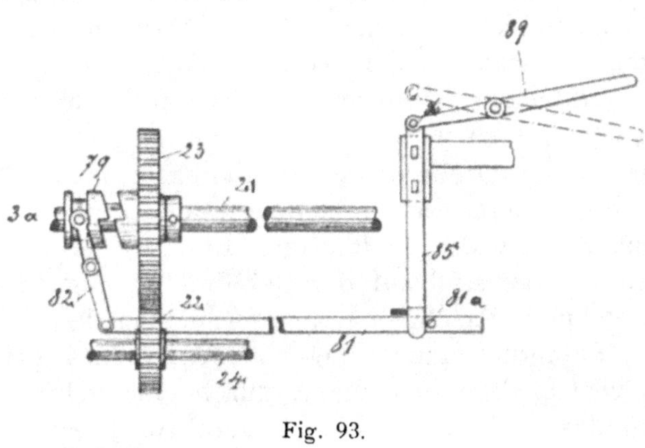

Fig. 93.

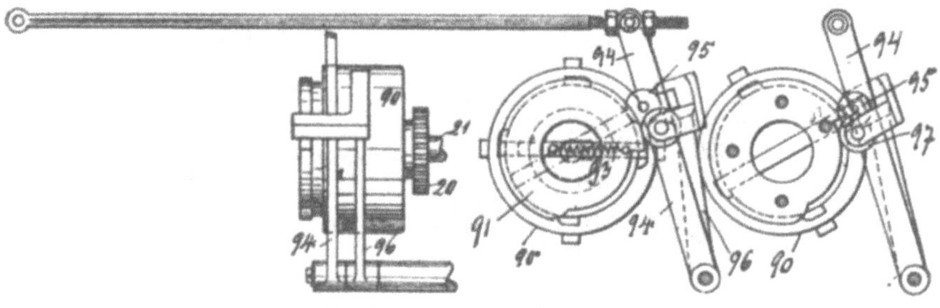

Fig. 94. Fig. 95. Fig. 96.

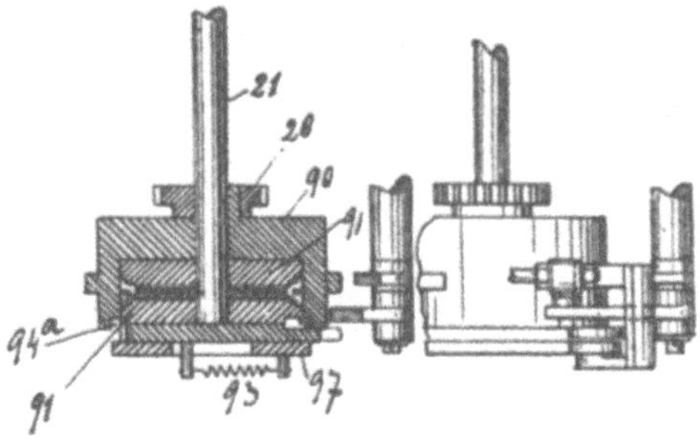

Fig. 97. Fig. 98.

Walzen aus einzelnen, auf gemeinsamer Achse befestigten Rollen, des besseren Vorschubs des Papieres wegen und zu einem später zu erläuternden Zwecke, bestehen, sind in den Lagerstühlen 11, 12 getragen und werden unmittelbar durch die Zahn- und Kettenräder 13 bis 18 in Drehung versetzt. Die Drehung dieser Räder erfolgt durch Vermittelung der Räder 19, 20, welch ersteres mit dem Walzenrad 14 in Eingriff steht, während Rad 20 sich auf einer Achse 21 befindet. Diese Achse wird durch die Räder 22, 23 von der Achse 24 angetrieben, die von irgend einer Transmission aus durch die Scheibe 25 in Bewegung versetzt wird.

Während der Drehung der Walzenpaare bezw. des Fortschubes des Papieres erfolgt selbstthätige Gummierung desselben zum Zwecke der nachherigen Bildung der Umschläge. Zu diesem Zwecke sind auf der Schlittenführung 26 einzelne Schlitten 27 quer verschiebbar angeordnet, in denen in Richtung der Papierbewegung die von Armen 29a getragenen Scheiben 28 sich befinden, die je durch eine Schraubenfeder 30 gegen das über die Walze 6 geführte Papier gedrückt werden, so dass die in eine mit flüssigem Gummi gefüllte Mulde 31 eintauchenden Scheiben 28 durch die erzeugte Friktion rotieren und den Gummi auf das Papier übertragen.

Das Gummieren geschieht jedoch nicht kontinuierlich, sondern nur zeitweise, entsprechend der für die Falz- und Schneidwerkzeuge erforderlichen Arbeitsperiode, während welcher die Scheiben 28 von dem Papier zurückgezogen werden. Es geschieht dies durch einen auf sämtliche Gleitstücke 29 einwirkenden Hebelrahmen 32, der um einen Drehzapfen 32a schwingend angeordnet ist, und durch Vermittelung einer durch ein auf der Spindel der Walze 6 sitzendes Kettenrad getriebenen unrunden Scheibe 33, die auf den Arm 34 des Rahmens 32 einwirkt, sämtliche Gleitstücke 29 entsprechend der Gestaltung der Scheibe 33 abwechselnd zurückrückt oder deren Berührung mit dem Papier gestattet.

Zum Füllen der Mulde 31 dient ein Behälter 35, aus welchem, dem Gebrauch entsprechend, Klebstoff in den Behälter abgelassen wird. Das in Streifen gummierte Papier wird nun durch die Transportwalzen 6, 7, 9, 10 zu den Werkzeugen geführt. Damit die gummierten Stellen nicht leiden, sind die oberen Walzen 7 und 10, wie eingangs beschrieben, aus einzelnen Rollen hergestellt, und muss während des Falzens und Schneidens der Transport des Papieres aufhören, die Walzendrehung währenddessen unterbrochen werden.

Zu diesem Zwecke ist das dieselben in Bewegung versetzende Rad 20 auf Achse 21 als Mangelrad ausgebildet, und entspricht die Abwickelung des mit Zähnen versehenen Radumfanges genau der Länge des zu transportierenden Papierstreifens. Da dieselbe für kleinere oder grössere Umschläge entsprechend verschieden ist, so sind für diesen Fall die Räder 19, 20 auswechselbar und der Drehzapfen des ersteren in einem um Achse 21 gelegten geschlitzten Hebel 36 (Schere) bebefestigt, so dass die aus- und eingesetzten Räder durch entsprechende Einstellung der Schere, die durch einen im Schlitz einstellbaren Bolzen 37 festgestellt werden kann, in Eingriff mit dem übrigen Triebwerk gebracht werden können. An Stelle des Mangelrades kann auch eine selbstthätig wirkende Kuppelung, wie sie in den Fig. 94 bis 98 dargestellt ist, zur Unterbrechung der Walzendrehung benutzt werden.

Das auf der Achse 21 lose sitzende Wechselrad 20a ist mit der gleichfalls lose sitzenden Kuppelhülse 90 verbunden, die einen fest auf Achse 21 geschraubten Ring 91 umschliesst. Dieser steht etwas aus 90 heraus und trägt in einer diametralen Nut ein Gleitstück 92, welches mit seinem verstärkten Ende durch eine Feder 93 gegen den inneren Rand der Hülse 90 oder in eine ihm entsprechende, am Rand vorgesehene Aussparung 94a gezogen wird, wodurch die Hülse 1 und Rad 20a mit herumgedreht werden. Behufs Entkuppelung des Rades wird durch die am Hebel 94 befestigte Rolle 95 das Gleitstück 92 aus der Hülse entfernt und diese selbst aber durch einen zweiten Hebel 96, dessen Kopf einen an 90 befindlichen Vorsprung packt, zurückgehalten. Während der gemeinsamen Drehung beider Kuppelteile wird der Hebel 96 vom Umfang der Hülse 90 entfernt gehalten durch Vermittelung der am Ring 91 befestigten unrunden Scheibe 97, welche durch die Rolle 95 den Hebel 96 dem Hülsenumfang nähert oder ihn entfernt.

Nach Ausserbetriebsetzen der Walzenpaare 6, 7, 9, 10 treten zunächst die Werkzeuge 38 und 39 in Thätigkeit. Ersteres ist ein die ganze Breite der Maschine einnehmendes Falzmesser, das an einem Rahmenhebel 40 in den Lagerstühlen 41 drehbar gehalten ist und zum Falzen des Papieres in seiner ganzen Breite dient, zu welchem Zweck eine mit einer Kerbe versehene Unterlage 42 vorgesehen ist, während das andere Werkzeug ein gleichfalls die ganze Breite der Maschine einnehmendes scharfes Messer ist, welches an einer in den Führungen der Lagerstühle 43 geführten Platte 44 befestigt ist und zum Abschneiden des Papieres in Querstreifen dient. Beide Werkzeuge funktionieren unmittelbar hintereinander, und zwar das Falzwerkzeug zuerst und dann das Messer. Das Falzmesser hält den Bogen so lange fest, bis der Schnitt vollendet ist, damit keine Verschiebung des Papieres durch das Schneiden möglich ist. Der Antrieb erfolgt durch auf die Achse 21 aufgekeilte Spurscheiben 45, 46, Fig. 88, 89, die mittelst Rollen und Schubstangen 45a, 45b bezw. 46a, 46b die um den Zapfen 49 drehbaren zweiarmigen Hebel 47, 48 in Schwingung versetzen. Diese Bewegung wird durch die Stangen 50 und 51 auf die mit den Werkzeugen verbundenen Hebel 52, 53, 54, 55 übertragen, so dass eine periodische Auf- und Niederbewegung der Messer 38, 39 stattfindet. Zwischen ihnen ist ein Falzwerkzeug 56, Fig. 88 und 90, angeordnet, gleichwie die ersteren in den Führungen der Stühle 5 sich auf- und niederbewegend durch Einwirkung einer auf Achse 21 befindlichen Spurscheibe 58 in Verbindung mit den Hebeln und Stangen 59, 60, 61 und 62.

Das Falzmesser 56 ist seiner Breite nach aus einer Anzahl schmaler Einzelmesser zusammengesetzt, die genau ineinander gepasst sind, zu dem Zwecke, die zur Thätigkeit kommende Kante des Messers bezw. der Einzelmesser für beliebig breite Umschläge einstellen zu können, entsprechend der Entfernung der Gummierstreifen voneinander auf dem Papiere, so dass jeweils, wo ein Gummistreifen sich befindet, eine Messerlücke vorhanden ist. Dieses Werkzeug hat den Zweck, den nunmehr gefalzten und abgeschnittenen Papierstreifen einer unter ihm befindlichen Walzengruppe, bestehend aus je drei links und rechts von 56 untereinander gelagerten Walzen 63 bis 68, zuzuführen, welche mit ihren Flächen in der Horizontalen sich berühren, den Papierstreifen zwischen sich packen, ihn falten und an den gummierten Stellen zusammendrücken, um ihn dann einer unter der Walzengruppe angeordneten Anzahl Kreismesser zu übergeben. Es sind diese Messer 69, 70 auf zwei Spindeln 71, 72 in den Ständern 2 gelagert, rotieren gegen einander und zerschneiden das gefaltete und geklebte Papier in einzelne Teile, die als fertiges Produkt, als Umschlag, durch das Rutschbrett 73 in einen geeigneten Behälter gelangen.

Der Antrieb der Walzen 63 bis 68, wie der Messerspindeln 71, 72 erfolgt durch Rädergetriebe und durch Kettentrieb 74, 75 von Achse 24 aus. Die Stühle 57 sind fest mit dem Gestell verbunden, die Stühle 41 und 43 aber für verschieden grosse Umschläge auf ihrer Unterlage mittelst Zahnrades und Zahnstange 76 und mittelst Kurbel 77 genau einstellbar.

Es bedarf wohl kaum der Erwähnung, dass das Papier beim Transport und Bearbeiten nirgends Widerstand finden darf, und dementsprechend sind die Unterlagen glatt und mit Abbiegungen versehen, wie auch zum Niederhalten des Papieres geeignete Vorkehrungen, Halter 78, getroffen sind.

Um einen Aufenthalt im Betrieb möglichst zu vermeiden, ist die Maschine mit einer bei verbrauchter Stapelrolle in Wirkung tretenden selbstthätigen Ausrückvorrichtung folgender Konstruktion ausgerüstet (Fig. 89, 91, 92 und 93):

Das auf der Achse 21 lose getriebene Stirnrad 23 besitzt auf einer Seite eine halbe Klauenkuppelung, mit der eine entsprechende verschiebbare Kuppelung 79 in Eingriff steht, die mittelst des Hebels 80 und der Zugstange 81 durch den Handhebel 82 erforderlichenfalls mit der Hand aus- oder eingerückt werden kann. Ist nun die Rolle 3 aufgebraucht, so fällt der auf dem Papier ruhende, zu diesem Zweck mit einer Gewichtsrolle 83a versehene Winkelhebel herunter, sein kurzer Schenkel löst durch Vermittelung des Hebels 84 eine Nase 86 aus einer am unteren Ende gegabelten Stange 85 aus, welche durch eine Feder 87 über die Stange 81 gegen einen in ihr vorgesehenen Stift 81a gezogen wird und samt dieser von einem in der Horizontalen durch eine auf Achse 24 befestigte Spurscheibe 88 bewegten Hebel 89 nach rechts (Fig. 89 und 93) verschoben wird, wodurch die Ausrückung der Kuppelung bewirkt ist. Ein Hebel 89a hat den Zweck, Stange 85 in die Normallage zu bringen.

Nach der vorstehenden Beschreibung einiger Maschinen zur Couvertfabrikation, wären nun noch einige Spezialitäten von Umschlägen zu betrachten. Dahin gehört zunächst eine Combination des Briefumschlags mit dem Briefbogen, wie sie z. B. Daniel Webster Clegg in Pleasantvilla (New-York) unter Nr. 32364 des D. R. P. gesetzlich geschützt wurde. Die Erfindung betrifft eine Art Briefbogen, aus welchen gleichzeitig der Briefumschlag gebildet werden kann, und welche sich ausserdem dadurch auszeichnet, dass sie in gleicher Weise als combinierter Briefbogen und Umschlag auch noch für die Rückantwort benutzbar ist. Die nachstehende Zeichnung, Fig. 99, zeigt den Briefbogen vollständig geöffnet, Fig. 100 nach innen umgelegt; die zurückgebogene Ecke lässt noch die Fläche für die Adresse der Antwort erkennen. Fig. 101 ist eine Rückansicht des zusammengefalteten, geschlossenen Briefes, Fig. 102 zeigt die Adressenseite.

Die Fig. 103, 104 und 105 veranschaulichen ebenfalls einen solchen mit Briefumschlag combinierten Briefbogen, bei welchem der jedesmalige Verschluss durch eine auf beiden Seiten mit Gummierung versehene Schliesspatte bewirkt wird. Wie aus Fig. 99 ersichtlich ist, wird der zur Rechten der zweckmässig perforierten Linie $f^1 f^1$ liegende Teil des Briefbogens zum Schreiben benutzt, jedoch kann nur die eine Hälfte desselben für das ursprüngliche Schreiben verwendet werden, da die andere Hälfte für die Antwort frei bleiben muss. Dieser zum Schreiben überhaupt benutzbare Teil A ist etwas schmäler als der für den Umschlag dienende Teil, so dass beim Umlegen von A auf letzteren auch noch der links von der Linie $e^1 e^1$

liegende Rand C ungefaltet ohne Ueberblattung neben den Teil A zu liegen kommt. Für das Anbringen der Freimarke, sowie zum Aufschreiben der beiden Adressen dienen die beiden einander gegenüberliegenden Seiten F und G. Die Rückseite des Umschlags wird von dem Teile B gebildet.

Die Benutzungsweise des Briefbogens ist folgende: Nach Fertigstellung des Schreibens auf der oberen Hälfte von A,

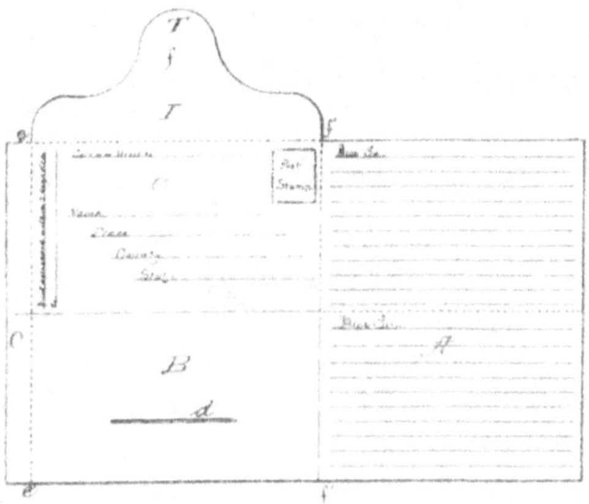

Fig. 99.

Fig. 100.

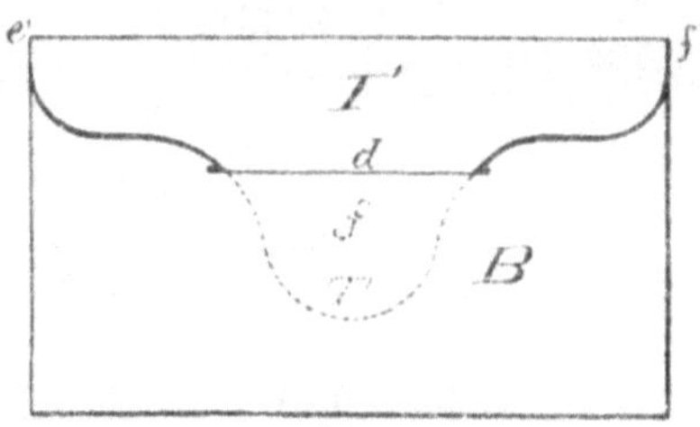

Fig. 101.

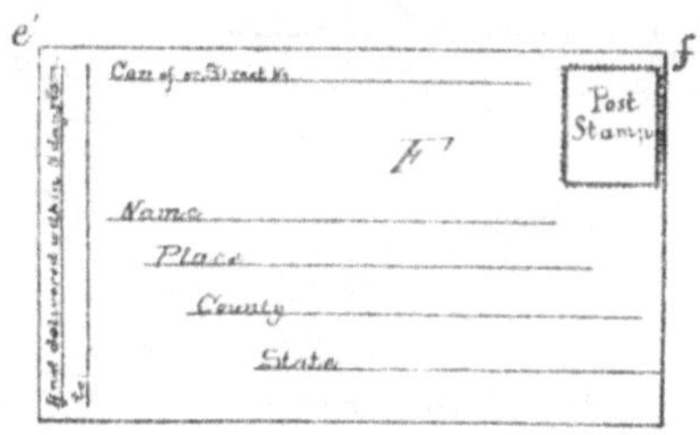

Fig. 102.

wobei nötigenfalls beide Seiten dieser Hälften zu benutzen sind, faltet man den Brief an der Linie f^1 f^1 nach innen auf den mit G und B bezeichneten Teil um, Fig. 100. Dasselbe wird mit dem Rand C ausgeführt. Alsdann legt man den Bogen, Fig. 100, nochmals zusammen, und zwar so, dass die untere Kante e^1 f^1 auf die obere Linie e^1 f^1 zu liegen kommt. Der Verschluss kann nun, wenn es nicht darauf ankommt, dass derselbe ein wirklich fester ist, in bekannter Weise einfach dadurch bewirkt werden, dass die entsprechend lang gehaltene Zunge durch den im Teil B vorgesehenen Schlitz d hindurchgesteckt wird.

Ist der Bogen dagegen mit der in den Figuren 103, 104 und 105 versehenen Schliesspatte versehen, so klappt man behufs festen Verschlusses diese Patte J nieder und klebt dieselbe mit dem auf der Unterseite gummierten Spitzenteil auf der Blattfläche B fest. In beiden Fällen schreibt man nun auf die Vorderseite F die Adresse. Wie Fig. 104 zeigt, ist die Schliesspatte auch auf der Aussenfläche gummiert, und zwar oberhalb der Linie h h, während die Gummierung der Unterseite nur vom Aussenrande bis an diese Linie heranreicht.

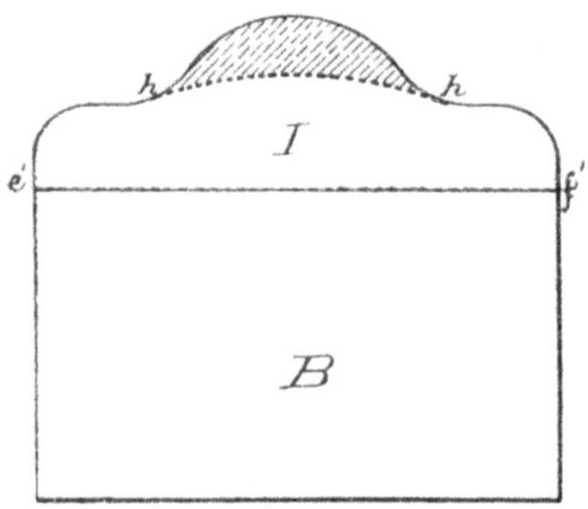

Fig. 103.

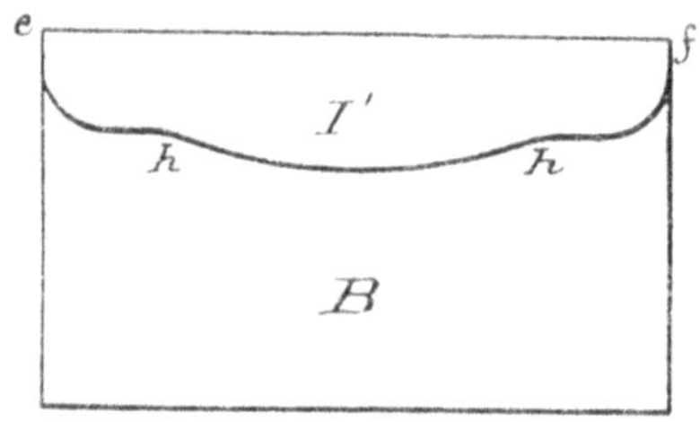

Fig. 104.

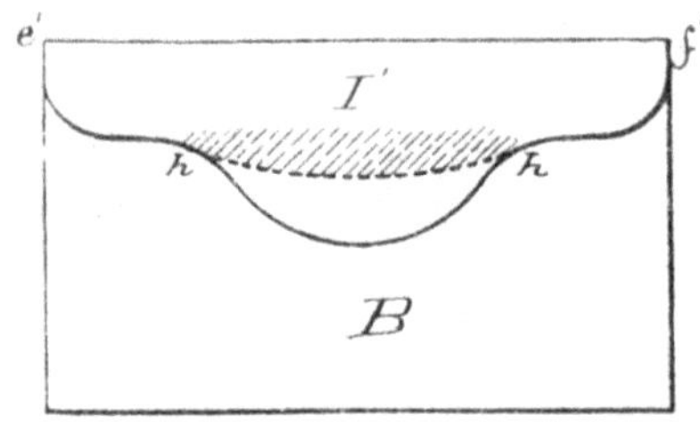

Fig. 105.

Der Empfänger benutzt nun den Briefbogen zur Rückschrift in folgender Weise: War derselbe in der erst angegebenen Weise nur lose verschlossen, so faltet der Empfänger, nachdem er die an ihn gerichtete Bogenhälfte abgetrennt und die Antwort auf die zweite Hälfte aufgeschrieben hat, sämtliche Teile nach der entgegengesetzten Seite um und schliesst wiederum durch einfaches Hindurchstecken der Zunge F durch den Schlitz d. War dagegen der Brief in der durch Fig. 104 veranschaulichten Weise fest verschlossen, so schneidet der Empfänger die Patte in der Linie h h auf und trennt nach Entfalten des Bogens die beschriebene Hälfte von A ab. Der Bogen A kann behufs leichten Abtrennens dieses Teiles entsprechend perforiert sein. Der Empfänger schreibt nun die

Antwort auf die übrig bleibende Hälfte von A und faltet nun den Bogen in umgekehrter Richtung derart zusammen, dass die Fläche A^1 auf B zu liegen kommt und nunmehr die Seite G als Adresse benutzt werden kann. Zum Verschliessen des Briefes dient jetzt die oberhalb der Linie h h, Fig. 104, be-

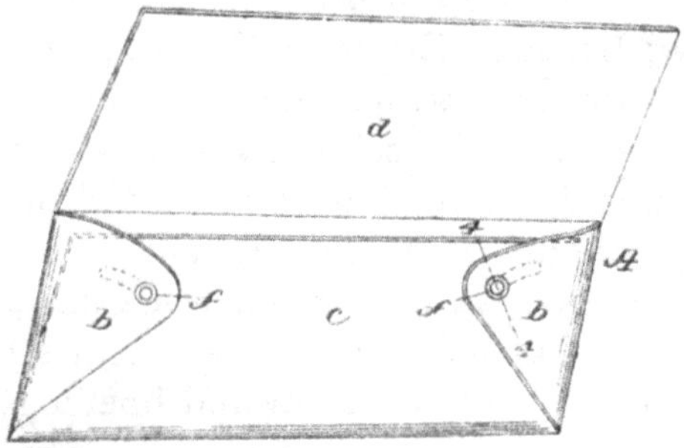

Fig. 106.

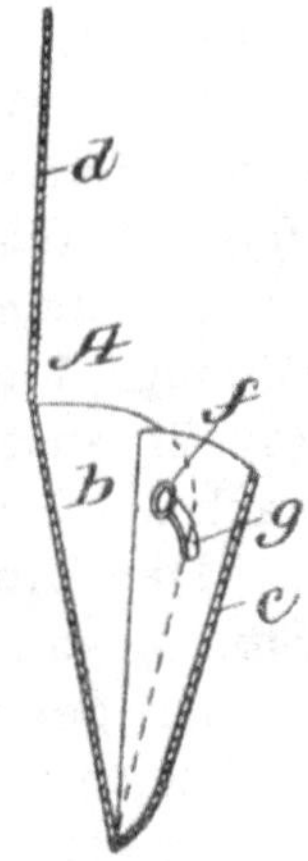

Fig. 108.

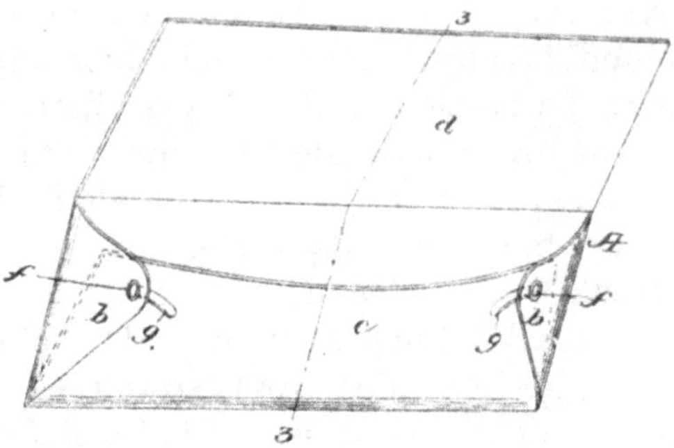

Fig. 107.

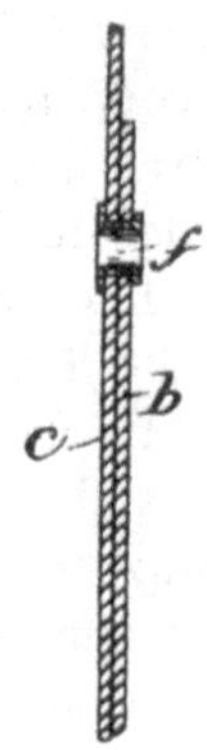

Fig. 109.

findliche Gummierung. Der Rückempfänger öffnet den Brief durch Ausschneiden der Patte in der Kante e^1 f^1.

Der vorliegende Briefbogen ersetzt demnach zwei Briefbogen und zwei Couverts.

Es sei noch bemerkt, dass beim Abtrennen des ersten Teiles von A eventuell auch der Rand von C losgetrennt werden kann.

Demselben Erfinder ist noch unter Nr. 32 365 eine andere Form patentiert worden, welche den Vorteil hat, dass die ganze innere Seite des Briefbogens zur Schrift benutzt werden kann. Man hat aber, wenigstens in Deutschland, noch nicht gehört oder gesehen, dass diese beschriebene Art eine grössere Verbreitung gefunden hätte. Ebensowenig Eingang hat ein Umschlag gefunden, den William Dexter Bradstreet in Waltham V. St. A. unter Nr. 96 456 patentiert worden ist und der einen dehnbaren Briefumschlag betrifft. Er ist in Fig. 106, 107, 108 und 109 abgebildet und kann man schon daraus ersehen, dass er sich innerhalb gewisser Grenzen selbstthätig auszudehnen vermag. Fig. 106 zeigt den Umschlag in gewöhnlichem, Fig. 107 in ausgedehntem Zustande. Fig. 108 ist ein Ausschnitt nach der Linie 3,3 und Fig. 109 ein Schnitt nach 4,4 in Fig. 106.

Der Umschlag A ist zweckmässig aus festem und steifem Stoff, etwa aus dickem Papier oder mit Leinwand überzogenem Papier, gefertigt. Zwei Seitenstücke b b und ein Vorderstück c bilden mit der Hinterfläche den Umschlag, der durch ein Deckstück d verschlossen werden kann. Die Seitenstücke b sind mit dem Vorderstück c durch je einen ösenartigen oder mit Flantschen versehenen Niet f verbunden, der in einem in dem Vorderstück c angebrachten Schlitz g sich verschieben kann. Hierbei fassen die inneren Flantschen des Niets über die Kanten des Schlitzes g, so dass die Seitenteile b b sicher mit dem Vorderstück auch während der Verschiebung verbunden bleiben. Die Enden des Schlitzes bilden die natürlichen Endpunkte für die Bewegung des Niets bei der Verschiebung.

Mit Hilfe dieser Schlitzverbindung kann der Umschlag sich selbst seinem Inhalt anpassen (Fig. 107), soweit es die Schlitze g zulassen. Die Deckelklappe d ist verhältnismässig gross, um den Inhalt der vollgefüllten Tasche ganz umschliessen zu können. Die Seitenteile können oberhalb oder unterhalb des Vorderteiles liegen, auch kann jedes Seitenteil durch zwei oder mehr als nur einen der dargestellten Niete mit Schlitzverbindung versehen sein, um die Festigkeit zu verstärken. Statt beide Seitenteile in der angegebenen Weise mit dem Vorderteil zu verbinden, kann man dies mit nur einem Seitenteil thun und den anderen Teil in der üblichen Weise fest verbinden; zweckmässiger ist es aber, beide Seitenteile wie beschrieben, auszuführen, weil dadurch die Ausdehnungsfähigkeit der Tasche wesentlich erhöht wird.

Viel weiter verbreitet ist, besonders als Umschläge für Geldbriefe, ein Verfahren, Papier mit irgend einem Gewebe zu verbinden, um dasselbe widerstandsfähiger zu machen und ein unbefugtes Oeffnen leicht erkennen zu lassen. Es ist nach dieser Richtung besonders eine Methode hervorzuheben, die schon 1879 der bekannten Aktiengesellschaft für Buntpapier- u. Leimfabrikation in Aschaffenburg unter Nr. 7269 patentiert wurde. Die Verbindung von Geweben mit Papier zu einem festen, dauerhaften, schreibfähigen Stoff, der zu Geldcouverten, Warenbeuteln, Emballagen u. s. w. vielfache Ver-

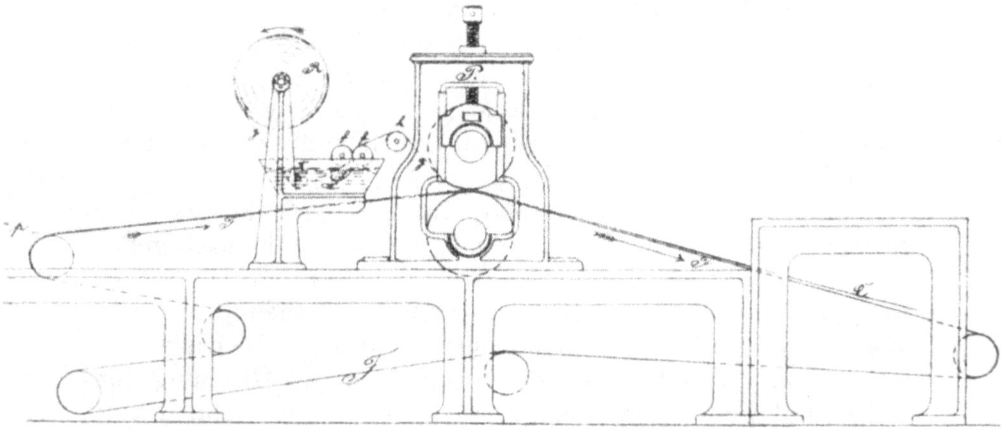

Fig. 110.

wendung findet, wurde in Deutschland früher durch Zusammenkleben des fertigen Papiers mit dem Gewebe auf besonderen Maschinen oder durch Handarbeit bewirkt. Durch das vorliegende Patent wird jedoch diese Verbindung auf der Papiermaschine direkt folgendermassen hergestellt: Das von der Gautschpresse kommende feuchte Papierblatt p wird durch den endlosen Filz F zwischen die Walzen geführt und trifft dort mit dem durch Leimwasser gezogenen Gewebe zusammen, bildet durch den Druck der Presse und den Leim eine innige Verbindung und wird wie gewöhnliches Papier durch alle Teile der Papiermaschine geführt, so dass es schliesslich trocken und längs geschnitten auf den Haspel läuft. Das Gewebe g wird als Rolle R in die Lager besonderer Böckchen, die den Leimkasten L mit Wälzchen t f f tragen eingelegt und macht den gezeichneten Lauf. (Fig. 110.)

Der Leim besteht aus einer schwachen Auflösung von tierischem Leim mit etwas Stärke; die Walzen ff sind mit Filz bekleidet und dienen zum Abdrücken des überflüssigen Leims. Die so hergestellten festen, bunten Stoffe finden als Ersatz für Zeuge, Leder- und Buntpapiere in der Buchbinder-, Leder und den verwandten Industrien Verwendung.

Die Hersetllung der Couverts aus diesem Stoff findet auf die gewöhnliche Weise statt. Ganz ähnlich ist eine Methode von Gustav Sachsenröder in Barmen, dem eine „Vereinigung von Gewebe mit Pergamentpapier bei Herstellung des letzteren unter Nr. 20842 geschützt wurde. Sie braucht deshalb nicht besonders beschrieben zu werden.

Ebenfalls hauptsächlich für Geldbriefe und deren Schutz gegen unbefugtes Oeffnen derselben sind aber noch eine grosse Anzahl von Vorrichtungen erdacht worden, die aber wenig praktische Einführungen gefunden haben und über die daher nur folgendes gesagt sei:

Zunächst sei erwähnt, dass Emile de Meulemeester in Brüssel Geldkouverts u. s. w. unter Patent 74871 dadurch gegen das Auflösen der Klebstellen mittelst Wassers und dergleichen zu schützen vorschlägt, dass er das Papier mit einem für Wasser oder Dampf undurchlässigen Ueberzug an der Innenseite versieht. Dieser Aufstrich kann aus Firnis, einer Mischung von Oelen und Fetten bestehen, es wird aber hauptsächlich eine Kautschuklösung dazu benutzt.

Dr. W. Reissig in München (Patent 18130) legt einen Sicherungsrand durch Gummieren, Leimen u. s. w. um den Umschlag, zugleich aber auch noch einen mit Guttapercha umhüllten dünnen Kupferdraht, besonders gebogen, in das Couvert ein. Der Zweck dieser Vorsicht ist, dass bei unbefugtem Oeffnen des Umschlages der betreffende Schnitt mehr nach der Mitte desselben geführt werden muss, wobei er viel leichter erkennbar hervortritt, als am Briefrande selbst. Der erwähnte äusserst dünne Kupferdraht, dessen beide Enden durch das Couvert gehen und durch das Siegel bedeckt werden, hat ausser der Ablenkung des Messers noch den Zweck, bei der Absendung noch in Gegenwart des Postbeamten den Strom aus einer kleinen galvanischen Batterie durch den Brief hindurch zu lassen. Dadurch wird ein Läutewerk in Bewegung gesetzt werden. Ist jedoch der Draht verletzt, so erfolgt kein Ton, und die stattgefundene Oeffnung ist sofort konstatiert.

Etwas einfacher ist der Vorschlag von Paulmann & Kellermann in Elberfeld (Patent 67060), eine Sicherung gegen unbefugtes Entfernen von Briefen aus Briefumschlägen dadurch zu treffen, dass am Brief selbst am oberen und unteren Ende zwei gummierte Zungen oder Lappen angebracht sind, mittelst deren der Brief an den Umschlag angeklebt wird. Der eine Lappen wird durch einen kleinen Schlitz des Umschlags ge-

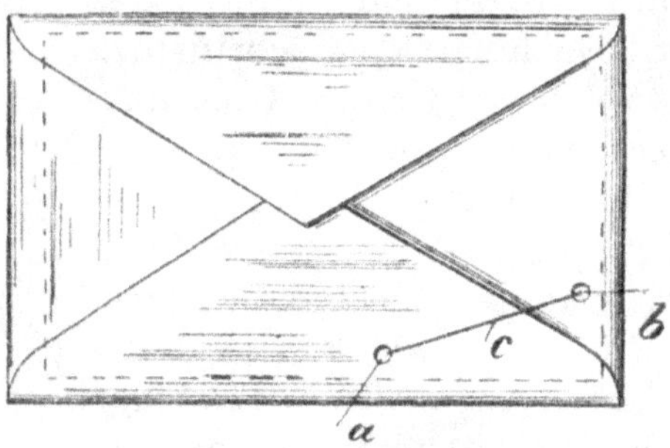

Fig. 111.

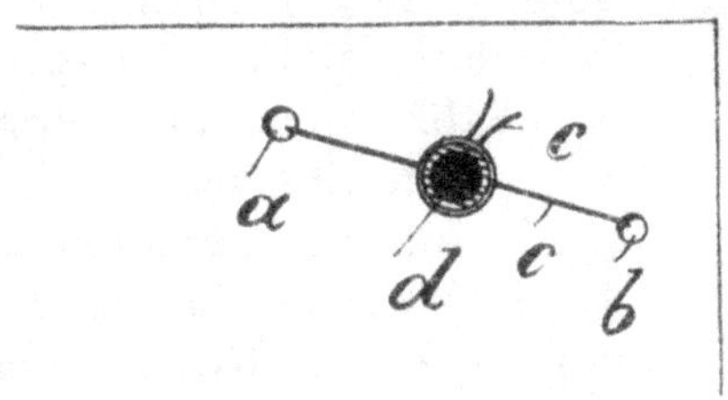

Fig. 112.

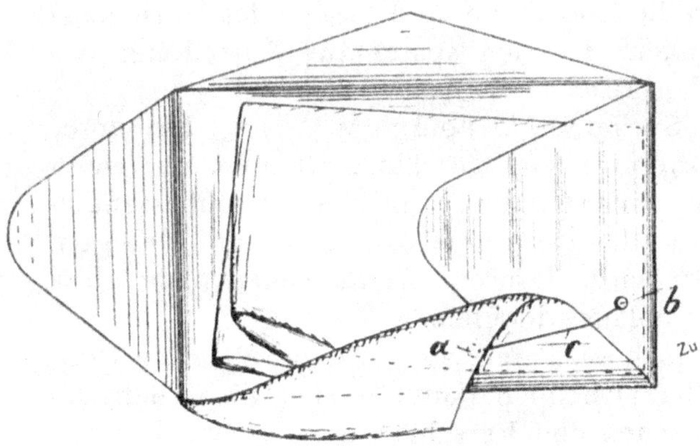

Fig. 113.

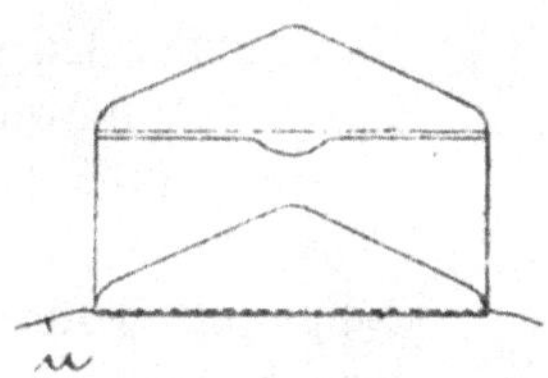

Fig. 114.

steckt, von aussen angeklebt, ist aber nicht sichtbar, da die Marke darüber geklebt wird. Wird der Brief herausgenommen, reissen die Lappen natürlich ab, lassen also eine Oeffnung deutlich erkennen.

Schon 1877 hat Noah Jacobsohn in Berlin (Nr. 1297) ein Patent auf einen Sicherheits-Briefumschlag erhalten, der sich durch besondere Gestaltung der Patten und durch verschiedene andere Anordnungen auszeichnet.

Emil Delignières in Audignicourt (Frankreich) hat einen Sicherheitsumschlag mit Metallverschluss (Patent 6042) konstruiert, während wieder Adolf Thommen in Waldenburg (Schweiz) durch das Patent 64 689 und Alfred Riesterer in Ehrenfeld (Patent 70474) die Sicherung durch Anwendung einer Schnur bewirken. In den Fig. 111 bis 113 ist die einfachere Vorrichtung dargestellt, und zwar ist Fig. 111 die Vorderansicht eines mit einem derartigen Verschluss versehenen Briefes. Fig. 112 stellt einen Teil der Hinteransicht und Fig. 113 den zum Teil erbrochenen Brief dar. Nachdem das Schriftstück in den Briefumschlag gesteckt worden ist, werden Umschlag und Schriftstück durch zwei Löcher a b versehen. Durch letztere zieht man eine Schnur c, knüpft deren Enden zusammen und setzt auf den Knoten ein Siegel d. Wird das Schriftstück so gelegt, dass sich die Löcher an den den Falten gegenüberliegenden Kanten befinden, so ist es, wie aus Fig. 112 ersichtlich ist, selbst wenn man alle Klappen des Umschlags öffnet, unmöglich, den Inhalt des Schriftstücks kennen zu lernen. Um letzteres zu ermöglichen, muss man die Schnur c zertrennen. Werden die Löcher a b an der Seite des Umschlags angebracht, so können sie auch später zur Aufreihung des Schriftstücks auf den Briefsammler dienen.

Charles Edgar Sacket in Danburg (V. St. A.) hat unter Nr. 98 512 einen Briefumschlag geschützt erhalten, der einen sicheren Verschluss ohne Gummierung des verschliessenden Teiles dadurch bietet, dass letzterer so in Schlitze der Gegenklappe eingeschoben wird, dass ein Herausziehen nicht ohne Verletzung des Umschlages möglich ist.

Schliesslich ist noch ein Patent von Gustav Balatka in Prag zu erwähnen, das hauptsächlich dadurch eine Sicherheit gewährleistet, dass zwischen den Verschlussklappen eine Einlage von stärkerem Papier oder Pappe gemacht ist. An der oder den Stellen, wo Siegel hinkommen sollen, sind entsprechend grosse kreisrunde Einschnitte angebracht. Der Siegellack füllt nicht nur diese Löcher aus, sondern läuft auch noch unter das Deckblatt, da dieses etwas absteht, und bildet beim Erkalten gewissermassen eine Niete, zwischen deren Kopf und Fuss die Rückwand des Couverts eingeschlossen ist.

Dass durch doppelte Umhüllung des Briefes oder überhaupt der Einlage dieser Inhalt am einfachsten gegen Herausnahme geschützt ist, hat Josef Quinke in Münster i. W.

durch sein Patent Nr. 75945 gezeigt. Er erreicht dies durch entsprechende Verlängerung der Klappen.

Zum bequemeren Oeffnen der Briefe hat man schon seit längerer Zeit öfter in die Briefumschläge Fäden eingelegt, die als Aufreissfäden dienen. Jos. Schnickmann in Köln a. Rh. hat in seinem Patent Nr. 53689 einen farbgetränkten Oeffnungsfaden angewandt, der zugleich einen stattgehabten Versuch zum Oeffnen des Briefes durch Befeuchten anzeigen soll.

Selbstverständlich können diese sowie andere Fäden gleich in der Maschine durch eine besondere Vorrichtung mechanisch eingelegt werden. Eine solche hat z. B. die Novel Envelope Opener Company in Denver (V. St. A.) unter Nr. 76030 patentiert erhalten. Dieselbe ist jedoch ziemlich zusammengesetzt. Einfacher und auch neuer (Patent 79279) ist die Methode von Walter Grube in Hamburg, welche als „Mit dem Faltmechanismus einer Briefumschlagmaschine in Verbindung stehende Vorrichtung zum Einlegen von Aufreissfäden in Briefumschläge" gesetzlich geschützt wurde. Der Faden wird an die Innenseite einer Kante des Umschlags gelegt und ragt mit den Enden ein wenig über die Kanten hinaus, wie Fig. 114 zeigt. Die Vorrichtung kann direkt an einer Briefumschlagmaschine bekannter Konstruktion angebracht werden. Sie besteht aus einem zum Erfassen des von einer Spule abgezogenen Fadens dienenden Mechanismus, welcher den Faden hält, während derselbe von einer automatisch bewegten Schere auf Länge geschnitten wird; darauf wird der Faden über eine Gummierwalze geführt und in die Umschlagkante gelegt, ehe der Umschlag gefaltet wird, worauf der mit Faden versehene Umschlag einer Transportvorrichtung zugeführt wird.

Fig. 115 zeigt die Vorrichtung in Seitenansicht, Fig. 116 ist ein Grundriss, Fig. 117 ist eine Seitenansicht und zeigt die Vorrichtung in Verbindung mit einer in punktierten Linien angedeuteten Briefumschlagmaschine, wie solche im amerikanischen Patent Nr. 435816 dargestellt ist. Es sind $A A_1$ zwei auf einer gemeinschaftlichen Achse w befestigte Greifer, deren Klauen $a a_1$ beim Passieren von am Gestell angebrachten Anschlägen $y y^1$ geöffnet bezw. geschlossen werden. Die Antriebsvorrichtung zum Bewegen der Greiferarme bezw. der Welle w und der übrigen mit diesen zusammenarbeitenden Mechanismen ist der Deutlichkeit wegen in der Zeichnung weggelassen und kann beliebiger Konstruktion sein. b ist eine Zunge, welche den Faden u von einer Spule u¹ abzieht und quer vor die offenen Greiferklauen a a¹ führt; letztere erfassen beim Drehen in Richtung des Pfeiles I in Fig. 117 den Faden und gelangen vor

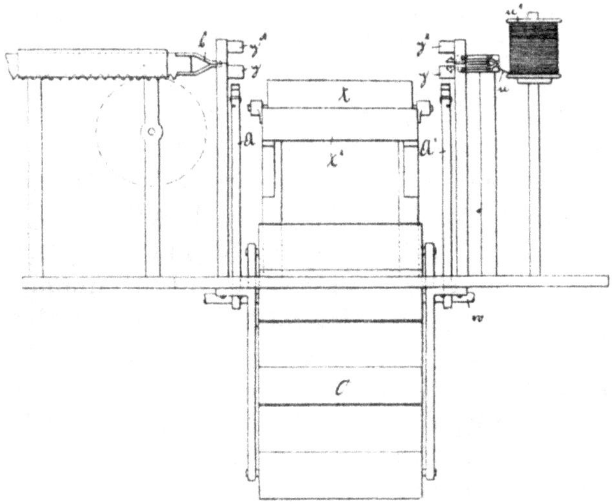

Fig. 115.

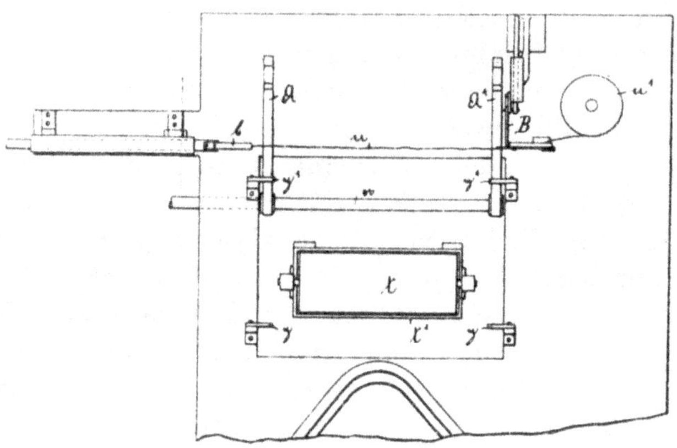

Fig. 116.

die Anschläge y¹, welche das Schliessen der Klauen bewirken, der Faden wird aus der Zange b gezogen, worauf sofort eine vom Antriebsmechanismus bethätigte Schere B vorgeht und den Faden an der Spulseite durchschneidet. Die Greifer gehen in der Richtung des Pfeiles I weiter vorwärts und der Faden passiert die aus einem Troge t¹ mit Gummi versehene Walze t, welche den Faden mit Klebestoff versieht. Die Greiferklauen gehen unter dem zum Ausweichen eingerichteten Anschlag y hindurch und legen den Faden in den auf dem Tisch der Briefumschlagmaschine befindlichen, zum Teil gefalteten Umschlag, worauf derselbe vollständig gefaltet und der Faden ein-

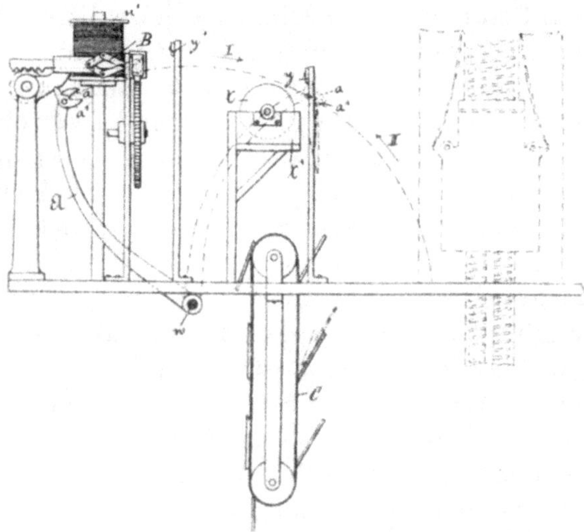

Fig. 117.

geschlossen wird. Wenn der Stempel den Umschlag wieder frei giebt, schwingen die Greifer in entgegengesetzter Richtung zurück (siehe Pfeil II, Fig. 117) und nehmen dabei den jetzt an den Fäden hängenden Umschlag mit, bis sie in die in Fig. 117 punktiert angedeutete Lage gelangen, wo die Klauen von den jetzt Widerstand leistenden Anschlägen y geöffnet werden und dadurch den Umschlag mit dem Faden frei geben. Derselbe fällt dann in die taschenförmigen Klappen der Transportvorrichtung C. Nach Passieren des Anschlages y kehren die Greifer in ihre Anfangsstellung zurück.

Da die Briefumschlagmaschinen aller Konstruktionen im allgemeinen sehr schnell arbeiten, so kommt es zuweilen vor, dass der Umschlag nicht richtig liegt, dadurch falsch gebrochen wird und er die Maschine dann verstopft und Ursache zu weiterem Ausschuss wird. Es empfiehlt sich daher sehr, die selbstthätig wirkenden Ausrücker zu benutzen, von denen es eine Anzahl verschiedener Konstruktionen giebt. Es seien hier nur einige namentlich aufgeführt, aber nicht näher beschrieben. Der älteste, der sogar ein elektrischer ist, rührt von Carl Blanke in Barmen her und ist diesem unter Nr. 46 179 gesetzlich geschützt. Unter Nr. 66517 ist Jul. Liebhardt, ebenfalls in Barmen, eine selbstthätige Ausrückvorrichtung für Briefumschlagmaschinen patentiert worden, die darauf beruht, dass die den Umschlag in den Sammelapparat leitenden beweglichen Führungsschienen diesen Umschlag an Gegenschienen anpressen, hierdurch diese letzteren, wenn das Couvert zusammengeballt ist, aus ihrer Normallage verdrehen und durch diese Drehung unter Vermittelung von Zugstangen u. s. w. einen Gewichtshebel zu Fall kommen lassen, der dann die Ausrückung bewirkt.

Auf ähnlichem Gedanken beruhend hat auch Ernst Pott in Barmen eine Einrichtung konstruiert, die ihm unter Nr. 68 613 des D. R. P. gesetzlich geschützt worden ist.

Zum Schluss des ganzen Abschnittes über Couvertfabrikation sei nur noch angeführt, dass durch die immer weiter fortschreitende Ausbildung dieser Spezialität der Papierverarbeitung und die dadurch notwendigerweise herbeigeführte Verbilligung des ganzen Artikels ein Uebelstand sich bemerkbar gemacht hat, nämlich die Benutzung immer dünneren Papieres zu den Umschlägen. Wenn auch in der Neuzeit häufig bunte Papiere, besonders grüne und blaue, zur Verwendung kommen, die im allgemeinen das Durchscheinen weniger bemerkbar erscheinen lassen, so erhöhen andererseits der reichliche Zusatz von Strohstoff und Cellulose zu den für Couverts meist gebräuchlichen billigen Schreibpapieren die Transparenz umsomehr. Indiskretionen sind bei Benutzung dünner Couverts gar nicht zu vermeiden. Besonders bei billigen hat man daher zu dem Mittel gegriffen, die eine Seite des Papiers, die später die Innenseite des Couverts bildet, mit einem meist blauen oder grauen Muster zu bedrucken oder auch die Innenseite gleichmässig mit einer das Papier undurchsichtig machenden Farbschicht zu bestreichen, mit einem Wort Buntpapier zur Herstellung von Briefumschlägen zu verwenden. Besser oder feiner ist es freilich, genügend starkes Papier dazu zu nehmen, doch wo dies wegen des anzulegenden Preises nicht geht, genügt auch der oben beschriebene Ausweg.

5. Die Düten- oder Papiersack-Fabrikation.

Ebenso wie die Papierumschlag - Fabrikation hat in den letzten zwanzig Jahren die Dütenfabrikation einen ganz bedeutenden und niegeahnten Aufschwung genommen. Die erste Arbeit jedes Kaufmannslehrlings, worunter natürlich nur der Detaillist zu verstehen ist, war früher die Erlernung der Herstellung der im Geschäft nötigen Düten.

Dieselbe geschah in allen ihren Einzelheiten nur mit der Hand und nahm dem betreffenden jungen Mann einen ganz beträchtlichen Teil seiner Zeit weg, den er jetzt zur schnelleren und besseren Ausbildung seines eigentlichen Berufes notwendiger gebrauchen kann und auch meist gebraucht.

Ob die seit damals eingeführte Abkürzung der Lehrzeit allein mit dem Wegfall dieser Arbeit zusammenhängt, sei hier nicht erörtert, genug sie ist Thatsache. Eine weit entwickelte und mit komplizierten Maschinen arbeitende neue Industrie nimmt dem Kaufmanne diese Mühe ab; sie stellt eine so ungeheuere Menge Düten und Papiersäcke in den verschiedensten Formen und Sorten her, und zwar zu den möglichst billigsten Preisen, dass es wohl keinem Dorfkrämer mehr einfallen wird, sich die nötigen Verpackungshüllen selbst herstellen zu wollen.

Wie erwähnt, sind aber die Maschinen, welche die verhältnismässig einfache Handarbeit ersetzen, durchaus nicht einfach, und wenn auch im Laufe der Zeit durch eine sehr grosse Anzahl von Erfindern die Konstruktionen etwas vereinfacht wurden, so wuchsen andererseits die Ansprüche an die Düten und deren Ausstattung immer mehr, so dass die Anzahl der patentierten Neuerfindungen oder Verbesserungen denen für die Couvertfabrikation ungefähr gleichkommt, und es unmöglich wäre, jede der vielen Veränderungen zu beschreiben oder nur zu erwähnen.

Im Voraus muss erwähnt werden, dass es der äusseren Gestalt nach zwei Hauptgruppen von Düten giebt, nämlich dreieckige und viereckige oder Spitzdüten und Papiersäcke, auch Beutel genannt. Dabei kann man noch flache Spitzdüten und Papiersäcke, sowie andererseits Faltenbeutel mit gefalteten Seiten und Böden unterscheiden. Die dazugehörigen Herstellungsmaschinen sind natürlich auch entsprechend verschieden, und richtet sich ihre Konstruktion zum Teil auch darnach, ob die Düten aus einzelnen Blättern oder fortlaufend aus Papierrollen gemacht werden sollen. Schon bei der ältesten und ersten Konstruktion einer Dütenmaschine wurde Rollenpapier angenommen, wie aus der folgenden Beschreibung zu ersehen ist, zu deren Erläuterung die Fig. 117 bis 138 dienen.

Vor mehr als zwanzig Jahren, 1877, wurde Herrn Hermann Hölscher in Lengerich i. W. das erste deutsche Reichspatent Nr. 130 auf eine Dütenmaschine erteilt, welches in Folgendem wiedergegeben ist, weil es, wie gesagt, das erste dieser Art ist, und, abgesehen von einigen wenig verbreiteten Apparaten, die nur einen oder mehrere der bei der Dütenfabrikation notwendig werdenden Arbeitsprozesse vollführen, überhaupt noch nichts derartiges existierte. Die Maschine stellte die bekannten „Spitzdüten“ her, und zwar waren die Hauptoperationen derselben folgende:

1. Die periodisch erfolgende Zufuhr des Papieres resp. Abwickelung desselben von der Vorratsrolle A.

2. Das Bedrucken des Papieres mit dem Firmenstempel, mit Geschäftsanzeigen u. s. w.

3. Das Auftragen des Klebstoffes auf einer Seite (in Fig. 136 bei 2, 2^1, 2^2) des Papiers.

4. Das Falzen des Papieres parallel einer Seite (nach 3, 3 in den Skizzen).

5. Das Abschneiden des zu einer Düte gehörigen Papierstückes nach der Linie 2^1, 4.

6. Die Erzeugung der Bruchlinie 4, 4 (Falz in schräger Richtung).

7. Zusammenkleben der Kanten bei 3, 3 und 4, 2^3 (Fig. 137 und 138, sowie geregelte Abführung der erzeugten fertigen Düten.

Die absatzweise Zufuhr des auf der Vorratswelle A aufgewickelten Papiers, dessen Breite von der jeweiligen Grösse oder herzustellenden Düten abhängt, geschieht mittelst eines periodisch hin- und herbewegten Schlittens a, mit welchem die Teile a^1, c und d fest verbunden sind (Fig. 118 und 119). Dieser Schlitten a, ein ausgebreitetes und, wie Fig. 118 punktiert angiebt, gestaltetes Gussstück, gleitet in Nuten b Fig. 119), welche seitwärts in die beiden oberen Wangen B des Hauptgestelles C eingegossen sind. An ihm sind die schräg nach oben gehenden Hörner a^1 befestigt; dieselben tragen mittelst Querschiene a^2 die schwachen, nach dem hinteren Ende der Maschine zu sich erstreckenden Winkeleisen c, an die vorn eine stählerne Platte e angeschraubt ist. Ferner wird zwischen genannten Hörnern, durch Stellschrauben d^2 gehalten, eine Welle f getragen, um welche sich innerhalb gewisser Grenzen ein Winkel d dreht. Diese letzteren genannten Teile bewirken das Festhalten des vorderen Papierrandes 3, 2 auf die Weise, dass sich der Winkel d mit seinem vorn rechtwinklig angebogenen Arme auf jenes durch den später zu erwähnenden Umfalzapparat um die Platte e umgelegte Ende 3, 2 aufliegt. Zwecks sicherer

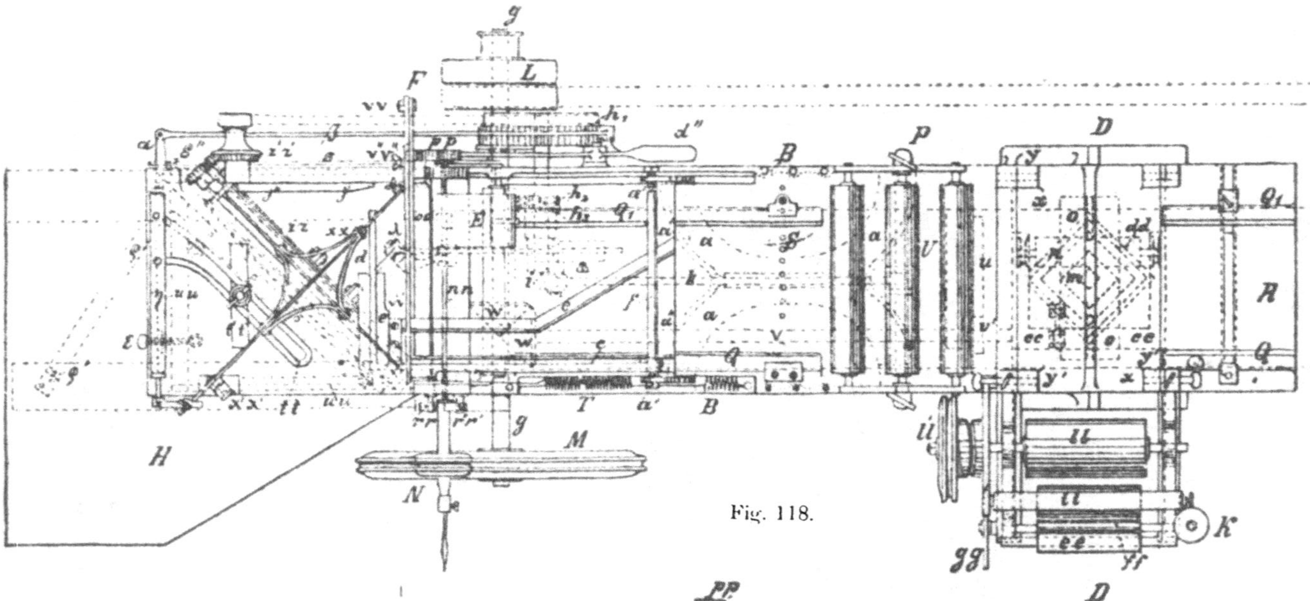

Fig. 118.

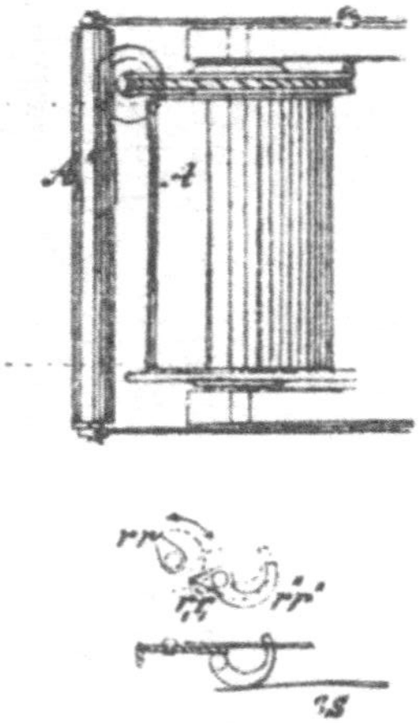

Fig. 130.

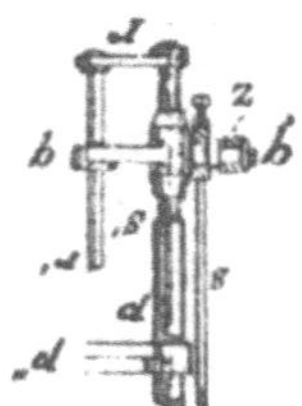

Fig. 120.

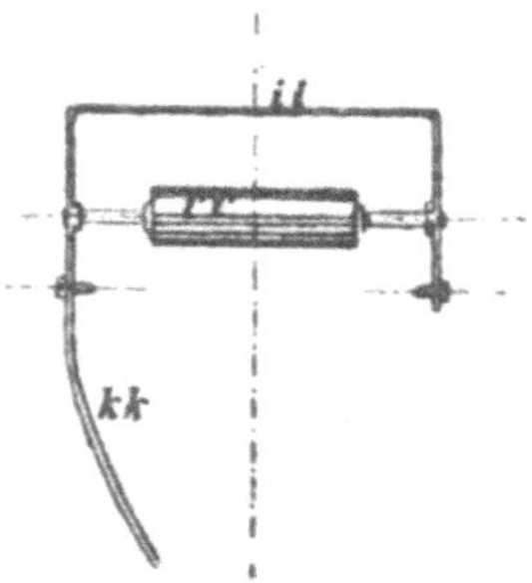

Fig. 121.

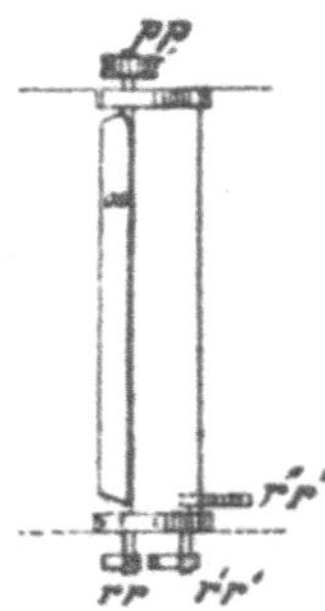

Fig. 127.

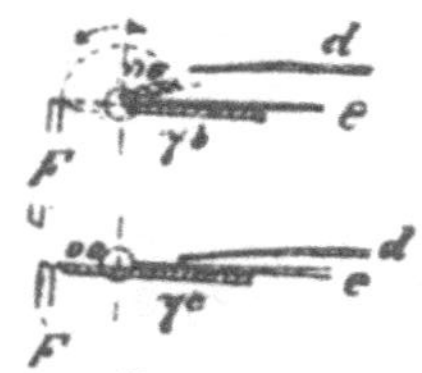

Fig. 129.

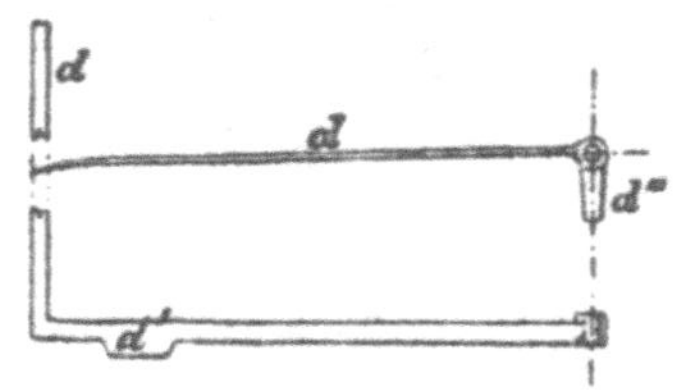

Fig. 131.

Fassung des umgefalteten Papiers durch den Winkel d ist an demselben, nach unten gerichtet, noch ein kurzer Arm d^3 (Fig. 119 und 131) angeschmiedet. Derselbe wird durch einen Schlitz der Zugstange a^5 (Fig. 119) umfasst, welche ihrerseits nach einem kurzen Hebel a^4 hinführt. Dieser ist gleich dem Arme a^3 als festsitzend auf der durch untere Knaggen des Schlittens a hindurchgehenden Welle U zu denken. Der Hebel a^4 gestattet eine nur unbedeutende Drehung der Welle; sein Zweck ist Vermehrung des durch den an den Winkel d angebogenen Arm auf das umgelegte Papierende ausgeübten Druckes. Zieht nämlich die Schubstange k den Arm a^3 nach links an, so bewegt sich a^4 um ein geringes nach rechts und presst mittelst der Zugstange a^5 und des Hebels d^3 den Winkel d vorn aufs Papier.

Die Bewegung des Schlittens a und sämtlicher mit ihm zusammenhängender eben erwähnter Teile erfolgt von der Antriebswelle g aus durch Vermittelung der Zahnräder h, h^1 h^2, h^3, einer auf der Welle des letzten Rades h^3 sitzenden Schlitzkurbel i, einer Lenkstange k und eines mit dem Schlitten a fest verbundenen Armes a^3. (Vergleiche Fig. 118, 119 und 124.) Die den Rädern h^1, h^2 und h^3 gehörigen kurzen Wellen sind einesteils in dem einen Ständerteil C, anderenteils in dem angeschraubten Unterstützungsbock l (Fig. 124) gelagert. Beachtet man, wie aus Fig. 119 und 126 deutlich hervorgeht, dass das Rad h^2 nicht auf seinem ganzen Umfange, sondern nur auf $^2/_3$ desselben gezahnt ist, dass aber infolge der gekennzeichneten Räderzusammenstellung h^2 stetig umläuft, so ist ersichtlich, dass das von h^2 getriebene kleinere Rad h^3 bei jedem Umgange von h^3 während $^1/_3$ der Umlaufszeit dieses Rades in Stillstand versetzt wird, dass während dieser Zeit also auch der Schlitten a seine hin- und hergehende Bewegung unterbricht . Der Zapfen der geschlitzten Kurbel c sitzt an einem in den Schlitz der Kurbel eingearbeiteten Gleitstück, welches mit Hilfe der Schraube i^1 mehr oder weniger weit von der Welle entfernt eingestellt werden kann, d. h., welches einer Vergrösserung oder Verringerung des Radius der Kurbel, also auch des Hubes des Schlittens ermöglicht. Auch die Lenkstange k lässt eine Veränderung ihrer Länge zu.

Man hat sich nun, wie hier der Erleichterung des Verständnisses wegen vorweg bemerkt werden möge, vorzustellen, dass der Schlitten, wenn in seiner (mit Bezug auf die Zeichnung) rechten Endlage angelangt, mittelst des beschriebenen

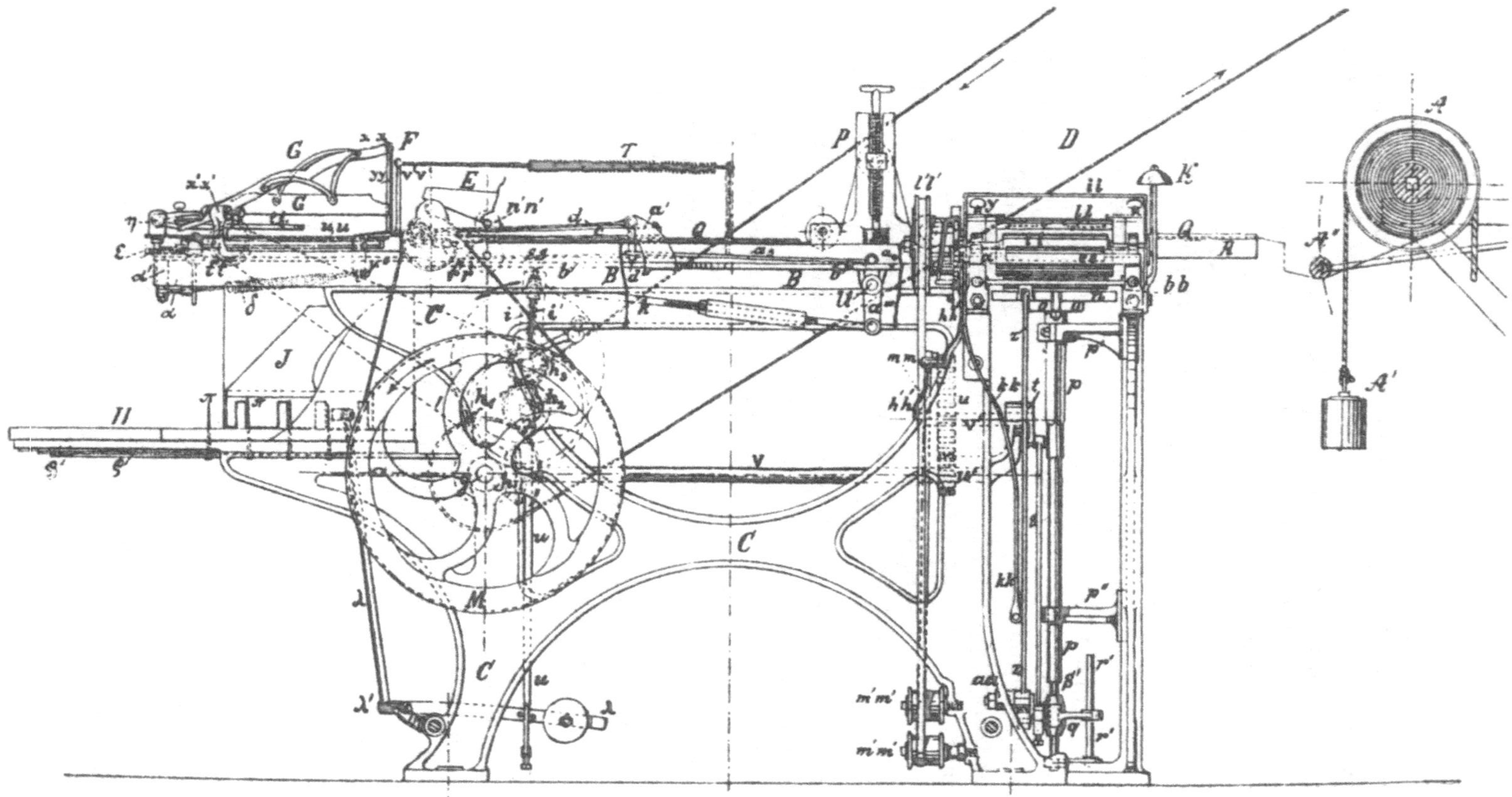

Fig. 119.

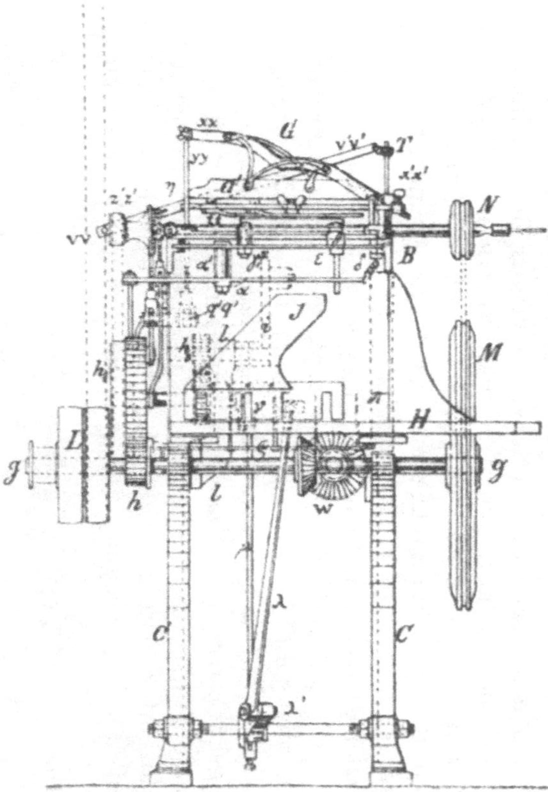

Fig. 124.

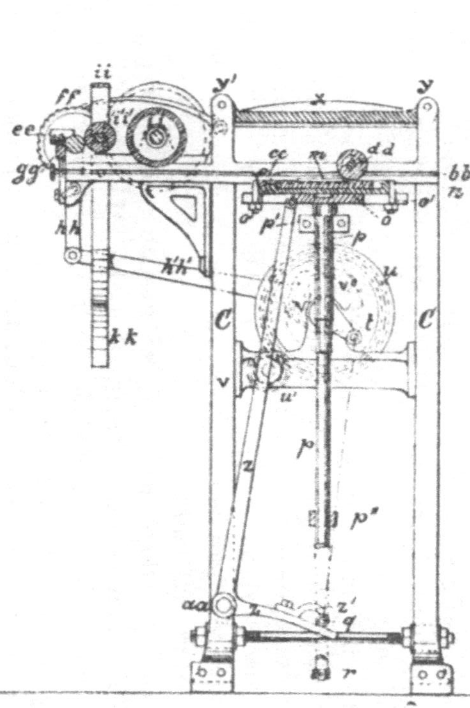

Fig. 123.

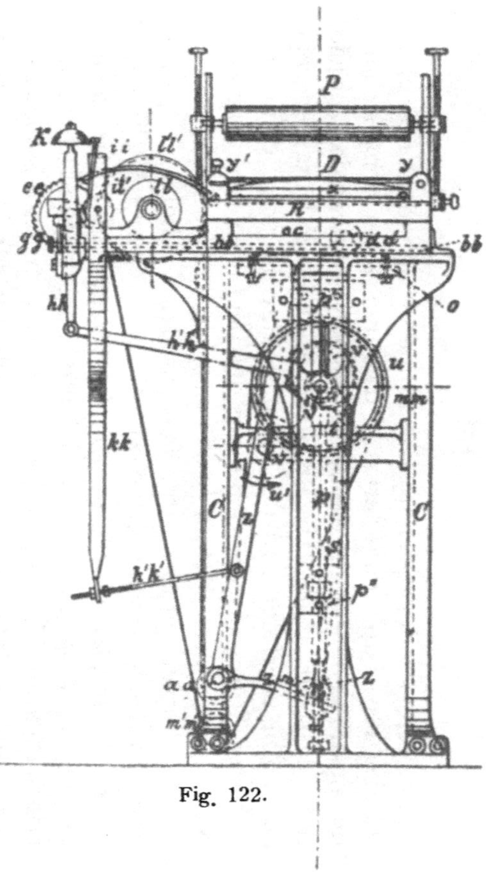

Fig. 122.

Festhaltungs- oder Greifapparates de während seines Stillstandes das Papierende erfasst, dasselbe sodann nach links hin in die andere Endstellung führt, sich dann wieder zurückzieht, dass darauf das Abschneiden des zu einer Düte gehörenden Papiers erfolgt und der Greifapparat de vor Beginn der nächsten Bewegung des Schlittens das neue Papierende erfasst. Noch ist der drei Walzen bei P zu gedenken, um welche herum das Papier geführt wird. Die aus der Zeichnung, Fig. 118 und 119, leicht verständliche Anordnung der drei Walzen von denen die mittlere obere in der Höhenlage verstellbar ist, bezweckt die Möglichkeit, eine leichte, genaue Einstellung des Druckapparates herbeizuführen, und zwar in dem Sinne, dass der Druck, welcher also auf das noch mit der Vorratsrolle in Zusammenhang stehende Papier erfolgt, sich mit der aus der Maschine herauskommenden Düte auch an der rechten Stelle befinde.

Das mit einem im Gestell befestigten Seil über eine Randscheibe der Vorratsrolle A liegende frei herabhängende Gewicht A^1 soll eine gewisse Bremsung bezw. geringe Anspannung in das abzuwickelnde Papier bringen. Die kleinere, in einem schwingenden Rahmen gelagerte Walze a^2 dient zur Regulierung dieser Anspannung.

Das Bedrucken des Papieres geschieht mittelst des den (der Zeichnung nach) rechten Teil der Maschine bildenden Druckapparates D während der Stillstandsperioden des Schlittens, also auch des gesamten Papiers.

Als wesentlicher Teil tritt hier der Drucksatz (Schrift) bezw. das Cliché m auf (Fig. 123), enthalten und festgestellt in dem quadratischen Satzrahmen n, welcher seinerseits durch Schrauben o^1 auf einer rechteckigen Unterplatte o fixiert wird. (Vergleiche Fig. 118, 119, 122 und 123.) Da die Schrauben in Schlitzen durch o hindurchgehen (vergleiche Grundriss Fig. 118), so ist auf diese Weise innerhalb gewisser notwendiger Grenzen eine etwa wünschenswerte Längenveränderung von n gegen o möglich gemacht. Die Unterplatte o steht in festem Zusammenhang mit der Stempelstange p, oben quadratischen, unten kreisförmigen Querschnittes. Auf letzterer, die sich in Führungsböcken p^1 und p^2 bewegt, gleitet mittelst einer Büchse ein Querstück q, während andererseits an sie ein Arm r, welcher einen das Stück q führenden Stift r^1 trägt, angeschlossen ist. Die Auf- und Abbewegung des Querstücks q geschieht durch

Lenkstange s, Kurbel t, das Stirnräderpaar u, u^1, die Welle v und das Kegelräderpaar w w von der Antriebswelle g aus (vergleiche Fig. 118 bis 123). Während die Hülse des Querstücks q beim Durchlaufen des untersten Wegteiles der Kurbel auf dem Stempel p gleitet, letzterer also in Ruhe verharrt, wobei sich sein oberer Teil mit einem Absatz auf den Führungsbock p^1 aufsetzt, stösst sie beim weiteren Aufwärtsgang an einen Absatz s^1 der Stempelstange p und nimmt sie samt den oben auf ihr ruhenden Druckplatten m, n, o nach oben mit, d. h. presst letztere gegen das an einer starken Druckplatte x einen Widerhalt findende zu bedruckende Papierstück, vollführt also den Druckprozess. Die Deckplatte x ist mit Stiften an vier Aufsätze y des Gestelles angeschlossen und lässt sich durch Herausnahme zweier derselben bei y^1 y^1 leicht entfernen (was sich beim Einstellen eines neuen Drucksatzes, Schrift bezw. Clichés, als notwendig erweist). An dem schon erwähnten Querstück q greift ferner das kurze, schlitzartig gestaltete untere Ende eines Winkelhebels z an, welcher bei a a am Gestell seinen Drehpunkt hat, mit seinem oberen Ende aber durch Vermittelung einiger Scharnierstücke (Fig. 118 und 122) einen rahmenförmigen, flachen, in Nuten bb des Gestelles gleitenden Schieber c c in Bewegung setzt, welcher die Lager der den Drucksatz färbenden (in der Regel schwärzenden) Walze d d enthält (Fig. 123.)

Wie aus der Gestalt des kurzen Hebelarmes des Winkelhebels z hervorgeht (vergleiche Fig. 122), besitzt auch dieser gewisse Ruhepausen und zwar entgegengesetzt denen der Stempelstange p, in den Zeitteilen, während welcher die Kurbel den obersten Teil ihres Weges zurücklegt, d. h. also auch währenddem der Druckprozess vollzogen wird. Die oben erwähnte Ruhepause des Winkelhebels L und damit der Hauptfarbewalze (Auftragwalze) d d tritt, wie Fig. 122 klar erkennen lässt, in dem Augenblick ein, wo der Zapfen bei z an der Traverse q (Fig. 119) die Nase z^1 des Winkelhebels z (Fig. 123) verlässt.

Die übrigen Bestandteile des Druckapparates D dienen in der Hauptsache dem Zwecke des regelmässigen Anfärbens (Versorgung mit Druckerfarbe) der auf die eben beschriebene Weise periodisch über die Schrift hin- und herbewegten Auftragwalze d d. So enthält der Behälter e e die Druckfarbe; aus ihm entnimmt sie die Leckwalze f f, welche mittelst Sperrrad g g, Hebel h h mit Sperrklinke und Excenterstange h^1 h^1

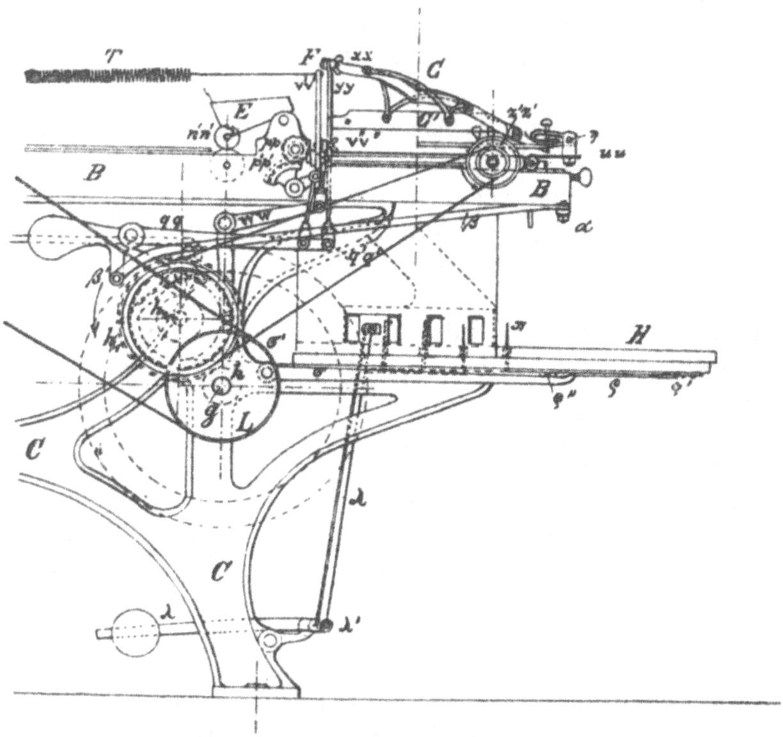

Fig. 125.

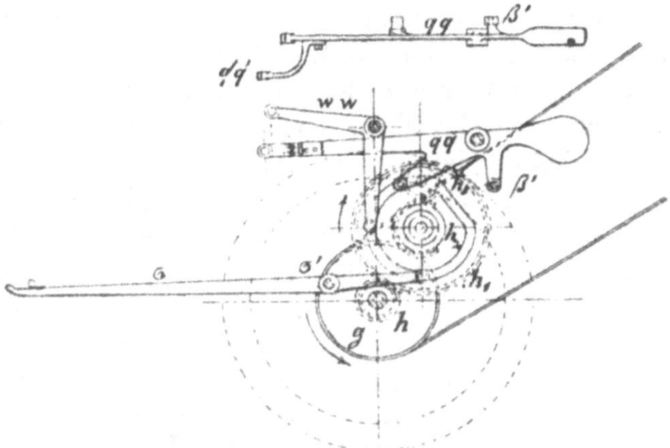

Fig. 126.

sowie eines auf der kurzen Welle v^1 (Fig. 119) sitzenden Excenters v^2 eine sehr langsame Drehbewegung erhält und giebt sie an die in einem Rahmen i i (Fig. 121) gelagerte Zwischenwalze i^1 i^1 ab, welche ihrerseits zwischen der Leckwalze und dem gleichzeitig rotierenden und in Richtung der Längsachse sich langsam hin- und herschiebenden gusseisernen Cylinder l l hin- und herpendelnd, die Farbe auf letzteren überträgt resp. gleichmässig verteilt, damit sie von ihm aus die regelmässig bis zu ihm zurückkehrende Auftragwalze d d speisen kann. Der

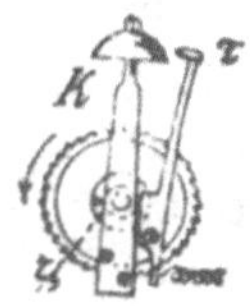

Fig. 132.

Fig. 133.

Fig. 135.

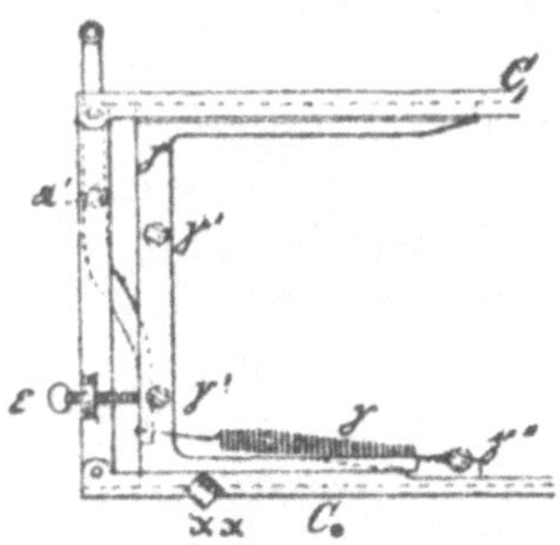

Fig. 134.

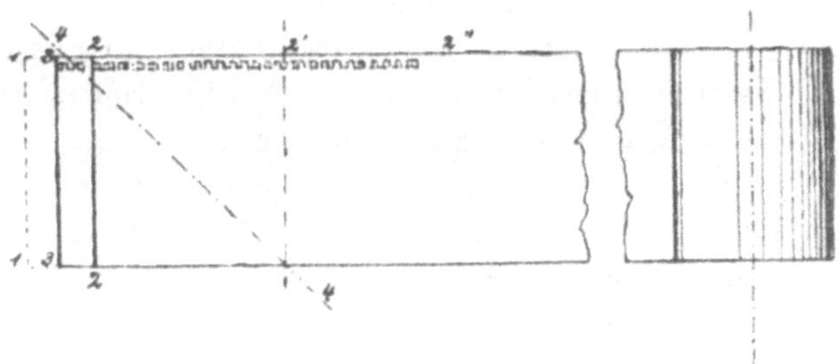

Fig. 136.

Rahmen i i besteht nämlich mit dem gekröpften Hebel k k aus einem Stück (Fig. 121) und bekommt durch die Zugstange k^1 k^1 (Fig. 122) von dem vorgenannten Hebel z aus eine langsam schwingende Bewegung. Seine Drehbewegung empfängt der Cylinder l l durch Vermittelung der auf seiner Achse sitzenden Riemenscheibe l^1 l^1 und der Leitrollen m^1 m^1 von der mit dem bereits erwähnten Zahnrade u aus einem Stück gegossenen Riemenscheibe m m aus, während seine in Richtung der Längenachse schwingende Bewegung durch eine mit l^1 l^1 verbundenen Scheibe und Kurvennut und einen am Gestell festen, in die Nut eingreifenden Stift bewirkt wird.

3. Das Auftragen des Klebstoffs auf das Dütenpapier ist eine Operation, welche mit dem noch mit der Vorratsrolle in Zusammenhang stehenden Papier auf seinem Wege vom Druckapparat D nach dem Schneideapparat F vorgenommen wird. Es handelt sich einfach um Bestreichen des einen Randes des Papierstreifens Fig. 136) mit dem Klebstoff; dies geschieht durch den in Fig. 118, 119 und 125 mit E bebezeichneten Klebapparats, ein einfaches Blechgefäss, welches einerseits auf einer Welle n n drehbar und ververschiebbar aufgesetzt ist, andererseits auf einem Rädchen n^1 n^1 ruht. Letzteres taucht von unten her in dem im Gefäss befindlichen Klebstoff ein, nimmt eine Schicht desselben, deren Dicke durch einen kleinen Schieber bestimmt wird, auf seinen Umfang auf und überträgt ihn an der betreffenden Stelle auf das durch die Maschine darunter weggezogene und durch seine Rauheit das vorgenannte Rädchen in Umdrehung versetzende Papier.

4. Das Falzen geschieht in der Richtung 3, 3 (Fig. 135 und 136) und bezweckt das Umklappen des Streifens 1, 1, 3, 3 um die Kante 3, 3 in die Lage 2, 2, 3, . . Es sei vorausbemerkt ,dass sich während des Falzprozesses der Schlitten in seiner äussersten Position rechts befindet, die gerade vordere Kante e also um ein geringes hinter der Drehachse des Falzmessers o o (Fig. 127, 128 und 129) steht. Stellt man sich nun vor, dass das Papier bis zur Schnittebene F F des Schneideapparates vorgerückt sei, dass ferner erwähntes Falzmesser sich um seine Achse um nahezu 180° drehe (Fig. 128), so wird dadurch das Papier um die vordere Kante der Platte e aus der Lage 3, 1 in diejenige 3, 2 herumgeklappt werden (Fig. 135 und 136); wenn alsdann sofort der Winkel d (Fig. 128 und 129), welcher sich inzwischen um einen gewissen Betrag nach oben bewegt hat, auf die entstandene Falte niederfällt (Fig. 128), so wird das Falzmesser o o wieder zurückgehen können, ohne dass die eben gebildete Falte eine Veränderung erleidet.

Zum Zwecke der Vollführung der angedeuteten Drehbewegung des Falzmessers o o sitzt auf der Achse desselben ein kleines Stirnrad p p (Fig. 125, 118 und 127); in dasselbe greift ein mit einem Winkelhebel in Verbindung stehender Zahnsektor p^1 p^1 ein, welcher eine pendelnde Drehung um seine Achse durch Vermittelung einer in ihrer Lage verstellbaren kurzen Zugstange und eines mehrfachen Hebels q q (Fig. 126) von dem

Zahnrad h^2 aus enthält, auf dessen einer Seite (Fig. 125 die vordere) eine Nute eingegossen ist, in der ein Arm des genannten Hebels q q gleitet.

Die rechtzeitige Hebung und Senkung des Winkels d wird von der oben beschriebenen Drehung des Falzmessers o o auf folgende Weise abgeleitet: Auf der Welle des letzteren sitzt ein Daumen r r (Fig. 118, 127 und 130). Dieser trifft bei seiner Drehung auf einen zweiten Daumen r^1 r^1, welcher in Verbindung steht mit einem gekrümmten Hebel r^2 r^2, dreht diesen nach oben (d. h. von rechts nach links), und ist imstande, da sich vertikal über r^2 r^2 eine Verbreiterung d^1 (Fig. 131) des Winkels d befindet,, letzteren um den wünschenswerten Betrag zu heben. Während seines Stillstandes ruht der gekrümmte Hebel mit Rücksicht auf das Wiedereinschlagen des Daumens r r, an dem anderen r^1 r^1, beim Rückgange des ersteren auf einer am Innenrand des Gestelles angebrachten schwachen Stahlfeder s s (Fig. 119 und 130).

Hat sich der Schlitten a mit dem durch die Falte an ihm gleichsam befestigten Papier in seine äusserste Lage nach vorn bewegt, so schiebt er sich so weit unter ein an einem geschlitzten Arm t t stellbar angeschraubtes Beschwerstück t^1 t^1 (Fig. 118 und 119), dass die von letzterem ausgeübte Gewichtswirkung genügt, in Zusammenwirkung mit der darunter liegenden schwach geriffelten Platte u u (Fig. 118, 119 und 125) das Papier in diese Lage, unbeschadet des Rückganges des Schlittens a, der Platte e und des Winkels d festzuhalten. Sowie letztere Teile ihre frühere Stellung wieder eingenommen haben, erfolgt:

5. D a s A b s c h n e i d e n des zu einer Düte gehörenden Papierstückes durch den Schneideapparat F. Zu demselben gehören als wesentlich das im Gestell festgelagerte untere Messer und das bei v v im letzteren drehbar gelagerte bewegliche Schneidemesser v^1 v^1 (Fig. 118, 119, 124, 125). An letzteres ist bei v^2 v^2 eine kurze, in der Länge veränderbare Zugstange angeschlossen, welche die durch die bereits erwähnte Nut im Zahnrade h^2 veranlasste schwingende Bewegung des Hebels w w auf das Schneidemesser überträgt, letzteres rechtzeitig schnell ab- und wieder emporführend, d. h. den Schneideprozess ausübend (Fig. 124, 125). Damit stets ein hinreichend scharfer, glatter Schnitt bewirkt werde, ist am vorderen Ende des Schneidemessers eine Spiralfeder T angebracht, welche ersteres

mit einer den Verhältnissen angemessenen Spannung nach rechts (in Fig. 119) hinzieht.

Sofort nach wieder erfolgtem Aufgang des Messers geschieht

6. Das Erzeugen der schrägen Bruchlinie 4, 4 (Fig. 136). Diesem Zweck dient der grössere Falzapparat G, ein der Form nach geschwungener Hebel x x (Fig. 118, 119, 124, 125), mit welchem durch vier gebogene Verbindungsstangen das stählerne Falzmesser G^1 fest verbunden ist. Der Hebel, dessen Drehpunkt bei $x^1 x^1$ in einem mit dem oberen Gestellteil B zusammengegossenen Aufsatz liegt, steht durch eine ebenfalls in der Länge verstellbare Zugstange y y und durch ein angeschraubtes Winkelstück $q^1 q^1$ in Verbindung mit dem schon oben erwähnten Hebel q q (Fig. 125, 119, 124), nimmt also

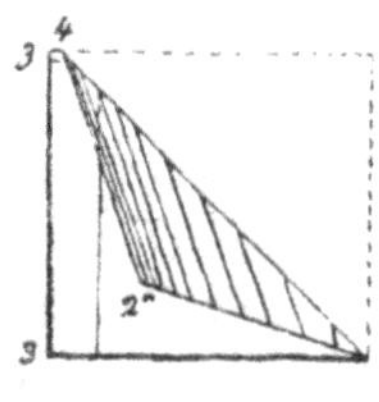

Fig. 137.

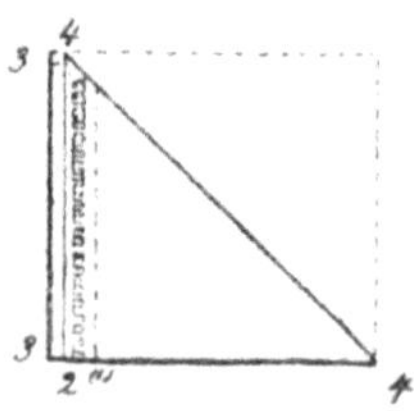

Fig. 138.

Fig. 139.

an der durch die mehrerwähnte Nuth r r eingeleiteten periodischen Schwingung, die sich als einmaliger Nieder- und Aufgang des Falzmessers G äussert, teil.

Die beabsichtigte Erzeugung des Bruches erfolgt dabei, wie der Grundriss (Fig. 118) und die Einzelzeichnung (Fig. 133) lehrt, auf die Weise, dass sich das Falzmesser G bei seinem Niedergange zwischen das Walzenpaar Z Z hineinsenkt und dabei das zwischen sich und den Walzen liegende Papier mitnimmt.

7. Das Kleben und die Abführung der Düten.

Da das Walzenpaar Z Z infolge des Eingriffes ihrer Stirn rädchen in das konische Rad $Z^1 Z^1$, welches, wie Fig. 118 123 und 124 darlegen durch Riemenantrieb von der Welle des Zahnrades h^2 aus in Umdrehung versetzt wird, in ziemlich schneller Rotation befindlich ist, so erfassen in dem Augenblicke des tiefsten Standes des Falzmessers G^1 die Walzen das durch jenes zwischen sie hineingeführte Papier bei der

Bruchkante und führen es nach unten. Dabei erfolgt das Aufkleben der mit Klebstoff versehenen Kante 3, 2^3 auf diejenige 3, 3 (Fig. 136, 137). Die Lager der hinteren Walze stützen sich zur Erzielung einer gewissen Nachgiebigkeit gegen eine unter der geriffelten Platte u u an einem Gestellteil angeschraubte Blattfeder. Damit der Bruch 4, 4 nicht direkt in eine Ecke auslaufe, also nicht Düten mit scharfen Spitzen entstehen, sondern solche mit einer stumpfen (Fig. 136 und 137), ist es erforderlich, dem Papier noch vor der Einwirkung des Falzmessers G^1 eine geringe Vorwärtsschiebung (also nach links in Fig. 118 und 119) zu erteilen. Dies wird erreicht durch Rückwärtsbewegung der ganzen geriffelten Platte u u, auf der das Papier aufliegt und mit welcher auch das, letzteres von oben her belastende Beschwerstück t^1 t^1 in Verbindung steht. Die Rückwärtsbewegung von u u und der mit ihr von t^1 t^1 wird durch Vermittelung des doppelarmigen Hebels a, dessen Drehpunkt bei a_1 gelegen ist (Fig. 118, 119, 124 und 125) und der längeren Zugstange β von dem senkrecht nach unten gehenden kurzen Arm β^1 des mehrarmigen Hebels q q auf folgender Weise abgeleitet:

An dem in Nuten des Gestelles B B gleitenden flachen Rahmen y (Fig. 119 und 134), auf welchem mittelst Stahlbolzen y^1 y^2 die vorerwähnte geriffelte Platte u u befestigt ist, greift an dem nach unten verlängerten Bolzen y^2 eine Spiralfeder δ an Fig. 119 und 124), welche andererseits an einem Ende des genannten doppelarmigen Hebels a befestigt ist und gleichsam eine elastische Zugstange zwischen a und y bildet. Die Nachgiebigkeit derselben bezweckt die Möglichkeit einer Hubveränderung jenes Rahmens y. Je nachdem man die Dütenspitzen mehr oder weniger abzustumpfen wünscht, ist der Hub grösser oder kleiner einzustellen. Dies geschieht durch weites oder weniger weites Vorschrauben eines Anstossstiftes E. Der Hebel a behält nach wie vor den gleichen konstanten Hub; verringert man jenen des Rahmens y, so äussert sich der durch den Hebel ausgeführte Zug in einer Streckung der, wie erwähnt, als elastische Zugstange aufzufassenden Feder δ

Um dem Walzenpaar Z Z das Erfassen des ihm beim Niedergang des Falzmessers G^1 gebotenen Dütenpapiers zu erleichtern, erfolgt durch Einwirkung eines den Arm x x über den Drehpunkt x^1 x^1 hinaus verlängernden kleinen Ansatzstückes auf einen federnden Arm, der zwischen ihren beiden

Lagern flach ausgeschmiedeten und mittelst schlitzfömrigen Teiles t t das Beschwerstück t^1 t^1 tregenden Welle η · eine geringe Hebung von t t und damit Freilassung des Papiers.

Das letztere passiert die Walzen, gelangt dabei vertikal abwärts und verlässt die letzteren, um als fertige Düte auf einen an Armen des Gestelles C festgeschraubten Tisch H aufzufallen. Hier angelangt, wird dieselbe durch ein periodisch durch Vermittelung eines eigenartigen Winkelhebels λ und einer Schubstange μ von einer auf der Welle der Zahnräder h^2 und h^1 sitzenden kleinen Kurbel v (Fig. 118 und 123) nach vorn bewegtes Schiebeblech J (Fig. 119 und 124) ein Stück vorgeschoben, um der folgenden Düte Platz zu machen. Das Schiebeblech läuft, wie in der Zeichnung nicht näher angegeben, auf Röllchen. Die durch die im Tisch befindlichen Löcher hindurchragenden Zinken π haben den Zweck, die auf ihrer längsten Kante stehenden, auf die eben beschriebene Weise vorgeschobenen Düten in dieser ihnen von dem Schiebeblech J, welches sich sofort wieder zurückbewegt, angewiesenen Lage stehend zu erhalten.

Damit sie während des folgenden Vorschiebens der Düte die Bewegung derselben nicht hindern, steigen die Zinken inzwischen bis unter die Tischebene abwärts, um sofort nach dem erfolgten Darüberhinweggleiten der Düte wieder emporzukommen. Die so gekennzeichnete Bewegung der Zinken π, welche auf einem Flacheisenwinkel ς, der seine Drehachse in einem Schaniere ς^1 hat, aufgenietet sind, erfolgt ebenfalls von der schon mehrfach erwähnten Nut r r aus, und zwar mit Hilfe des längeren doppelarmigen Hebels σ, um σ^1 sich drehend, auf welchem sich jener Winkel ς mit einem Stift ς^2 auflegt.

Es erübrigt noch, hinzuzufügen, dass sich am Druckapparat D ein Zählwerk K (Fig. 132) angeordnet findet, dem die Aufgabe zufällt, nach Fertigstellung der hundertsten Düte ein hörbares Zeichen zu geben. Zu dem Ende besteht das Zählwerk aus einer Glocke, an welche ein Hammer τ nach Eintritt des angegebenen Termins anschlägt. Der Hammer sitzt an einem Hebel ξ, welcher von einem auf der Achse der Leckwalze f f sitzenden Stirnrädchen φ nach jeder Umdrehung desselben (d. h. nach hundert Umdrehungen des Zahnrades h^2) einmal zurückgedrückt und durch die Kraft einer kleinen Spiralfeder mit dem Hammer gegen die Glocke geschnellt wird.

Q, Q^1 bedeuten die Führungsschienen des Papiers, von denen die eine, Q, festgeschraubt ist, die andere, Q^1, dagegen je nach der Breite des Papiers verstellt werden kann. Letzterem Zwecke dienen die in den Zuführtisch R eingehobelte schwalbenschwanzförmige Nut und die Löcher S.

Der Antrieb der Maschine erfolgt durch die Riemenscheibe L, auf deren Achse, an der anderen Seite der Maschine liegend, ein Schwungrad M sitzt zum Zwecke der Ausgleichung der infolge der hin- und hergehenden Bewegung mancher Maschinenteile entstehenden Unregelmässigkeiten des Ganges. Das Schwungrad ist an seinem Umfange als Schnurscheibe ausgebildet und vermag so zugleich zum Antrieb des Bohrapparates N zu dienen, d. h. einer nach Art einer Ahle zugeschärften Nadel, welche schnell rotierend zur eventuellen Hervorbringung eines Loches in der Düte behufs späterer Aufhängung derselben verwendet wird. Man vollführt diesen Prozess an einer grösseren Anzahl von Düten gleichzeitig.

Es bedarf kaum der Angabe, dass sich der an der Maschine angebrachte Druckapparat D nach Befinden, d. h. wenn man Düten ohne Aufprägung irgendwelchen Firmenstempels oder von Geschäftsanzeigen herzustellen beabsichtigt, ausrücken lässt. Die mit der Benutzung der vorstehenden Maschine erzielten Erfolge sind gegenüber der blossen Handarbeit selbstverständlich ganz bedeutende.

Derselbe Herr Hölscher aus Lengerich hat später noch unter Nr. 24414 des D. R. P. eine Verbesserung, hauptsächlich durch Anbringung einer Druckvorrichtung, geschützt bekommen und unter Nr. 97276 im Jahre 1897 noch ein Patent auf die Einrichtung, ausser Spitzdüten in dreieckiger Form auf derselben Maschine auch solche in viereckiger Form herzustellen, wobei aber nicht rechtwinklige, viereckige Düten, also Papiersäcke, gemeint sind, sondern solche mit einer Gestalt wie Fig. 140 zeigt.

Entsprechend der ersten Konstruktion der Spitzdütenmaschine sei im Anschluss hieran die älteste Konstruktion einer Papiersack-Düten-Maschine zur Herstellung von Papiersäcken mit viereckigem Boden wenigstens erwähnt. Das deutsche Patent Nr. 1612 wurde Charles Harris & Joseph Fletscher in Manchester bereits 1877 erteilt und kann, da es sehr kompliziert ist und sehr viele grosse Zeichnungen zur Erläuterung notwendig wären, an dieser Stelle nicht ausführlich beschrieben werden.

Eine verhältnismässig einfachere Konstruktion ist die Maschine zur Herstellung viereckiger flacher Düten, welche Myron Nathaniel Stanley in Paris unter Nr. 22020 des D. R P. patentiert wurde. Aus den Figuren 141 bis 158 ersieht man die Anordnung der einzelnen zusammenwirkenden Teile. Die Maschine arbeitet folgendermassen: Es wird Rollenpapier verwendet; das fortlaufende

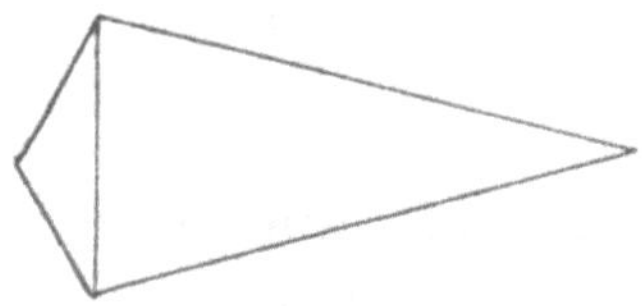

Fig. 140.

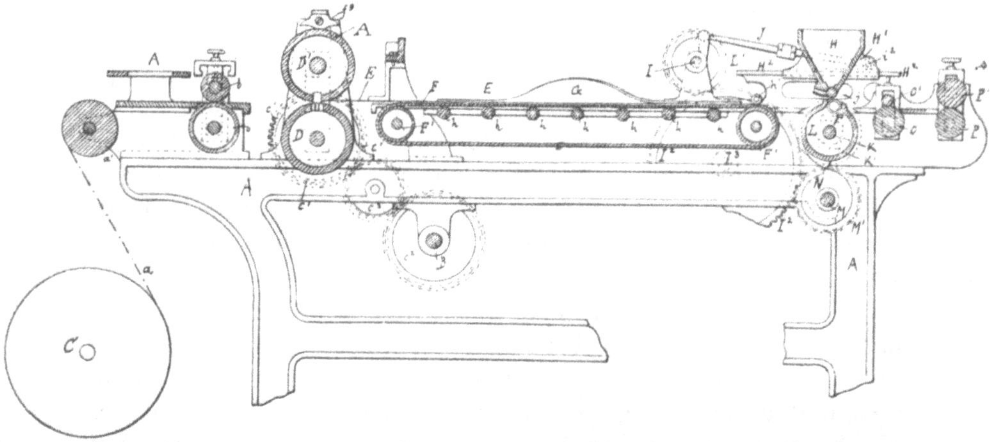

Fig. 141.

Papierband geht von einem Cylinder C von grossem Durchmesser nach aufwärts über eine Rolle a^1 und dann horizontal weiter. Bei A^1 ist ein Gefäss mit Kleister aufgestellt, wodurch das Papier der Länge nach mit einem Klebrand versehen wird. Alsdann geht das Papierband durch die beiden Walzen b b^1, von denen b auf irgend eine Weise, z. B. durch eine Querwelle, von der Triebwelle B aus durch Vermittelung der Zahnräder c^2 c^3 c^1 in Bewegung gesetzt wird und dreht mittelst der Zahnräder c c Fig. 143, die obere Rolle D^1. Die Rolle D ist mit umlaufenden Wulsten **d d** versehen, denen Falze d^1 d^1

in der Rolle D^1 entsprechen. Hierdurch werden die Querfalten aus dem Papierbande weggeschafft, während sich jedoch gleichzeitig Längsfalten bilden, welche bewirken, dass das Papier nicht mit einer Rolle herum, sondern geradeaus weiter geht.

Um das Papierband nach den in Fig. 151 angedeuteten Schnittlinien zu zerteilen, trägt die obere Rolle D^1, Fig. 143 in einer Fuge ein Messer e e^1, welches in eine entsprechende Nut in der unteren Rolle D eintreten kann. Die

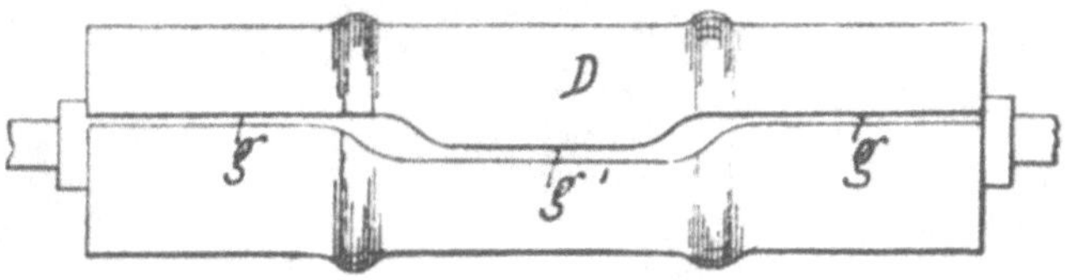

Fig. 142.

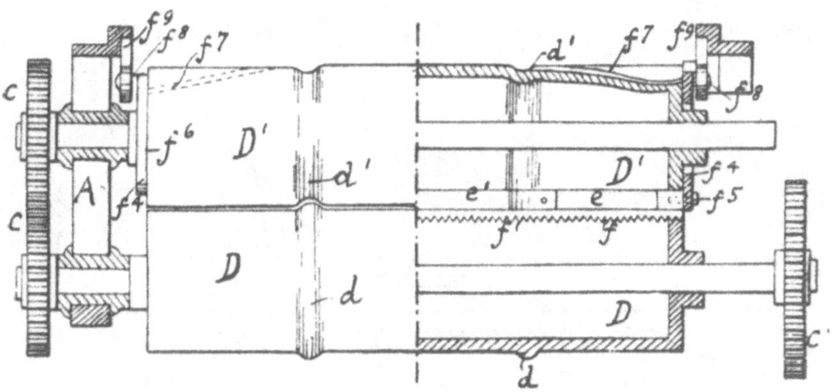

Fig. 143.

Länge des Bodenüberschlages a^4, Fig. 152 und 153, kann je nach dem verschiedenen Format der Düten verschieden sein, man wird daher in jedem Fall ein Messer mit einer Klinge von verschiedenem Format gebrauchen. Eines dieser Messer ist in Fig. 145 bis 150 dargestellt. Es besteht aus einem Tragblech und einem in der Mitte aufgesetzten abgebogenen Stück e^1, das mehr oder weniger hervorragend sein kann und welches an seinen Enden in zwei Finger e^2 e^3 gespalten ist. An den Enden e e des Tragbleches und am Stück e^1 sind am unteren Teile Klingen f f^1, Fig. 150 und 149, befestigt, welche der von dem Papierstreifen entfernt werden. -- An den Seiten der Maschine sind einstellbare Falzbeine G angeordnet, gegen welche die Papierstücke treffen, welche sodann nach den in Fig. 152 angegebenen Linien ss und zwar ein Teil über dem anderen umgefaltet werden. In den Figuren 153 und 158 ist die Düte in der Mitte zusammengefaltet, das Zusammentreffen der Papierenden kann aber je nach der Stellung der Falzbeine G auch an jeder anderen Stelle stattfinden. Indem

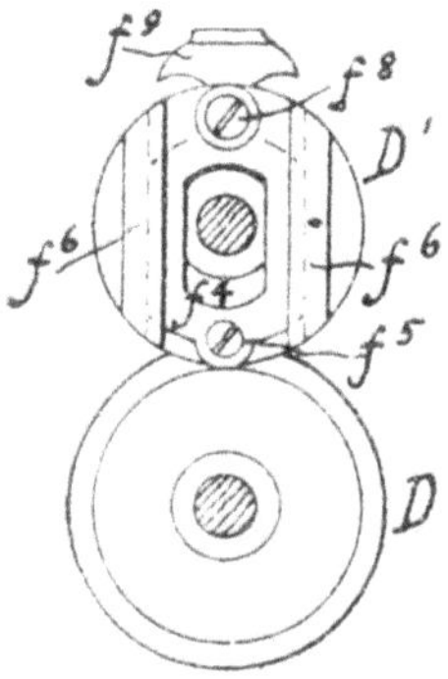

Fig. 144.

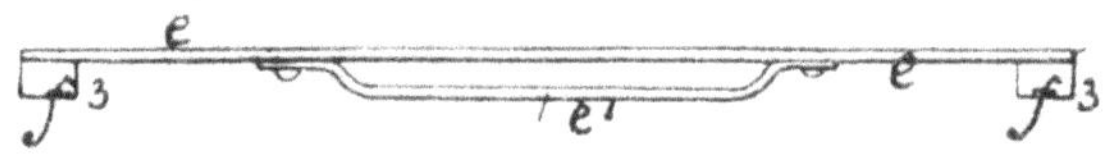

Fig. 145.

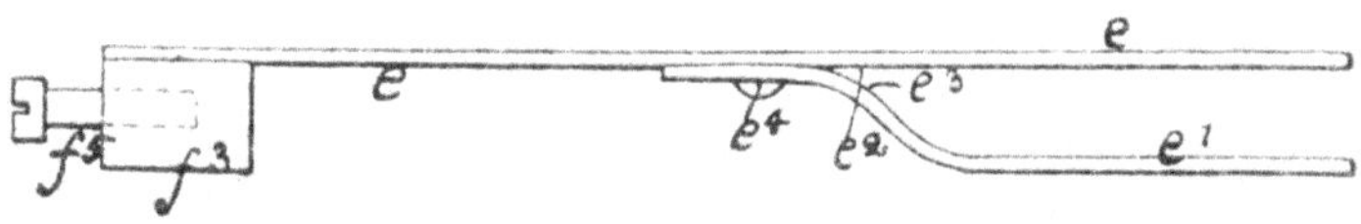

Fig. 146.

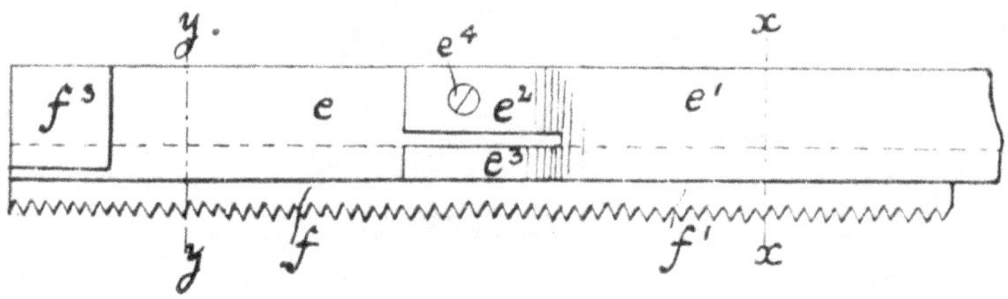

Fig. 147.

hierauf das Papier unter der Rolle h^1 hindurchläuft, werden beide Teile übereinandergeklebt, so dass es jetzt zur Fertigstellung der Düte nur noch nötig ist, den unteren Teil der Düte zu bekleistern, umzufalten und festzukleben, zu welchem Zwecke das Papier zwischen der unter dem Kleisterbottich H befindlichen Kleisterrolle j und der Falzrolle p^2 hindurch nach dem Walzenpaar oo^1 läuft.

Der Kleisterbottich H mit der Kleisterrolle j sitzt an dem auf den Führungen H^2 hin- und herbewegten Rahmen oder Schlitten H^1, an dessen beiden Zapfen i^1, Fig. 154 und 155,

Pleuelstangen J angreifen, die aus zwei durch eine Muffe vereinigten Teilen zusammengesetzt sind und deren Länge mittelst dieser Muffe oder durch eine Schraubenmutter mit Rechts- und Linksgewinde veränderlich gemacht werden kann.

Die Pleuelstangen J sind mit den Kurbeln i verbunden. deren Welle von der Welle I^3 aus durch Vermittelung der Zahnräder I^2 und I^1 eine solche Geschwindigkeit mitgeteilt wird,

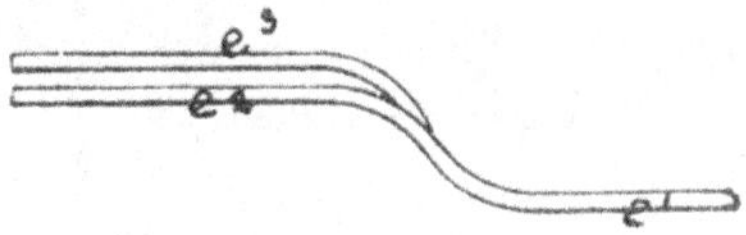

Fig. 148.

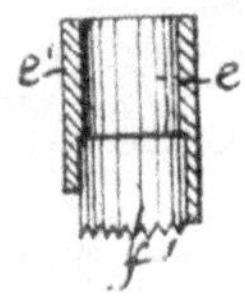

Fig. 149.

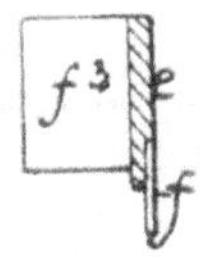

Fig. 150.

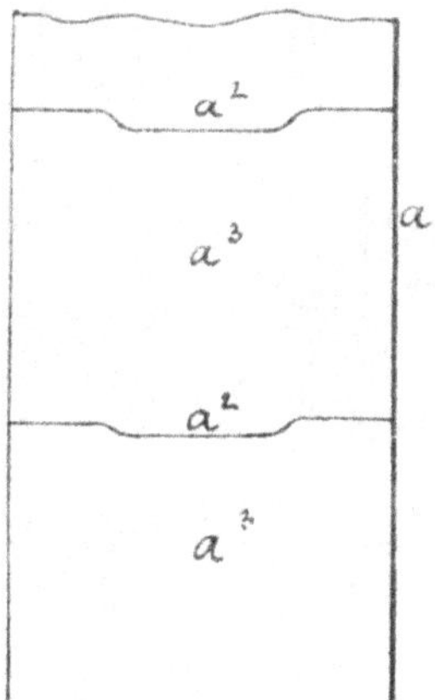

Fig. 151.

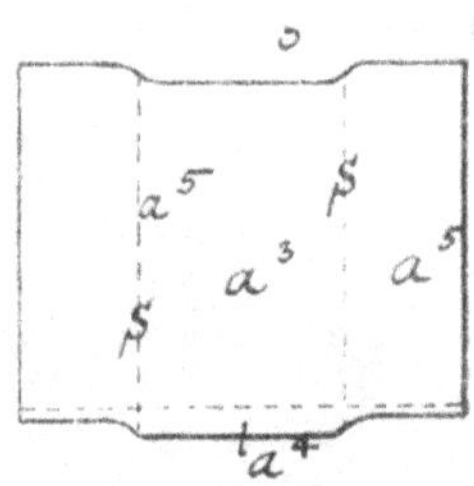

Fig. 152.

Fig. 153.

dass sich der Kleisterbottich H mit derselben Geschwindigkeit hin- und herbewegt. wie das Papier durch Wirkung des endlosen Bandes F weitergeführt wird. Die Welle der unter der Oeffnung des Kleisterbottichs H sitzenden Kleisterrolle j, mit welcher der untere Teil der Düte in Berührung kommt, ist an einem Ende mit dem Zahnrädchen j^1 versehen, wodurch die Rolle j umgedreht wird, um stets eine neue Kleisterfläche mit der Düte in Berührung treten zu lassen.

Während der Schlitten mit dem Kleisterbottich horizontal hin- und hergeht, wird das Dütenpapier auf- und abbewegt, um nur einen Augenblick bei der höchsten Stellung die Kleisterrolle zu berühren und in demselben Augenblick die Falte für

Fig. 154.

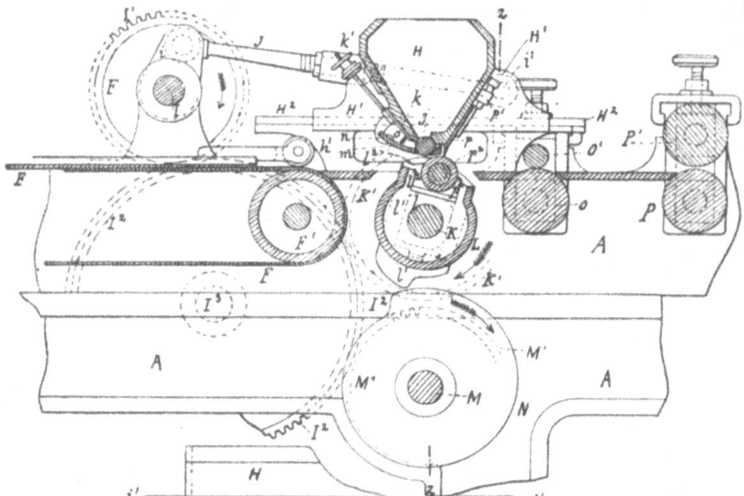

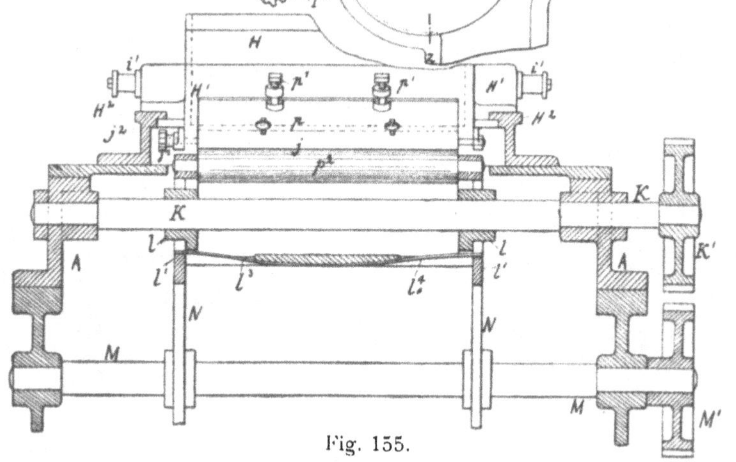

Fig. 155.

den Bodenüberschlag zu erhalten. Diese auf- und abgehende Bewegung wird dadurch vermittelt, dass auf den im Gestell gelagerten und von der Welle I^3 aus, durch Wirkung der Zahnräder I^2 M^1 und K^1 getriebenen Wellen M und K die mit Kämmen versehenen Scheiben N und l^1l^1 aufgesetzt sind, deren letztere l^1l^1 an dem die Welle K umgebenden Cylinder L hin- und hergleiten können. Beide Scheiben l^1l^1 sind durch ein Blech

l^2 verbunden, welches die Zapfen der aus Kautschuk oder anderem elastischen, weichen Material bestehenden Falzrolle aufnimmt und oberhalb einen Tisch zur Unterlage für die Düten bildet. Wenn das Blech l^2 mit dem daraufliegenden Dütenpapier durch die Wirkung der Kammscheiben N und l^1 seine höchste Stellung erreicht, wird der untere Teil der Düte gegen die mit Kleister überzogene Kleisterrolle j gepresst. Zu gleicher Zeit bewegt sich aber auch die elastische Falzrolle p^2 gegen das an der rechten Seite des Kleisterbottichs befestigte und durch die Schraube p^1 stellbare Messer p, welches sich in die Falzrolle eindrückt, wodurch die Düte nach der Linie rr, Fig. 157, gebrochen und der Bodenüberschlag um 45 Grad gegen die Ebene

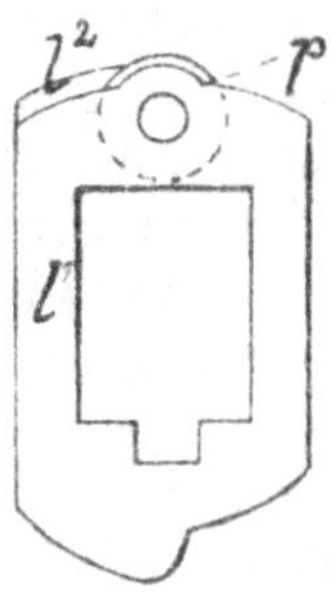

Fig. 156.

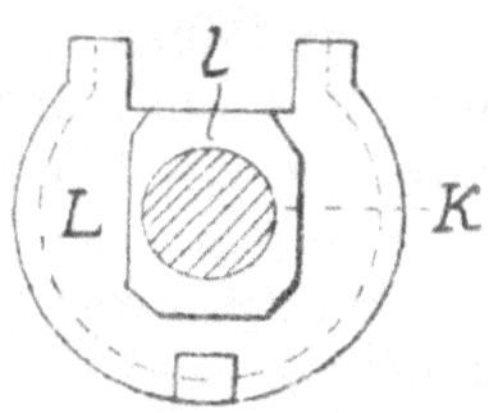

Fig. 157.

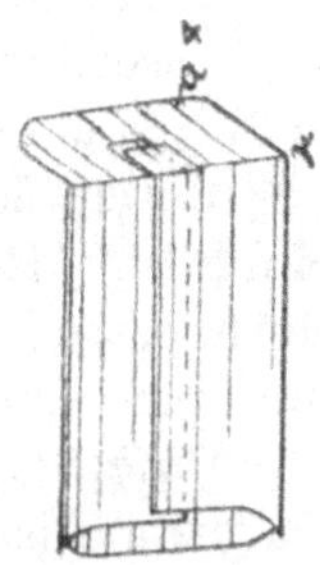

Fig. 158.

der Düte aufgerichtet wird. Im nächsten Augenblick treten die Kämme der Kammscheiben ausser Berührung und die beiden Scheiben l^1 werden sofort durch die in der Fuge l^4 des Cylinders L liegenden Federn l^3 abwärts bewegt. Die Düte bleibt jedoch an der Kleisterrolle j kleben, deshalb ist eine um ein Gelenk n drehbare und der Kleisterrolle angepasste Zunge m, Fig. 154, angebracht, welche nach dem Herabgehen der Kammscheiben l^1 durch ihr eigenes Gewicht, das noch durch die Wirkung der Feder o verstärkt wird, abwärts geht, um die Düte von der Kleisterrolle zu entfernen. — An derselben Seite des Kleisterbottichs ist ausserdem noch ein durch eine Schraube k^1 verstellbarer Schieber oder eine Klinke k angebracht, welche den an der Kleisterrolle etwa zu viel anhaftenden Kleister zurückhält. —

Hierauf wird die Düte von Rollen oo^1 erfasst, welche den Ueberschlag auf die bekleisterte Düte aufdrücken. Die erste dieser Rollen o wird getrieben, während sich die zweite durch die Wirkung des Druckes und der Reibung mit der Düte umdreht.

Die Düten sind, wie aus Fig. 158 ersichtlich ist, in anderer Weise als gewöhnliche Düten gebildet, indem kein Teil des Bodenüberschlages innerhalb der Düte befindlich ist, sondern beide Teile an der äusseren Seite aufgeklebt sind.

Indem die Düte die beiden Rollen $o\,o^1$ verlässt, wird sie von zwei Rollen PP^1 ergriffen, deren untere wieder eine Rotationsbewegung erhält, welche die Düte von neuem presst, ebnet und ganz fertigstellt. Beim Verlassen dieser letzten Druckrollen fallen die Düten nacheinander in einen Kasten, worauf sie in Packete zusammengebunden und sodann getrocknet werden.

Verdient gemacht um die Dütenbranche haben sich durch Verbesserungen an einzelnen Maschinen z. B. Julius Th. Möller in Burtscheid bei Aachen, der eine Schnellkleistermaschine für Spitzdüten konstruierte, ferner Heinrich Baumann und Jos. Haberl in München, die Spitzdütenmaschinen angaben und Fritz Bornkessel in Wieda a. H., der unter No. 89 805 eine Maschine für Spitz- und Beuteldüten geschützt erhielt.

Eine Papiersackmaschine und zwar von Louis Hauff in Darmstadt ist demselben unter No. 26102 patentiert worden, und ist für viereckige, ovale und kreisrunde Böden eingerichtet. Die Herstellung der Papiersäcke ist in diesem Falle aus einzelnen Papierblättern angenommen und infolgedessen die Konstruktion entsprechend eingerichtet: (Fig. 159, 160, 161 und 162). Nachdem die Papierblätter vor dem Anlassen der Maschine, zu einem Stoss von einigen Tausend vereinigt, in den verstellbaren Raum des Anlegers A eingesetzt sind, werden dieselben durch das Ansaugerohr B, welches durch den Gummischlauch C mit der Luftpumpe D verbunden ist, einzeln angesaugt und den zwei ersten Walzen E und E^1 der Maschine zugeführt. Um das Ansaugen von zwei und mehreren Blättern zu verhüten, da sich keine Luft zwischen den einzelnen Blättern befindet, dient das Zweigrohr F, welches mit einem Ventilator oder anderen Gebläse in Verbindung gebracht ist. Letzteres Rohr ist so angeordnet, dass es bei f^1 bis f^4 an vier Ausläufen die Blätter unterbläst, so dass sie, von einander getrennt, einzeln von dem Ansaugerohr aufgenommen werden. Das Speisen dieser Maschine kann auch mittelst Rollenpapier geschehen, und zwar durch Einlegen zweier

Schneidwalzen, die das zur jeweiligen Länge nötige Papier abschneiden, während der Anleger dazu dient, vorher zugeschnittene und bedruckte Blätter der Maschine zuzuführen.

Die senkrechte Spindel G, welche mit ihrer Mutter G^1 die Platte H trägt, wird durch das Sperrrad I in Verbindung mit den Hebeln i und i^1 in eine kleine Drehungg versetzt und speist dadurch den Ansauger B und somit die Maschine selbst stets mit neuen Blättern bis zum letzten aufliegenden Blatt. Nachdem das letzte Blatt weggenommen, wird die Platte H durch umgekehrtes Drehen der Spindel G mittelst Handkurbel am Sperrrad J herabgeschraubt und der Raum A von neuem mit Blättern gefüllt u. s. w.

Im weiteren Verlauf gelangt das Blatt zunächst über zwei Laufbänder l zwischen zwei verstellbare Seitenführungen K und K^1 bis zu dem Stift L, der in dem am Gestell festgeschraubten Winkel L^1 Führung hat. Dieser geht am gegebenen Zeitpunkte durch den Hebel L bewegt, bis unter die Laufbänder l herab und lässt das Blatt zwischen den zwei Hauptwalzen M und M^1, wovon letztere als Antriebswelle mit Riemenscheiben und Schwungrad versehen ist, hindurchpassieren, worauf es zwischen die Laufbänder l^1 gelangt und an jeder Längsseite zwischen solchen gefasst wird. Bei diesem Durchgange erhält das Blatt auf einer Seite den ersten Kleisterstreifen, und zwar aus dem Behälter N, welcher, mit einem Druckkolben versehen, durch ein Auslaufrohr n mit ganz enger Oeffnung den ausfliessenden Kleister auf ein um die oberste Walze M verstellbares, ringförmiges Band aus Baumwollengeflecht überträgt.

Der überflüssige Kleister wird in dem Kästchen O aufgefangen und durch den Rührer O^1, dessen Hebelende auf dem verzahnten Ring t, der auf der Walze M sitzt, gleitet, in Bewegung erhalten und stets in dem Masse verbraucht, als er zuläuft. Auf der Gegenwalze M^1 sitzt ein hohl ausgedrehter Ring von Messing, welcher, zu dem bekannten Baumwollenring passend, so eingestellt werden kann, dass beide, ohne sich zu berühren, ineinander greifen.

Ein Verschmieren der Gegenwalze kann hierdurch, auch wenn kein Blatt hindurchläuft oder während der kleinen Pause innerhalb welcher noch kein Blatt zu passieren hat, nie vorkommen. Wenn das Blatt zwischen den Laufbändern l^1 und den Walezn U und U^1 durch auf die am Gestell feste Auflage P^1 unter dem Dorn P, der sich in diesem Moment oben befindet, gelangt ist, geht letzterer, durch den Hebel W von der Exenterwelle um die Achse d gedreht sofort herab bis auf die Auflage P^1, das Blatt festhaltend. Alsdann steigt die aus zwei verstellbaren, auf dem von der Kurvenscheibe Q^2 bewegten Teller O^1 aufgeschraubten Winkelschienen OO bestehende Mulde in die Höhe und nimmt das Blatt zu beiden Seiten, ein U formend, mit sich in die Höhe.

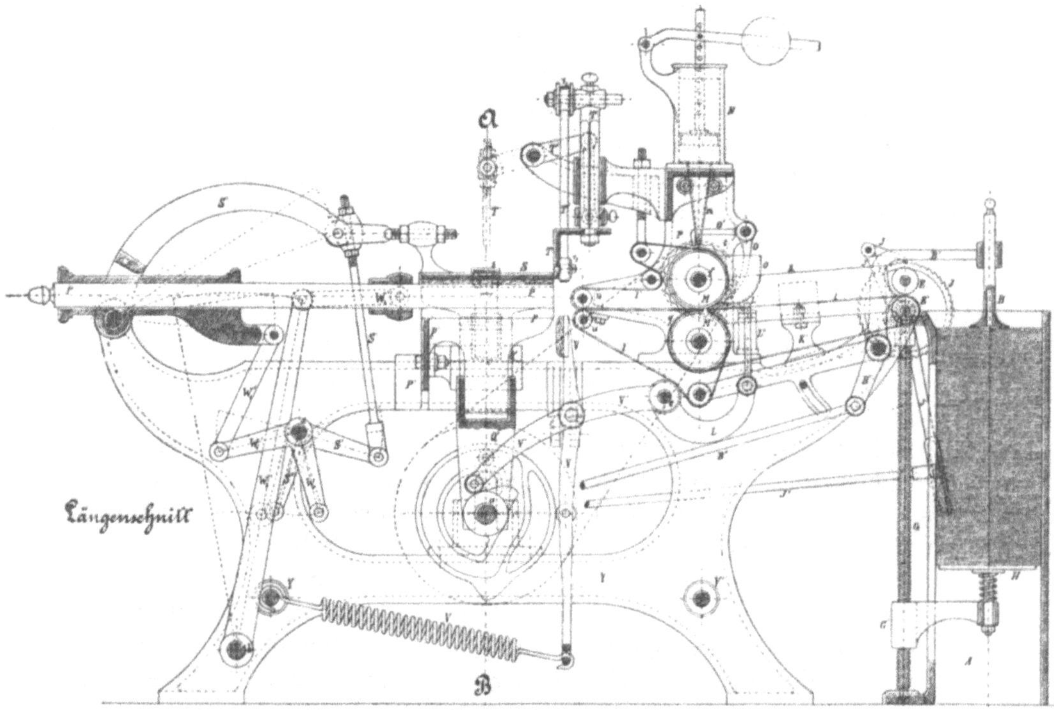

Fig. 159.

Zu gleicher Zeit schliessen sich die beiden rechts und links in Scharnieren der Winkel Q sich drehenden, von Federn stets unten auseinander gedrückten Falter R und R^1, der Länge des Dornes P nach, sobald die beiden unteren Enden der Falter soweit aus den schmalen Zwischenräumen zwischen den Winkeln Q und den am Gestell verstellbar festgeschraubten Stücken R^2 emporgestiegen sind, dass sie an den schiefen Gleitbahnen von R^2 nach auswärts gleiten können, erst links, dann rechts das mit Kleister versehene Ende auf das andere legend.

Das eigentliche Aufeinanderkleben, Aufdrücken und Festhalten des Papierrohres geschieht durch die herabgehende

Druckplatte S, die mittelst Hebewerkes S^1 von der unrunden Scheibe S^2 bewegt wird. Letztere trägt einen rechts und links hervorragenden Anstosser s und s^1, welcher beim Herabgehen und bevor die Platte S den Dorn P erreicht, auf die 2 Rollen r der zwei Rohrfalter R drückt. Hierdurch werden letztere soweit auseinandergeschoben, dass, wie erwähnt, die Druckplatte S den Dorn P erreichen und somit das Papierrohr fertig schliessen und halten kann.

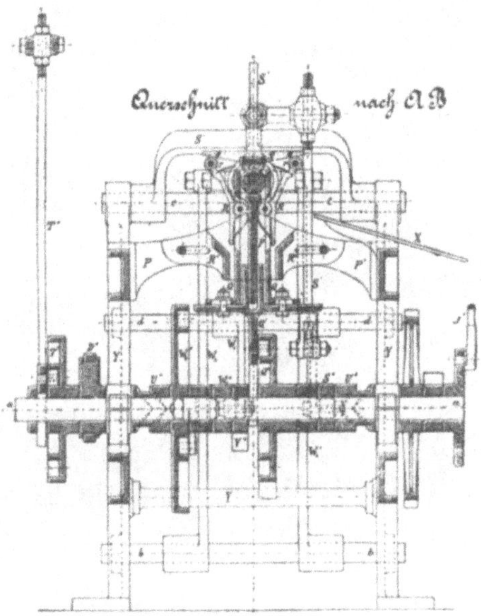

Fig. 160.

Gleichzeitig mit der Druckplatte S geht der erste Bogenfalter T mit der Kleisterschnur T^1, welche letztere über verschiedene Rollen läuft und von dem Behälter N^1 durch den Trichter w^1, Fig. 162, ihren Kleister erhält, erstmals bis in das Papierrohr hinab. Beim Herabgehen von T wird der erste Bruch für den Boden hergestellt und gleichzeitig innen gekleistert. Unmittelbar hierauf folgen die zwei Seitenfalter U, Fig. 161, welche nacheinander die zwei Seiten des noch hervorragenden Papierrohres umfalten und fest anlegen.

Alsdann geht T mit T^1 zum zweiten Male herab, die noch vorstehende Spitze des Papiers kleisternd. Sodann steigt der Bodenschliesser V in die Höhe, gehoben durch den

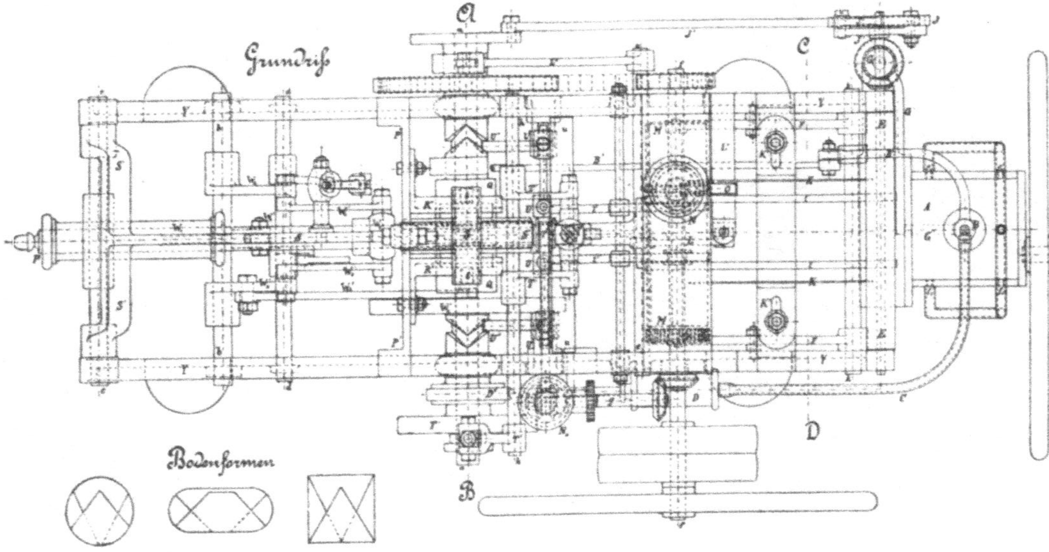

Fig. 161.

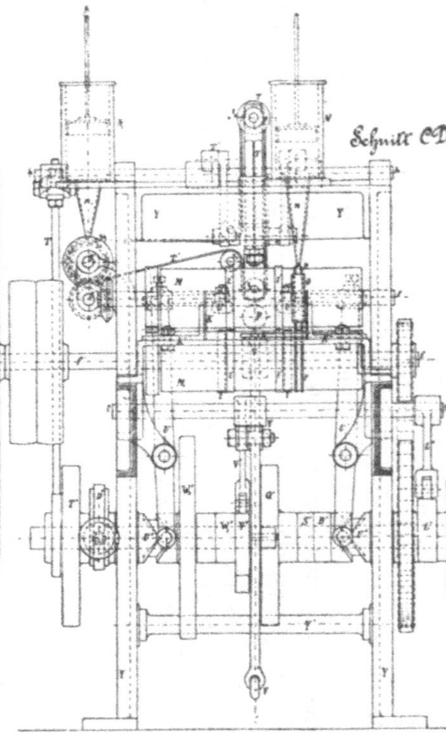

Fig. 162.

einseitigen Hebel V^1, dessen mit Rolle versehenes Ende auf der unrunden Scheibe V^2 rollt, die Spitze mit sich nehmend und fest andrückend.

Der Dorn P, welcher bis dahin als Kern diente, wird jetzt durch Hebelwerk W^2 zurückgezogen, die nun fertige Düte in der Mulde Q zurücklassend, welche ihrerseits, nachdem Q bis unter das Niveau der Auflage P^1 herabgegangen, durch einen seitlichen Abstosser herabgestossen, auf der schiefen Ebene X die Maschine verlässt. Y ist das Gestell der Maschine, a die Excenterwelle, welche mit Kette von der Antriebswelle f aus getrieben wird und mit den verschiedenen Excentern die sämtlichen Bewegungen vermittelt.

Eine der ältesten Maschinen zur Anfertigung von Papiersäcken ist diejenige von Alfred Crienitz in Wünschendorf bei Weida unter No. 1714, wozu die Figuren 162—166 gehören. Bei dieser Maschine hat man fünf Hauptoperationen zu unterscheiden; die Herstellung eines fortlaufenden Papierschlauchs aus Papier ohne Ende, die Abschneidevorrichtung, die Bildung der Böden, das Bedrucken des Papiersackes mit Firma und Trocknen des fertigen Fabrikates mittelst Dampfes. Ausserdem ist an der Maschine noch ein Zählapparat angebracht.

Die Maschine ist in Fig. 163 in der Seitenansicht, Fig. 164 im Grundriss, Fig. 165 in einem Längsschnitt dargestellt, während Fig. 166 und 167 Details sind und zwar Fig. 166 ein Schnitt nach ab und Fig. 167 ein Schnitt nach c d. An dem linken Ende des Gestelles a befindet sich die Papierrolle b, welche das zur Anfertigung der Säcke dienende Papier enthält, in Hebelarmen b^1 gelagert; diese sind auf eine am Gestell a befestigte Achse b^2 gekeilt, und kann mittelst des Armes b^3 die Rolle b gehoben und gesenkt werden, je nachdem das Papier verbraucht ist. Das Papier gelangt von der Rolle b über eine Leitwalze c, auf deren Achse ein verstellbares Scheibchen c^1 sitzt, welches, unterhalb in Klebstoff laufend, die eine Kante des Papiers mit solchem bestreicht. Von dieser Leitwalze nimmt es seinen Lauf unterhalb zweier auf ihrer Achse verstellbarer Scheiben dd, welche den Zweck haben, die zunächst erfolgende rechtwinklige Abkantung des Papieres anzubahnen. Das Abkanten selbst geschieht in der Weise, dass das Papier unter die Stahlblechschiene e und seitlich zwischen diese und die Schienen ff eingeführt wird. Die Stahlblechschiene liegt auf der schiefen Ebene des Gestelles und wird

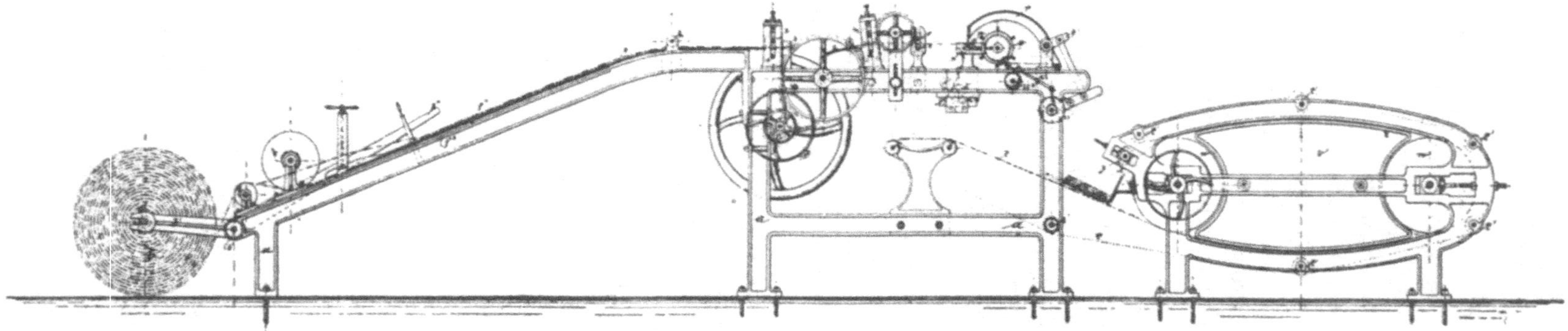

Fig. 163.

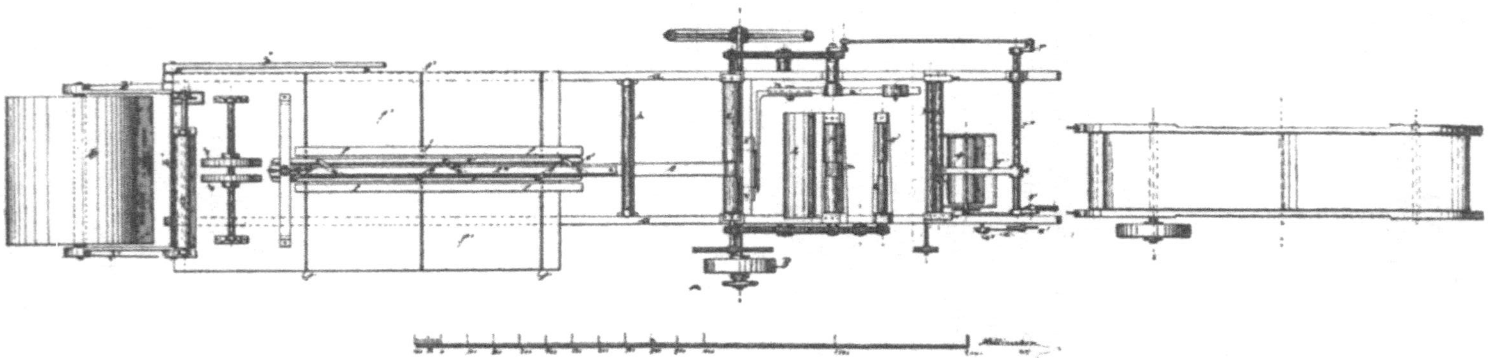

Fig. 164.

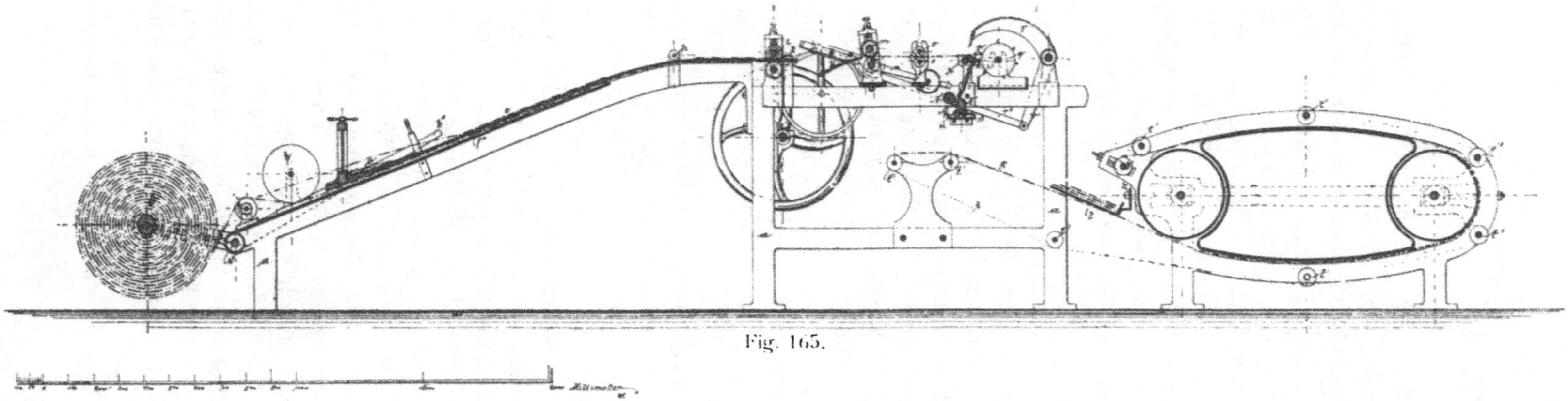

Fig. 165.

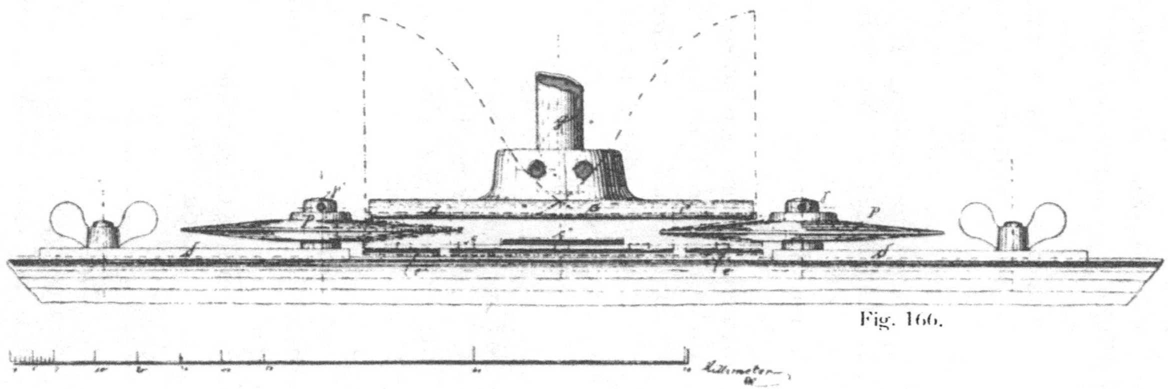

Fig. 166.

an ihrem unteren Ende durch eine drehbar befestigte Rolle g gehalten, welche das Einstellen der Schiene ermöglicht (Fig. 166.) Sie tritt mittelst einer Ausdrehung in der oberen Walze i zwischen dieser und der unteren i hindurch und endet hier in eine der Breite des Papierschlauches entsprechende zickzackförmige Schneide. Die Breite des Schlauches wird durch zwei Seitenschienen e^1 bestimmt, die durch je drei kurze Gelenke e^2 mit der Hauptschiene e verbunden sind und die mittelst des Schiebers e^3 verstellt werden können. Die Schienen ff werden mittelst Schrauben in je drei Nuthen f^1 des Tisches f^2 fixiert.

Bei Beginn der Arbeit wird durch die Hand eines Arbeiters das Papier über der Schiene e in der Weise zusammengelegt, dass die ungeleimte Kante die geleimte deckt und die Schiene e von dem so gebildeten Schlauch ganz umschlossen wird. Dieser Schlauch wird nun durch den betreffenden Arbeiter unterhalb des Wälzchens h bis zu den Zugwalzen i geführt, welche dann das weitere Nachziehen des Papiers besorgen. Der die schiefe Ebene mit der horizontalen verbindende Bogen in der Nähe des Wälzchens h unterstützt wesentlich das fortgesetzte Zufalten des Schlauches, welches durch die Walze h sicher erfolgt.

Ueber dem Oberteil des Schlauches, etwas vor dem Ende der Schiene, ist eine den breitesten Säcken entsprechende Schiene k mit ebenfalls zickzackförmiger Schneide fest angebracht. Von den Walzen ii gelangt der Schlauch k unterstützt durch den Tisch l, in das Walzenpaar mm. Der von den Walzen ii und mm festgehaltene Schlauch wird nun durch ein rotierendes Messer n mit zickzackförmiger Schneide, das an dem mit Gegengewicht versehenen Doppelhebel n^1 befestigt ist, in bestimmten Längen von unten nach oben abgerissen (Fig. 165). Das Abreissen erfolgt zackig, damit später beim Einfalzen der untere geleimte Teil den oberen überdeckt und die Zacken ein festes Zusammenkleben sichern. Das abgerissene Stück Schlauch läuft nun durch das Transportwalzenpaar oo nach den Falzwalzen pp. Von einer ruckweise sich bewegenden, im Klebstoff laufenden Bürste q wird dieses abgerissene, von den Walzen oo noch gehaltene Stück Schlauch an seiner vorderen Kante mit Klebstoff bestrichen und im nächsten Moment durch den schwingenden Messerarm r zwischen die Walzen pp eingeschlagen, welche ihn nun erfassen, zufalzen und hindurchziehen. Der Arm r wird mittelst der Hebel r^1 und der Kuppelstange r^2 von einer auf der Welle u^1 sitzenden Kurbel bewegt; auf der Welle r^3 des Armes r sitzt zugleich der Arm q^1, welcher das die Bürstenwalze q treibende Schaltwerk in Bewegung setzt.

Um die fertigen Papiersäcke mit Firmen zu versehen, passieren dieselben nach den Falzwalzen noch einen Walzendruckapparat A mit den Druckwalzen A^1, den Schwärzwalzen α, welche in den mit Schwärze gefüllten Trog β tauchen, und fallen sodann auf ein Tuch ohne Ende t, welches sie nach dem hinter der Maschine stehenden Trockenapparat leitet. Dieser Trockenapparat besteht aus einem Dampfkasten v und zwei Trommeln ww aus Kupferblech, über welches ein Tuch ohne Ende x mittelst Leitungswalze y gespannt ist; die eine Trommel w wird von der Transmission aus getrieben.

Das Tuch t wird über die Rollen t t geleitet, welche teils am Gestell a, teils in dem Gestell des Trockenapparates gelagert sind. Die Walzen w sind in verstellbaren Lagern angebracht. Das Tuch t führt die daraufliegenden Papiersäcke um den ganzen erwärmten Apparat herum und lässt sie am Ausgang auf den Tisch z fallen. Zur Anfertigung von Säcken mit Seitenfalten dient die in Fig. 165 gezeichnete Vorrichtung. Die linsenförmigen Scheiben PP, welche mittelst Zapfen y und d mit Klemmschraube und dem geneigten Tisch verstellt werden können, drücken die Falten ein, während eine Schiene C, welche in Fig. 163 zu sehen ist, die Faltung vollendet.

Um das Fabrikat zu zählen, ist ein Hammer u mit einem Schaltwerk u^1 und einer Signalglocke u^2 in Verbindung gebracht; die Bewegung des Schaltwerkes erfolgt von der Welle r^3 aus. Der Antrieb der Maschine geschieht durch die Riemenscheibe B, welche die Bewegung der einzelnen Teile dér Maschine durch Zahnräder u. s. w. in leicht aus der Zeichnung zu ersehender Weise überträgt.

Mit der vorliegenden Maschine ist gewissermassen ein Uebergang geschaffen zu den Konstruktionen, welche Papiersäcke mit gefalzten Böden, oder Kreuzbodenbeutel herstellen sollen. Sie können mehr Inhalt aufnehmen, als flache Beutel und sind deshalb besonders für grössere Beutel beliebt. Eine erwähnenswerte Konstruktion ist die No. 4721, die Herrn Charles Boughton Stilwell in Worcester (Massachusetts, V. S. A.) patentiert ist. Der Zweck der Erfindung ist in diesem Falle, in einer Maschine Apparate zum Bilden und Kleistern einer Papierröhre aus einem fortlaufenden Streifen und zum Schneiden, Bekleistern und Falten der Papierröhre zu kombinieren, welche Apparate so hergestellt werden, dass sie einen Papiersack mit gefalztem Boden aus einem Papierstreifen laufend herstellen. In der folgenden Beschreibung wird das abliefernde Ende der Maschine als das Vorderende und das zuführende Ende (oder das die Papierrolle enthaltende Ende) als das hintere Ende bezeichnet. Die rechte Seite der Maschine ist diejenige Seite, welche zur Rechten der gegenüber der Papierrolle und nach dem Ablieferungsende der Maschine blickenden Person sich befindet; die entgegengesetzte Seite ist dann die linke.

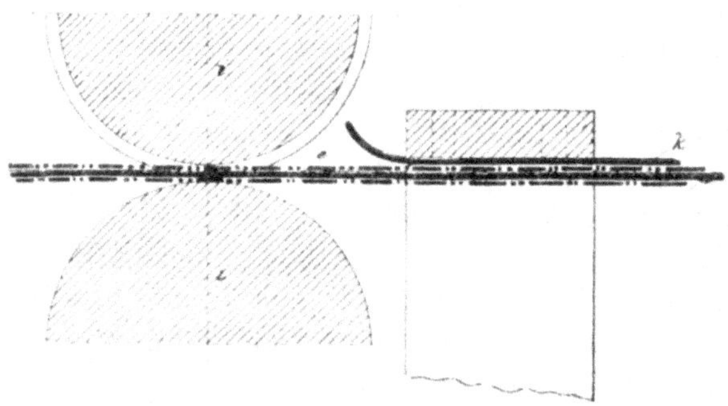

Fig. 167.

Die Papierrolle, aus welcher die Papierröhre gebildet wird, ist auf einer Welle P, Fig. 168, 169 und 170 angebracht, die in passenden Lagern am Hinter- oder Zuführungsende der Maschine rotiert. Diese Welle ist mit verstellbaren konischen Ringen b versehen, um die Papierrolle in ihrer Stellung zu sichern. Eine achsiale Verstellung der Papierrolle wird durch passend stellbare Anschläge ermöglicht.

Der kontinuierliche Papierstreifen läuft von der Rolle über die Führungsrolle C und dann abwärts unter eine ein Kniffen bewirkende Platte D, die an einer Traverse herabhängt. Das Papier geht hier zu der Platte D in einem Winkel von ungefahr 45 Grad. Die Plattenbreite ist gerade gleich derjenigen des Innern der fertigen Papierröhre. Die Platte D ist hier aus drei Teilen zusammengesetzt dargestellt und in der Form eines umgekehrten T angeordnet; dieselbe besteht aus einer vertikalen stellbaren Platte d (Fig. 172 und 173), welche an, oder nahe an ihrer unteren Kante zwei horizontale Stücke d¹ d² trägt (Fig. 174),

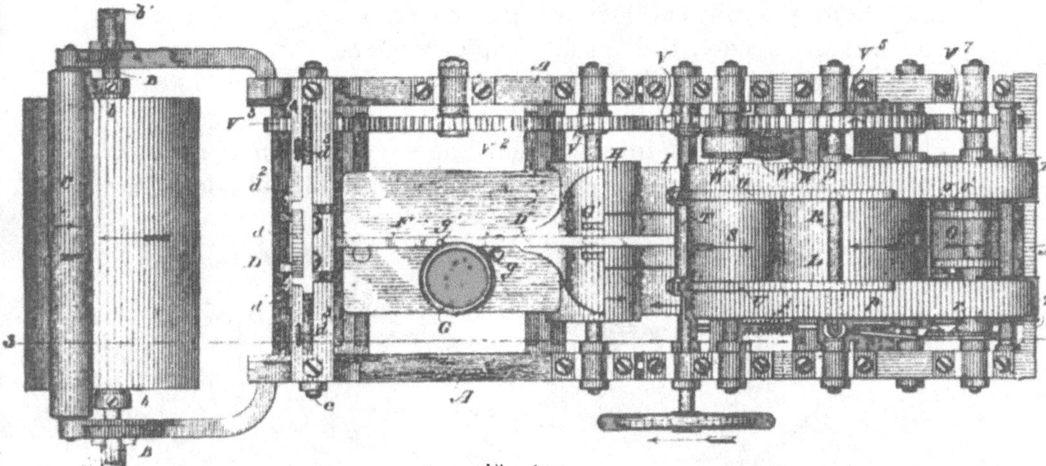

Fig. 168.

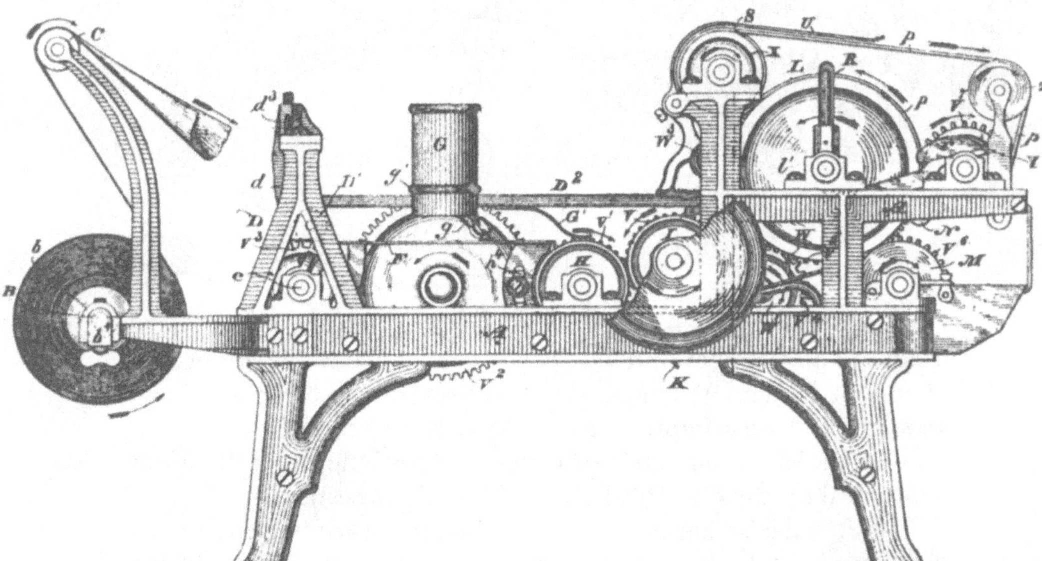

Fig. 169.

wodurch diese Vorrichtung sowohl vertikal als horizontal verstellbar gemacht wird. Durch die horizontale Verstellbarkeit ist die Platte zur Bildung von Röhren verschiedener Weite geeignet, durch die vertikale Verstellbarkeit passt sie sich dem nachstehend erwähnten vorbereitenden Messer an.

Die Schutzfinger d^3, Fig. 173, welche vom Hauptgestell an jeder Seite der röhrenbildenden Platte herabhängen, sollen die aufwärts gebogenen Kanten des Papierstreifens während seines raschen Laufes durch die Maschine in geeigneter Lage erhalten.

Eine kurze Schneidewalze D^1, am besten aus ungegerbter Haut hergestellt, wird in passenden Lagern angeordnet; in der vorliegenden Maschine ist dieselbe hinter der röhrenbildenden

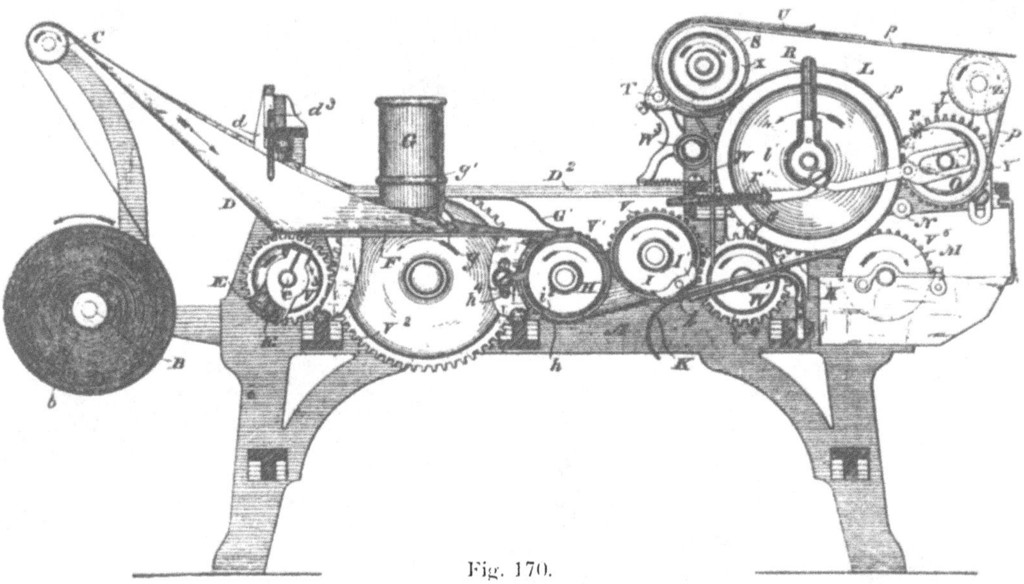

Fig. 170.

Platte D angebracht und vertikal verstellbar, um die Abnutzung der Walzen auszugleichen. Ein Schneidemesser E ist an einem passenden Messerkopfe angebracht, welcher mittelst einer verstellbaren Klammer, an der rotierenden Welle e direkt unter und parallel mit der erwähnten Walze D^1 befestigt ist.

Man wird bemerken, dass das Messer V-förmig gestaltet ist, Fig. 171, und dass es absetzend von vorn nach hinten schneidet, während es rotiert, um in Verbindung mit der Walze D^1 den vorbereitenden mittleren Querschnitt Q in die Papierröhre zu machen. Die rotierende Bewegung wird der Walze D^1 durch ein Reibungskissen E^1 mitgeteilt, welches vor dem Messerkopfe unmittelbar vor dem Messer etwas über der Linie der

Messerkante angebracht ist; dieses Kissen presst das zwischen Messer und Walze kommende Papier gegen die Walze, und zwar mit genügender Kraft, um demselben dieselbe Geschwindigkeit wie der Messerkante vor der Berührung des Messers und der Walze zu geben.

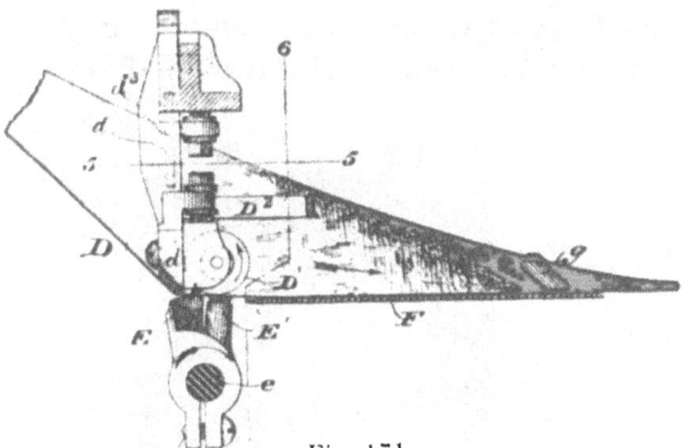

Fig. 171.

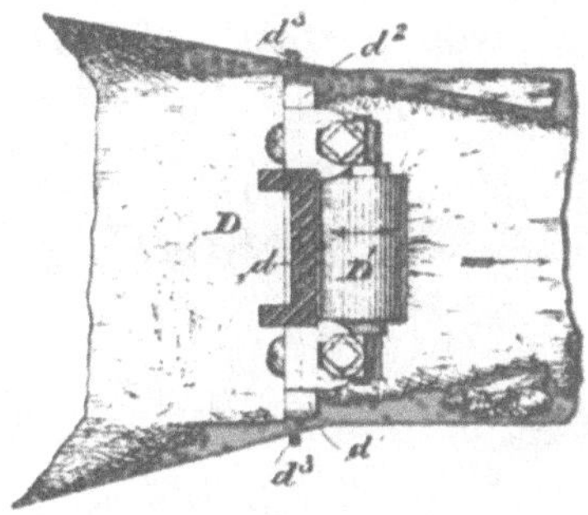

Fig. 172.

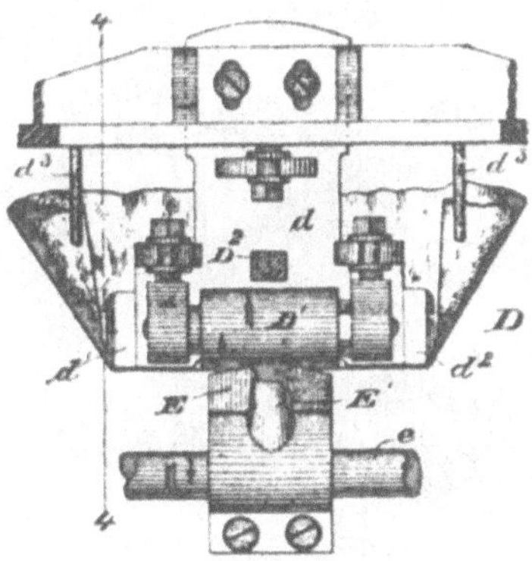

Fig. 173.

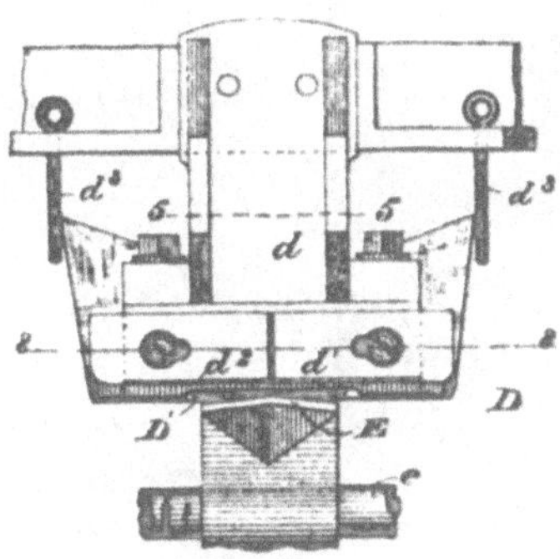

Fig. 174.

Eine Tragplatte F überbrückt den Raum zwischen der röhren bildenden Platte D und den antreibenden, zuführenden, schneidenden und ziehenden Rollen oder Walzen H und I, Fig. 170 Eine Stange D^2 dient zur Versteifung der Platte D und zugleich als Auflager für den Kleisterbehälter G.

Ein Speiserohr versieht die eine Kante des die Papierröhre bildenden Papierstreifens mit einem Kleisterstreifen unmittelbar vor dem Niederpressen der Falte, bezw. der Vollendung der Röhre. Das Rohr g verrichtet ausserdem auch die

Funktion eines Führungsfingers, um eine Kante der Papierröhre niederzuhalten.

Der Kleisterbehälter ist in einem stellbaren Träger g^1 angeordnet, welcher dem Kleisterrohre g eine horizontale Verstellung gestattet, um die Lage der Kleisterlinie verändern zu können.

Die nun gebildete Papierröhre wird hinter der Tragplatte F von Stiften h der ersten treibenden Walze H erfasst; diese

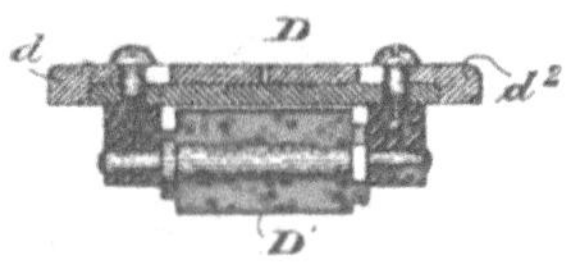

Fig. 175.

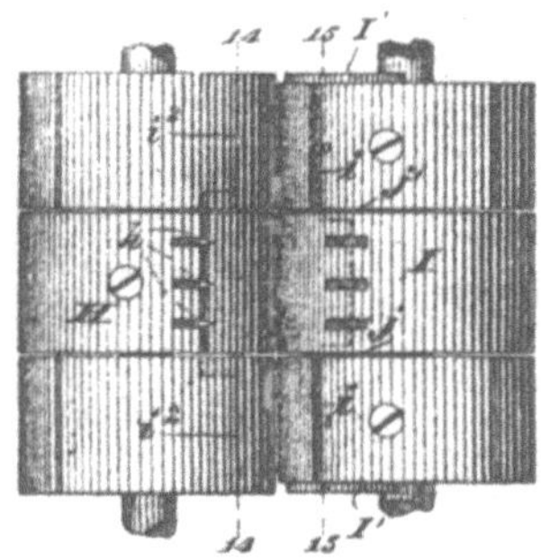

Fig. 177.

Fig. 176.

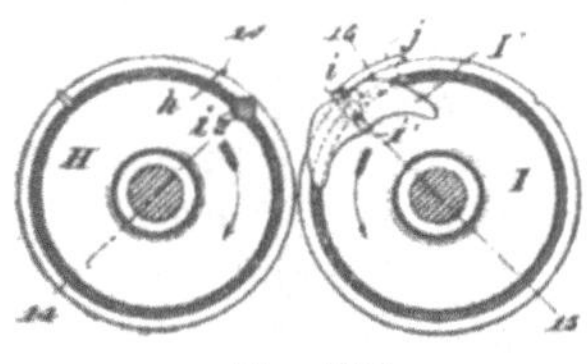

Fig. 178.

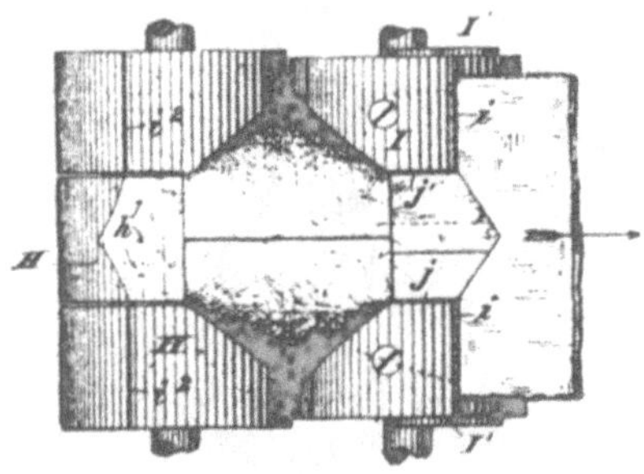

Fig. 179.

Stifte gehen durch beide Falten der Papierröhre, welche dann weiter zwischen diese Rolle und der Schneidewalze I angebracht wird. Die Stifte h nehmen nur den mittleren Teil der Walze H ein, Fig. 177 bis 181.

Um das Erheben des Papieres von der Trommel durch den Druck dieser Stifte zu verhüten, dient eine durchlöcherte, geschlitzte oder gezahnte Schutzplatte oder ein Kamm G^1, Fig. 169, zwischen welchem und der Trommel H das Papier hindurchgeht.

Die beiden antreibenden Walzen H und I wirken zusammen, um die folgenden Funktionen auszuführen; erstens das Papier weiterzuziehen und vorwärts zuzuführen; zweitens dasselbe zu schneiden und zu schlitzen; drittens den Mund der Papierröhre zu öffnen und teilweise die erste Falte zu bilden.

Jede dieser Walzen ist in den Zeichnungen als aus drei konaxialen Stücken hergestellt; dieselben können jedoch aus einem einzigen Stücke bestehen; beide dieser Konstruktionsarten sind alt und wohlbekannt.

Die Stifte h stehen auf einer oscillierenden Welle h^1, welche sich in passenden Lagern in der Walze H, nahe an deren Peripherie befindet. Die Stifte stehen gewöhnlich aus der

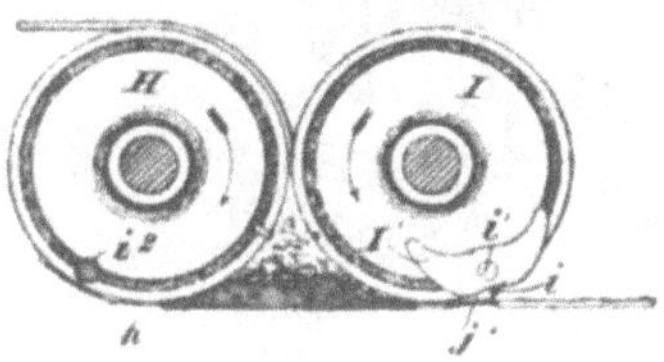

Fig. 180.

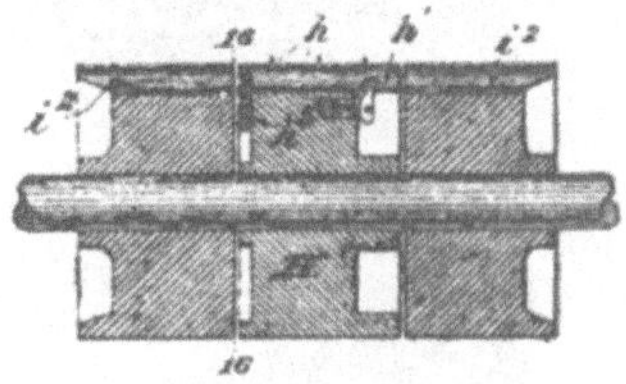

Fig. 181.

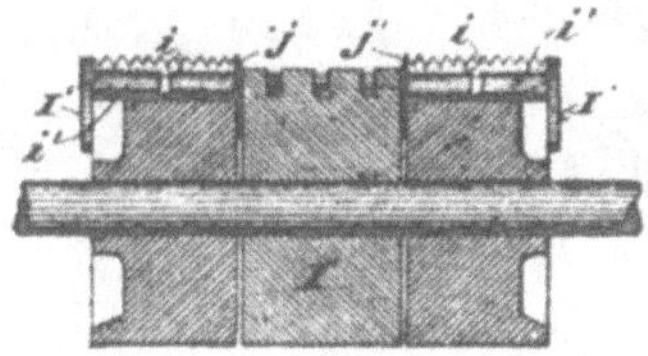

Fig. 182.

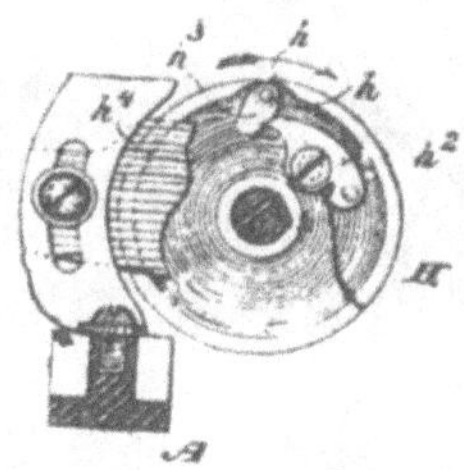

Fig. 183.

Oberfläche der Walze nach vorwärts geneigt vor, um das Papier sicherer zu fassen und zu halten und werden in dieser Stellung mittelst einer federnden Klinke gesperrt gehalten, welche mit einem kurzen Arm oder Hebel h^2 an der Welle h^1 zusammenwirkt; der Hebel h^3, Fig. 181 wird zur richtigen Zeit durch die Wirkung eines einstellbaren Daumens am Gestell h^4, Fig. 183 und 184 losgelassen, gegen welchen die Klinke bei der Umdrehung der Walze anstösst. Wenn der Hebel von der Klinke befreit ist, wird die Welle h^1 frei, um in ihren Lagern zu oscillieren, Fig. 183 und 184.

Die Schneidemesser i, welche entweder glatt oder gezackt sein können, sind auf einer oder mehreren Wellen i^1 angeordnet,

Fig. 178, 180 und 186 und 187. Diese Wellen oscillieren in passenden Lagern in der Trommel I. Die Oscillationen werden durch Daumen I^1 geregelt, die auf den Enden der Wellen i^1 aufgesetzt sind, und durch Berührung mit der gegenüberstehenden Trommel H angetrieben werden, Fig. 177, 181, 186 und 187.

Die Trommel H ist mit einem Schlitz i^2 versehen. Die bisher allgemein angewendete Methode, mit einem Messer zu

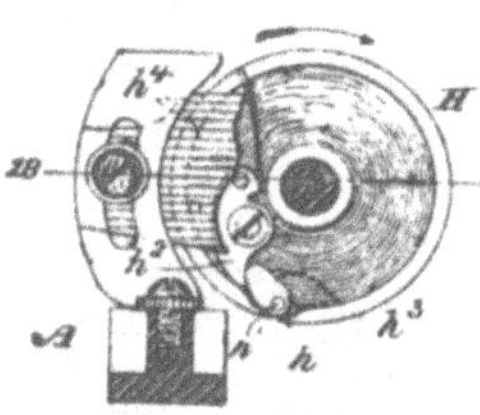

Fig. 184.

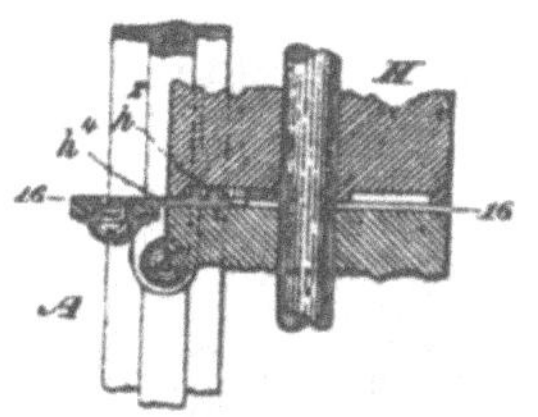

Fig. 185.

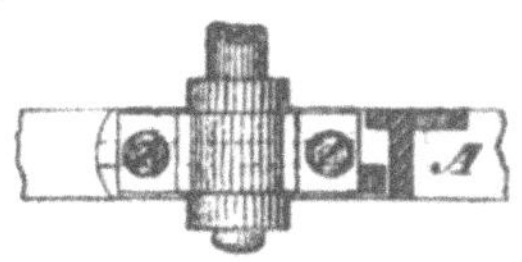

Fig. 188.

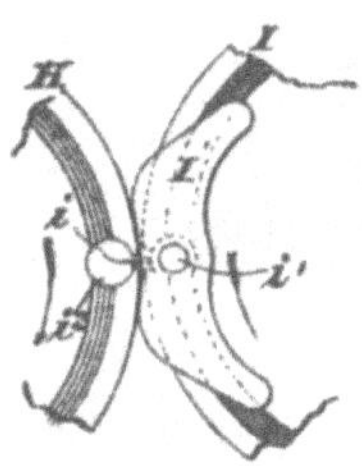

Fig. 186.

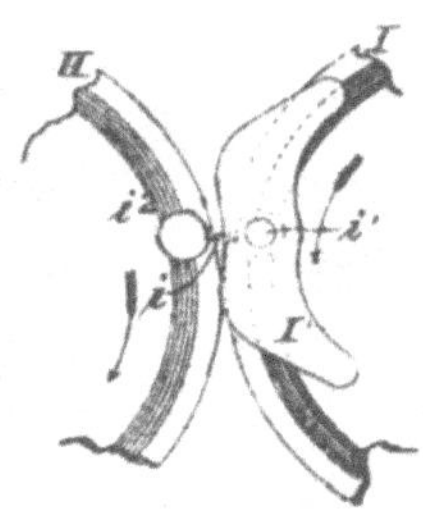

Fig. 187.

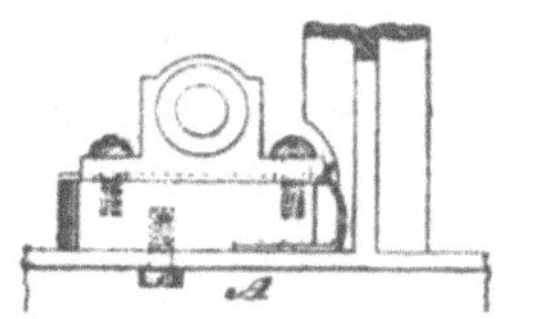

Fig. 189.

schneiden, welches radial in Bezug auf die Stellung der Achsen der Schneidetrommel arbeitet, wie dies gewöhnlich bei Druckerpressen geschieht, ist nicht so wirksam, wie es wünschenswert bei einer Maschine ist, die mit der zur Verfertigung der Säcke verlangten Geschwindigkeit umläuft. Deshalb ist hier der Apparat so eingerichtet, dass das Messer die Vertiefungen in der gegenüberstehenden Walze in einer parallel mit der durch die Achsen beider Trommeln gehenden Ebene betritt und verlässt, Fig. 186 und 187. Da es wünschenswert ist, die Oeffnungen, in welche die Messer beim Schneiden eintreten, so eng als möglich zu machen, um das Eindrücken oder Einbiegen des Papieres in die Grube zu verhüten und um die vollkommenere Trennung des Papieres zu sichern, so ist es not-

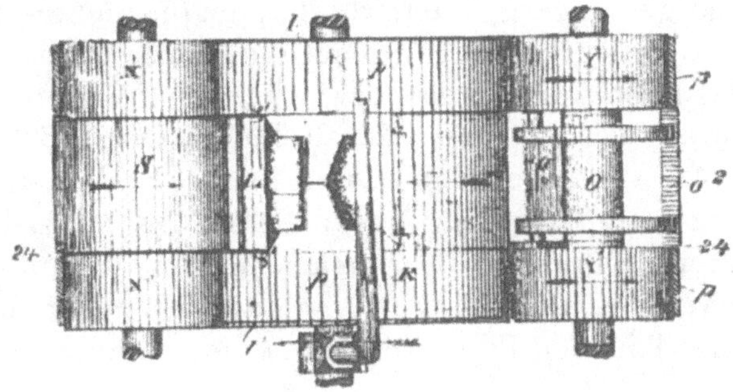

Fig. 190.

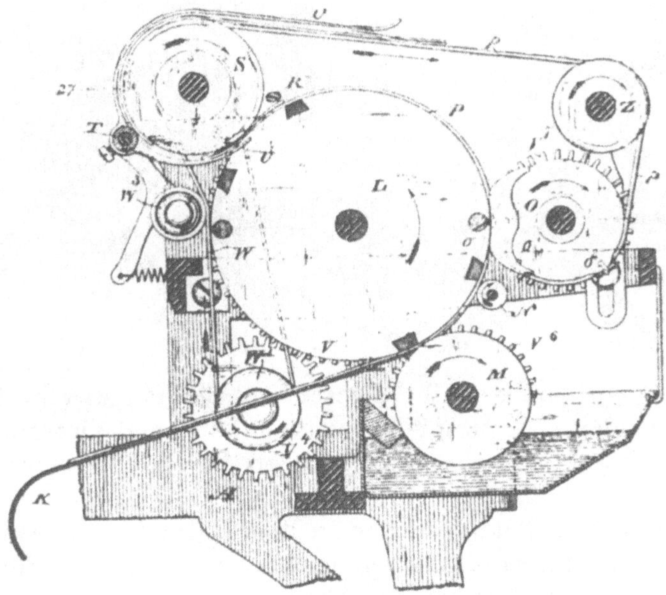

Fig. 191.

wendig die relative Bahn des Messers in der Walze H auszusparen, hierdurch wird die Höhlung i^2 erforderlich.

Die Schlitzmesser jj^1 sind an jeder Seite der mittleren Abteilung der Walze I angeordnet, so dass parallele Schlitze zu jeder Seite der Mittellinie der Papierröhre, Fig. 182 gebildet werden.

Wenn die Papierröhre unter der röhrenbildenden Platte D durchgeht, erhält sie von dem Messer E einen mittleren V-förmigen Schnitt a. Die Kanten werden dann übergefaltet und gekleistert. Wenn die Papierröhre unter die Platte G^1 tritt, wird sie durch die Stifte auf der Walze H durchlöchert. Das Papier geht dann abwärts zwischen die Walzen H und I; seine Ränder werden dann durch Querschnitte β β Fig. 202 durch die Messer ii getrennt, deren innere Enden sich an den V-förmig gestalteten Schnitt anschliessen. Dann werden in der Längsrichtung durch die parallelen Messer jj^1 an entgegengesetzten Seiten des Saumes O die Schlitze y hergestellt, so dass der mittlere Teil der Papierröhre nur noch durch den oberen

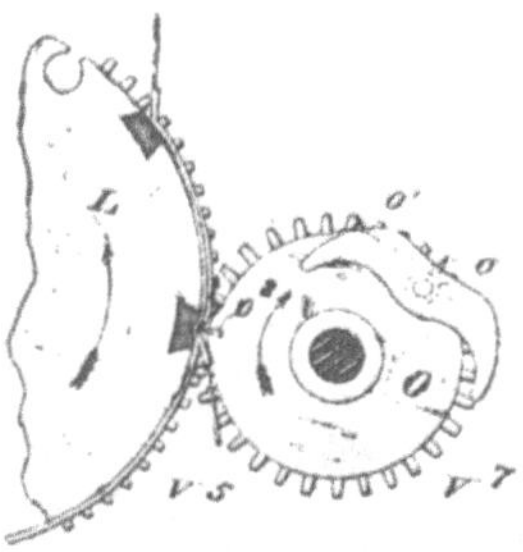

Fig. 192.

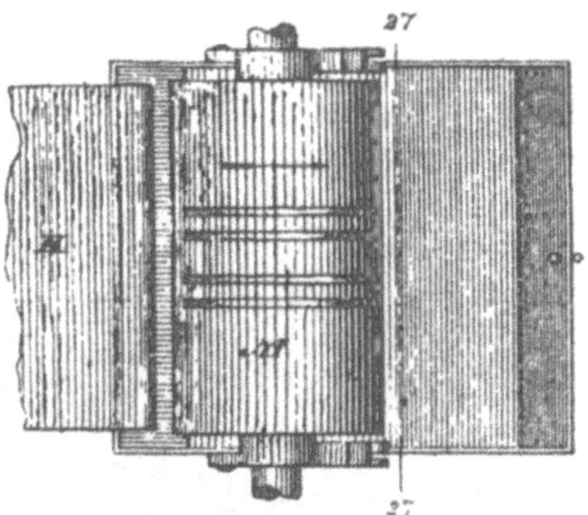

Fig. 193.

Saum O verbunden bleibt. Dieser Teil der Papierröhre ist ein verbindender Streifen mit der vorangehenden Papierröhre und sichert die beständige Zuführung von Papierröhren durch die Maschine.

Der obere Saum, welcher an der Walze I beim Aufwärtsgange anhängt, wird notwendigerweise von den Stiften der Walze H abgezogen oder entfernt, während der gegenüberstehende Saum O^1 von diesen Stiften zurückgehalten und in entgegengesetzter Richtung ein Stück um die Walze H geführt wird, bis der hierdurch auf das Papier vorgebrachte Zug eine Einbiegung der Papierränder bewirkt, wodurch die vorbereitende oder öffnende Falte des Sackbodens gebildet wird, Fig. 178, 179 und 202. Alsdann werden die Stifte von der Klinke losgelassen und kommen mit dem Daumen in Berührung; dieselben können nun frei oscillieren und gestatten das Zurückziehen des eingebogenen Stückes von den Stiften durch den Zug des Papieres, die teilweise gefaltete Papierröhre wird dann unter der Walze I vorwärts gezogen, geht über die brechende und tragende Platte K, Fig. 170 und 191, zur Führungswalze L, indem sie zwischen dieser und der Kleisterwalze M durchläuft, letztere trägt den Kleister auf das Papier in einer bekannten Art auf, bei $\delta\delta$ in Fig. 203.

Die Führungswalze L wird am besten aus drei Stücken (Fig. 194) hergestellt, von welchen das mittlere Stück positiv mit einer bestimmten Geschwindigkeit mittelst Eingriffes rotiert, während die äusseren Stücke ll^1 lose auf der Welle oder un-

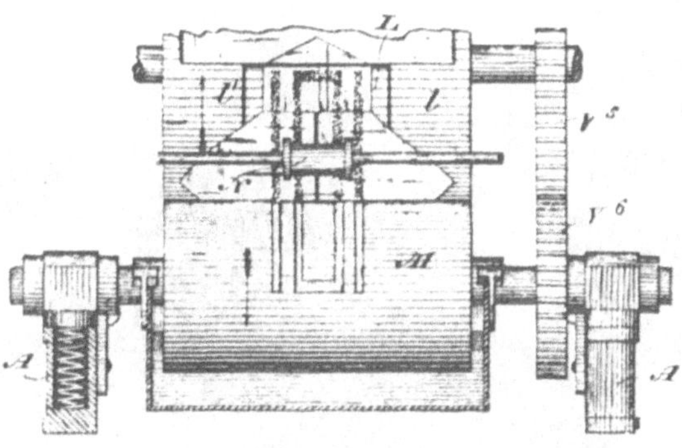

Fig. 194.

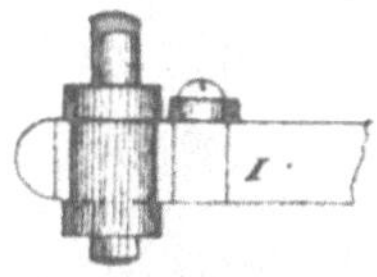

Fig. 195.

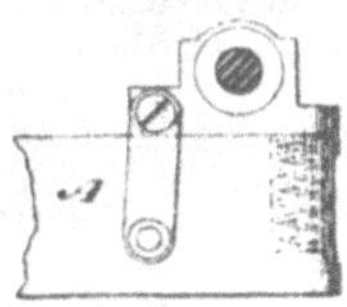

Fig. 196.

abhängig von dem mittleren Teil rotieren; die Geschwindigkeit dieser Teile hängt von derjenigen der haltenden und tragenden Riemen oder Führungsbänder pp ab, welche mit grösserer Geschwindigkeit getrieben werden, um einen gewissen Zug auf das Papier hervorzubringen, nachdem es die Walzen H und I verlässt, um das Oeffnen der Papierröhre und die Bildung der vorläufigen Falte zu unterstützen. Eine kleine Tragwalze N hält die Papierröhre an ihrer Stelle auf der Führungswalze, nachdem sie, wie in Folgendem erläutert, geschnitten wurde. Die bei $\delta\delta$ Fig. 203, gekleisterte Papierröhre wird dann durch ein Messer o getrennt, welches am Cylinder O in einer gleichen Weise wie das Messer des Cylinders I wirkt. Das Messer ist hier auf dem mittleren Stücke der Walze angeordnet, um den Teil $\varepsilon\varepsilon$ Fig. 202 und 203, der Papierröhre zu trennen, welcher von den hervorgehenden Messern ungetrennt bleibt.

Der Umfang der Führungswalze muss notwendig ein Mehrfaches der Papierröhrenlänge, aus welcher der Sack hergestellt wird, sein, kann aber in seiner Grösse variieren. Die Klingen $o^1 o^2$ auf dem Cylinder O kommen nun in Thätigkeit und biegen die Papierröhre, folgend in den Linien $\varphi\varphi$ und $\varphi^1\varphi^1$ Fig. 203 und 204, um, indem sie dieselbe in Vertiefungen pressen oder gegen nachgebende Kissen auf der Peripherie der Führungswalze in bekannter Art drücken.

Unmittelbar ,nachdem die Papierröhre getrennt ist, läuft sie unter Führungsbänder pp, die quer über passende Rollen laufen; diese Bänder erhalten sie auf der Führungswalze. In

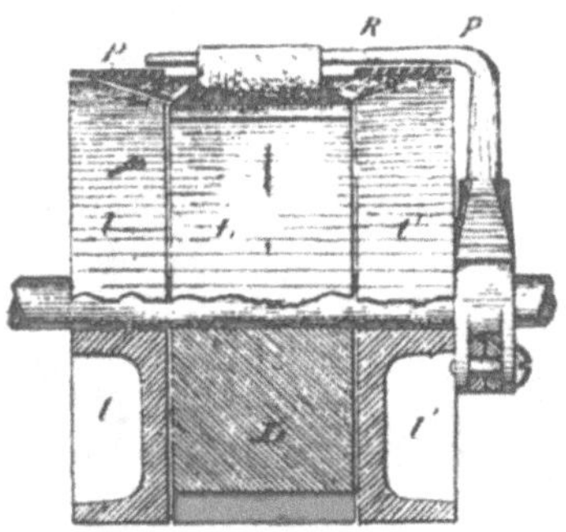

Fig. 197.

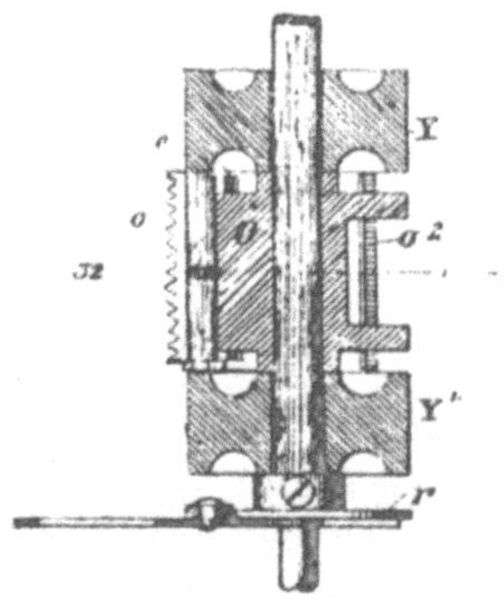

Fig. 198.

diesem Moment geht ein oscillierender falzender Arm R über die Walze in derselben Richtung, aber schneller, mit, als die Walze und vollendet die erste der Endfalten oder Falze ($\varphi\varphi$ Fig. 169, 170, 191 und 203). Der hier gezeigte Falzer besteht aus einem überhängenden Arme, der über der Walze vorsteht und auf einer Welle angebracht ist, so dass er sich unabhängig von ihr dreht. Er kann jedoch auch excentrisch angeordnet sein. Dieser Arm oscilliert durch die gemeinschaftliche Wirkung des Daumens r und der Feder r^1 auf eine bekannte Art, Fig. 170. Er kann jedoch auch z. B. durch eine Kurbel angetrieben werden.

Da nun die vordere Kante $\varphi^1\varphi^1$ Fig. 203 und 204, der Papierröhre durch die umbiegende Wirkung der Klingen aufwärts gebogen wurde, so dass sie etwas über der Walze hervorsteht, so stösst sie gegen eine Walze S und wird auf dem ersten Bodenfalz oder Faltern $\varphi\varphi$ umgefalzt, wobei der oscillierende

Arm mit dem ersten Falz $\varphi\,\varphi$ in Berührung verbleibt, bis der zweite Falz $\varphi^1\,\varphi^1$ auf dem ersteren umgefalzt worden ist. Auf diese Art ist die Bodenfalte oder der Bodenfalz vollendet (rechte Seite der Fig. 204 bei $\varphi\,\varphi\,\varphi^1\,\varphi^1$). Die gefalzte Papierröhre wird dann von den Bändern um die Walze S herumgeführt; die bekleisterte Seite richtet sich dabei nach der Krümmung, und die Papierröhre wird dann durch die Kompressionswalze T ge-

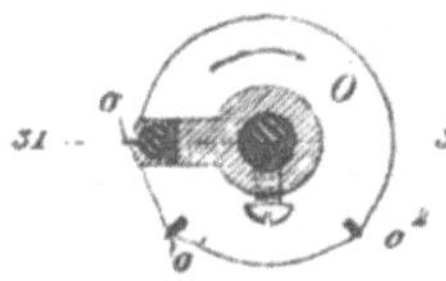

Fig. 199.

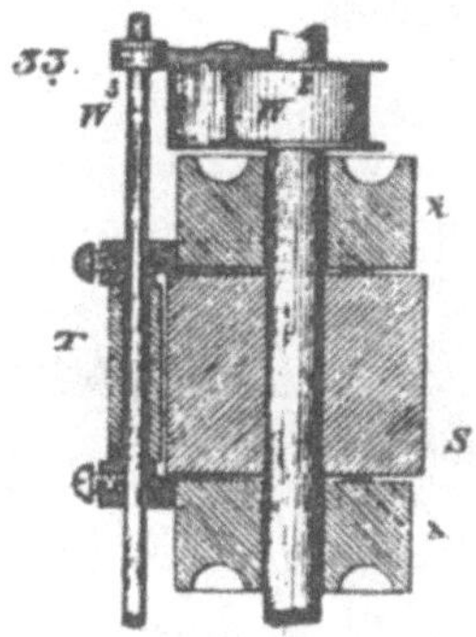

Fig. 200.

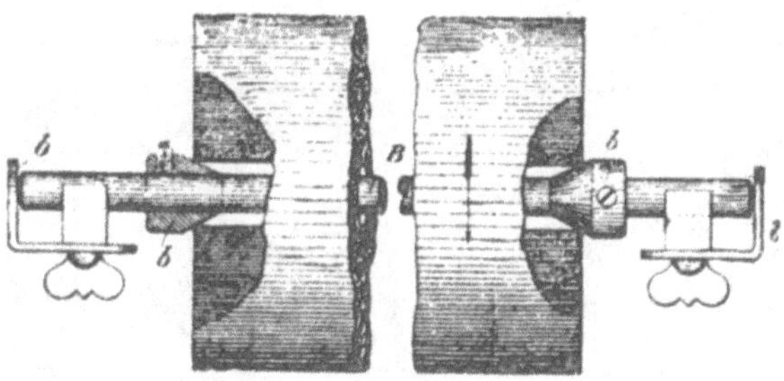

Fig. 201.

glättet. Diese gefalzte und zusammengepresste Papierröhre wird dann zwischen der Walze S^1 und Führungsfingern U herumgeführt und vorn an der Maschine abgeliefert. Die Führungsfinger streifen auch den Sack von dem Führungscylinder ab.

Die wirkenden Teile der Maschine, das erste Messer, die antreibenden Walzen, der Führungscylinder L, der Bekleistercylinder und die Endeinbringer und Messer werden durch Getriebe bewegt und stehen so miteinander im Zusammenhang dass sie die Wirkung jedes Teiles auf die Papierröhre zu jeder Zeit sichern. Der oscillierende Arm wird hier in der Querrichtung des Papieres durch eine Feder vorwärts gezogen und geht durch die Wirkung eines Daumens zurück, welcher auf der Welle festsitzt und das Endmesser trägt; die Einbieger und die haltenden und führenden Bänder werden durch die Endfalzwalze angetrieben, welche schneller als die getriebenen Cylinder durch einen Riemen angetrieben wird, der seine Be-

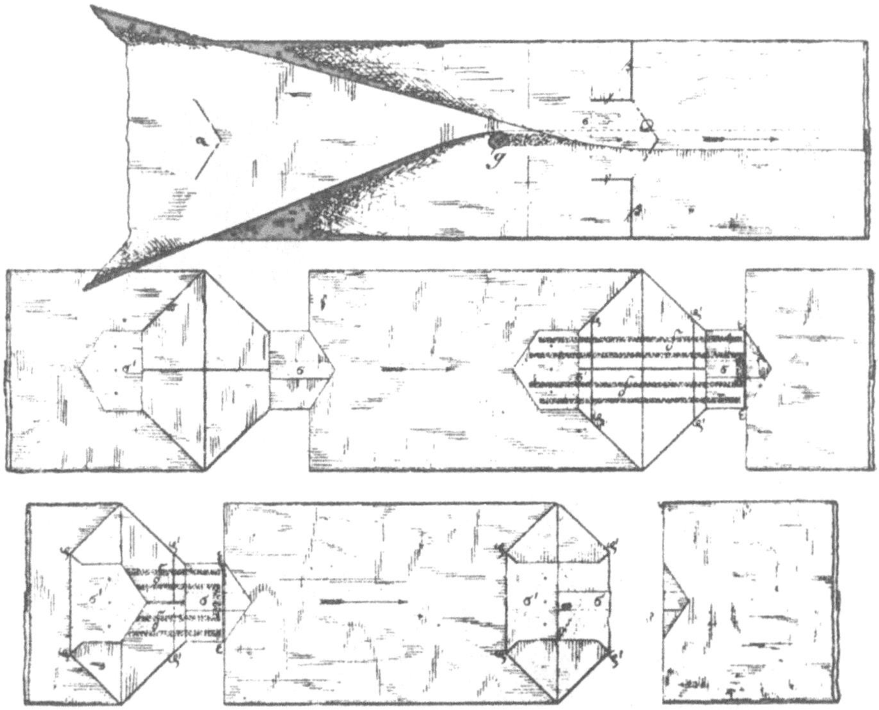

Fig. 202, 203 u. 204.

wegung von einer mit einem darunter befindlichen Zwischengetriebe verbundenen Riemenscheibenwelle erhält.

Ein Stirnrad V, welches auf der die zweite antreibende Walze I tragenden Welle angebracht ist, wird auf bekannte Art von einem Motor getrieben. Das Stirnrad V greift in ein Rad V^1 ein, dieses durch das Zwischenrad V^2 in ein kleineres Getriebe V^3 auf der Welle e, welche das Vorbereitungsmesser E und das Reibungskissen E^1 trägt. (Fig. 170.)

Ferner wird ein Stirnrad V^4 von V getrieben, um das Rad V^5 und die Welle der Führungswalze L zu drehen. V^5 treibt das Rad V^6 der Kleisterwalze M, sowie ein Rad V^7 auf der Welle, welche das trennende Messer O trägt.

Ein Riemen läuft von der Scheibe W^1 auf der Welle mit V^5 über eine Spannrolle W^3, und eine Rolle W^2 auf der Welle der Falt- und Kompressionswalze S. Die endlosen Bänder pp

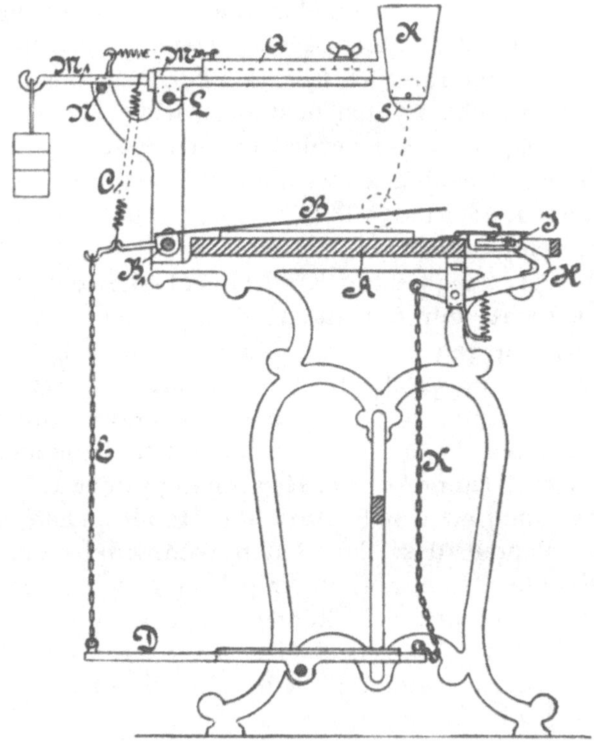

Fig. 205.

laufen über die Ansätze X^1 dieser Walze S, diese Bänder laufen über den Führungscylinder L und die Führungsrollen Z^1Z^1.

Die Bewegungsrichtung der verschiedenen Teile ist in den Zeichnungen durch Pfeile angedeutet.

Eine sehr handliche Maschine hat Philipp Thomä in Hartmannsdorf bei Burgstädt in Sachsen konstruiert und ist diesem unter No. 62 649 patentiert worden. Die Figuren No. 205 bis 210 zeigen die schon äusserlich einfache Maschine, die wohl viel zur Hausindustrie gebraucht wird. Der Erfinder erklärt den Begriff des Kreuzbodenbeutels folgendermassen unter Hinweis auf die Figuren: Unter Kreuzbodenbeutet versteht man einen zum Einpacken von Waren dienenden Papiersack, dessen Boden in folgender Weise gefaltet ist. Zunächst wird das rechteckige oder quadratische Papierstück in den Linien a—c und b—d, Fig. 208, zusammengebrochen und in Querrichtung in Linie e f aufgebogen; darauf drückt man diesen aufgebogenen Schlauch so ein, dass die Endpunkte c und d, Fig. 208, wie in Fig. 209 aneinander zu liegen kommen und der Schlauch eine quadratische Fläche bildet. Die entstandenen Ecken dieser Fläche werden nochmals, wie Fig. 212 zeigt, zusammengeschlagen; diese verdecken den Spalt g h, Fig. 211 und der Boden ist nach dem Zusammenkleben fertig. Bei diesen Kreuzbodenbeuteln ist das übliche Eindrücken der Ecken bei Füllung derselben unnötig.

Bisher stellte man diese Kreuzbodenbeutel entweder ohne Hilfsmittel, direkt durch Handarbeit her, oder benutzte nach dem Zusammenlegen zu einem flachen Schlauch eine breite hölzerne Zange, in welche man die Beutel bis zur Linie e f, Fig. 208 einspannte, worauf man die weiteren Einbiegungen des vorstehenden Teiles auf der als Tisch dienenden Zänge vornahm. Die letztere Art der Herstellung war zwar bequemer, musste aber auch mehrmals durch die Hände gehen und hatte noch den Nachteil, dass der Boden rechtwinklig zum Beutel stand und daher nachträglich umgeschlagen werden musste, um die Beutel verpacken zu können.

Folgende Einrichtung soll eine schnellere Herstellung ermöglichen: Auf der hinteren Seite eines Tisches A, Fig. 205 und 206, liegt die Achse B_1, welche eine Blechplatte B von der Breite des Beutels trägt. Diese Platte wird beständig durch eine Feder C auf den Tisch gezogen, jedoch für gewöhnlich durch das Uebergewicht des zweiarmigen Hebels D, welcher mit einem Fusstritt in Verbindung steht, etwas gehoben, so dass man das zurechtgeschnittene Papier darunter schieben kann. Rechts und links von der Platte B, sind die Leisten FF, Fig. 206, angebracht; sobald sich die Platte B senkt, wird das vorgelegte Papier auf beiden Seiten rechtwinklig aufgebogen, und zwar in den Linien a—c und b—d, Fig. 208. Das Umbiegen nach Linie e f, Fig. 208, erfolgt durch die Platte G, welche sich um das Gelenke G_1G_1 drehen kann. Das Umlegen der Platte G geschieht durch den Hebel H, dessen vorderer Teil in einen Schlitz I eingreift. Durch Anziehen der Kette K kommt der Hebel H mit der Platte G in die durch Fig. 210 angegebene Stellung, und das über der Platte liegende Papier wird in der Querrichtung umgebogen.

Um vor dem Umbrechen der Ecken x und y, Fig. 212 das Papier von g bis h, Fig. 211, mit Kleister zu versehen, ist über dem Tisch der selbstthätige Kleisterapparat angebracht. Um die Achse L dreht sich eine Schlittenführung M, deren Verlängerung M_1 belastet ist und sich auf dem Stab N auflegt, so dass der Apparat in Ruhe etwas horizontal liegt. Der Schlitten Q trägt den mit Kleister gefüllten Behälter R, dessen Boden durch eine Rolle geschlossen wird. Soll das Papier mit einem

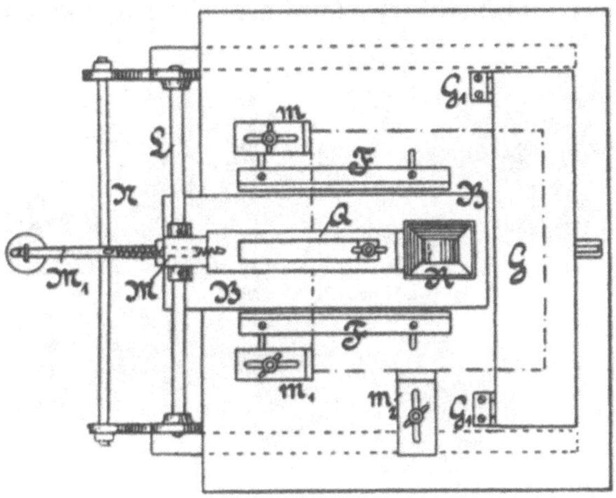

Fig. 206.

Streifen Kleister versehen werden, so neigt man den Apparat mit der Hand, so dass die Rolle in die punktierte Lage kommt, und zieht den Schlitten vor. Die Rolle rollt auf dem Papier hin und giebt Kleister ab.

Der Arbeitsgang ist nun folgender:

Sind die zurechtgeschnittenen Papiere durch das übliche Uebereinanderlegen und Bestreichen mit Kleister mit einem Kleisterrand z, Fig. 207, versehen, so legt der Arbeiter den Bogen unter die Blechplatte B, Fig. 205 und 206, bis das Papierstück an die Anschläge m m_1 m_2 trifft und bewegt den Tritt derart, dass die Kette E schlaff wird, was zur Folge hat, dass die Feder C die Platte B auf den Tisch drückt und die Leisten FF den Bogen rechts und links in die Höhe biegen. Der Arbeiter drückt die Teile vollständig nieder, und das Papier ist, wie Fig. 209 zeigt, zusammengeklebt. Durch das Heben der Kette E spannt sich die Kette K und zieht schliesslich an dem Hebel H, welcher die Platte G wendet und das Papier (nach Linie e f, Fig. 208) umbiegt. Der Arbeiter lässt die Platte G wieder zurückdrehen und biegt nun mit der Hand von dem umgebogenen Teil die Ecken ein (Fig. 211). Nun setzt der Arbeiter den Kleisterapparat in Thätigkeit und fährt damit von g bis h, Fig. 211, entlang, worauf die Ecken x und y, Fig. 212, eingeschlagen und festgeklebt werden. Der Beutel wird nun von der Platte B, Fig. 205, abgezogen und ist, da er vollständig flach liegt, sofort zum Verpacken in Packete bereit.

Fig. 209.

Fig. 207.

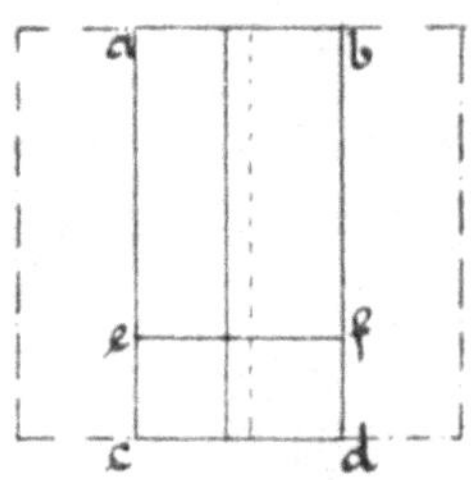

Fig. 208.

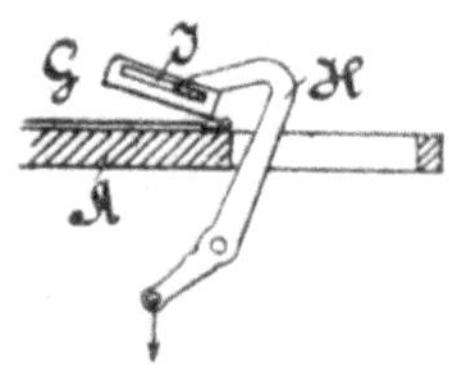

Fig. 210.

Bei der in der Neuzeit so grossartig entwickelten Versendung von „Mustern ohne Wert“, zu welcher hauptsächlich die fertigen Faltenbeutel im Geschäftsbetrieb benutzt werden, ist es angebracht, einer Vorrichtung zur Herstellung von Faltenbeuteln mit Falten auf drei Seiten, zu gedenken. Robert Canis in Dresden ist eine solche Vorrichtung unter No. 72098 patentiert worden, und da dieselbe verhältnismässig einfach ist, mag sie in Nachfolgendem noch beschrieben sein: Fig. 213 zeigt den Apparat im Aufriss mit aufgestelltem und Fig. 214 mit umgeklapptem Handgriff, während Fig. 215 einen Aufriss der entgegengesetzten Seite, Fig. 216 einen Querschnitt nach Linie 1—2 der Fig. 215, und zwar mit aufgestelltem Handgriff und 217 denselben Querschnitt mit umgeklapptem Handgriff darstellt.

$a\,a^1$ sind zwei rechteckige metallene Platten, die durch zwei Federn $f\,f^1$ in gleichmässigem Abstande gehalten sind.

Auf die Platte a^1 ist ein Federgehäuse g, in welchem die Feder k mit Anschlagstift r untergebracht ist, aufgeschraubt.

Das Federgehäuse ist ferner mit zwei Flacheisen ll^1 versehen, in welchem durch den Stift m der Hebel d gelagert ist. Derselbe ist an seinem hinteren Ende abgekröpft und endet in einen Handgriff; am vorderen Ende ist er abgeschrägt und an der unteren Fläche mit einer Filzplatte d_1 versehen. Auf ihn ist eine Feder e mit Schrauben e^1 aufgeschraubt, die einen kleinen Quergriff p in Stellung hält. Die Platten $a a^1$ besitzen

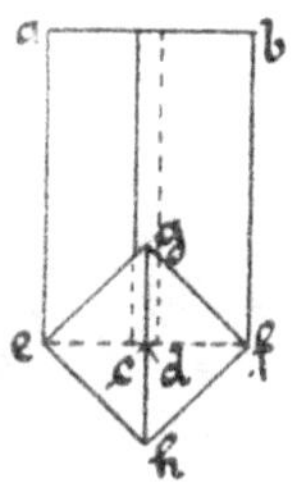

Fig. 211.

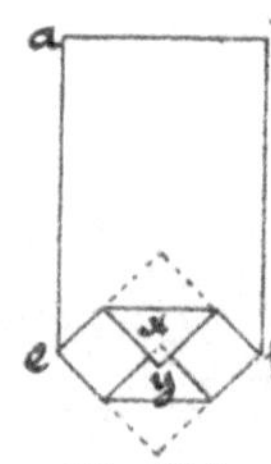

Fig. 212.

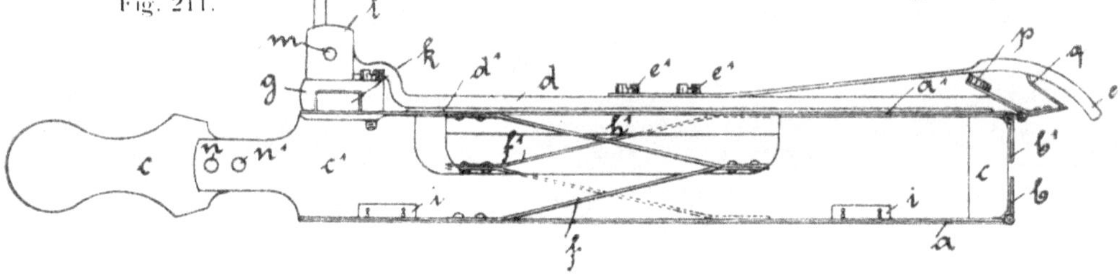

Fig. 213.

kleine Klappen $b b^1$, welche sich in Federscharnieren drehen. Ueber demselben, an der Platte a^1, ist ein Teil gelagert, dessen Form dem zusammengeklappten Zustande entspricht und der mit dem Quergriff p fest verbunden ist. c ist durch in Schlitzen oo^1 geführte Schrauben mit dem in Scharnieren ii^1 gelagerten Teile c^1 verschiebbar verbunden und kann, je nachdem ein Stift in das Loch n oder n^1 gesteckt wird (Fig. 213) bald in der äussersten Lage rechts, bald in der äussersten Lage links mit dem Teil c^1 unverrückbar verbunden werden. Damit der Handgriff nicht über die senkrechte Stelle hinaus gedreht werden kann, sind zwei Anschlageisen hh^1 auf die Platten aa^1 genietet. Die Wirkungsweise des Apparatas ist folgende:

Der Handgriff c wird aufgeklappt und sein Stift in das Loch n^1 des Teiles c^1 vorgeschoben, wodurch die Klappen bb^1 in senkrechter Stellung gehalten sind. Der Hebel d wird an seinem Handgriff um den Stift m gedreht, wodurch der auf der Feder k sitzende Anschlagstift zurückgeschoben wird, um,

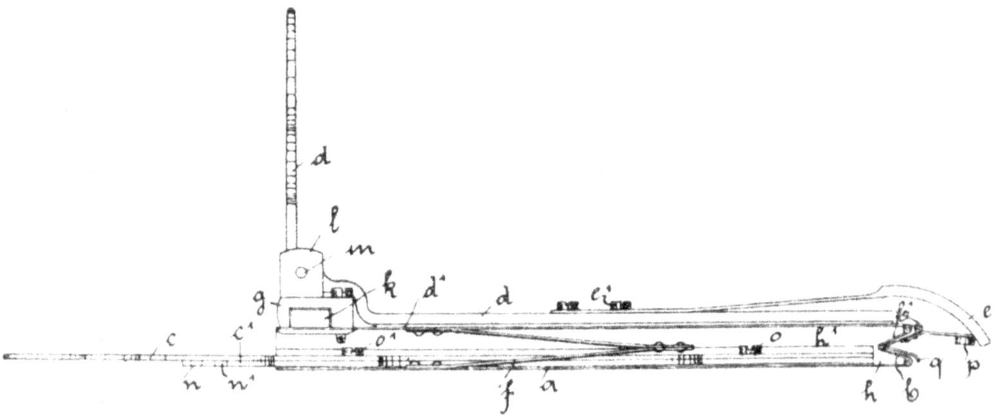

Fig. 214.

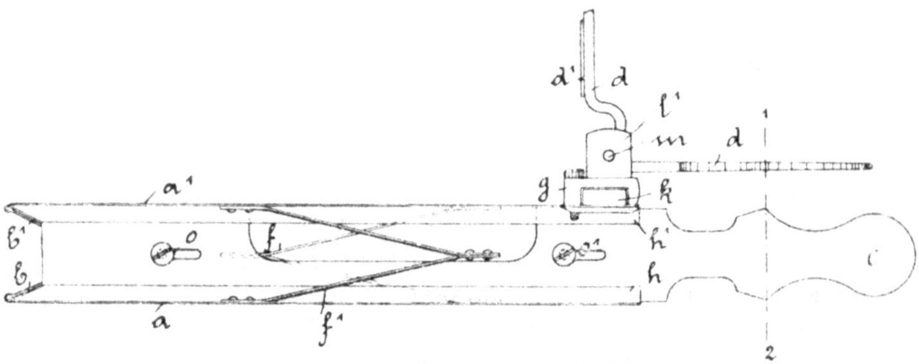

Fig. 215.

wenn der Hebel d die in **Fig.** 215 veranschaulichte Stellung eingenommen hat, gegen denselben zu drücken und ihn in seiner Lage festzuhalten. Der ganze Apparat wird jetzt auf ein an einer Kante mit Kleister bestrichenes rechteckiges Papier gesetzt, letzteres um die Kanten I, II, III, IV, Fig. 216, gelegt und auf der Platte a übereinandergelegt, so dass die unbestrichene Längskante auf die bestrichene zu liegen kommt.

Der Hebel d wird jetzt in die Lage Fig. 213 zurückgebracht und hält die Ueberdeckung fest. Das Papier wird nun zur Bildung des Bodens vom Faltenbeutel bei den Klappen bb^1 eingekniffen und durch den Teil q, nachdem derselbe an seinem Quergriff p um ein Scharnier gedreht ist, festgehalten. Durch Zurückziehen des Handgriffs c, bis das in demselben vorgesehene Stiftloch mit dem Stiftloch n korrespondiert, erhalten die mit Federscharnieren versehenen Klappen bb^1 die in Fig. 215 gezeichnete Stellung, und die Feder e drückt den Teil q an

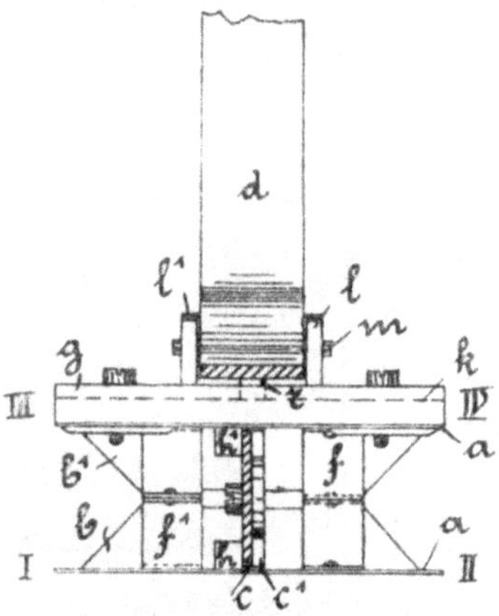

Fig. 216.

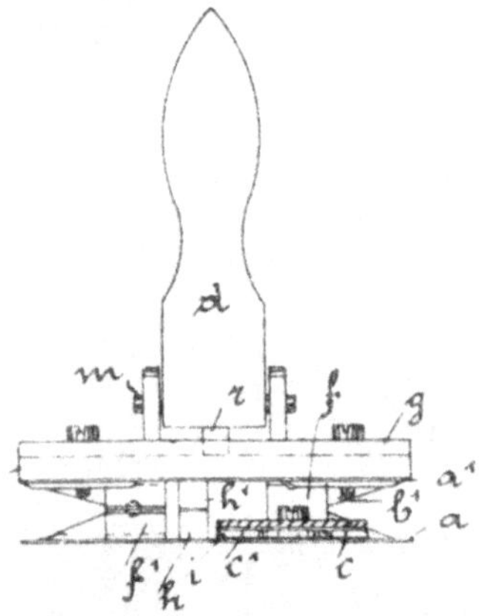

Fig. 217.

dieselben. Dadurch ist die Falte am Boden des Beutels hergestellt und festgehalten. Um nun noch die Längsfalten des Beutels herzustellen, wird der Handgriff c und mit ihm der Teil o^1 um die Scharniere des letzteren gedreht, wodurch der Apparat die in Fig. 214 angegebene Stellung einnimmt. Der fertige Beutel wird jetzt, nachdem der Hebel d und mit ihm die zurückgezogenen Teile pq wieder senkrecht gestellt sind, herausgenommen.

Um einem Papiersack blasebalgförmige Falten zu geben, die zur Benutzung des Sackes besonders bequem sind, hat sich Myron Nathaniel Stanley in Paris einen Apparat unter No. 23209 patentieren lassen, der an jeder beliebigen Beutelmaschine angebracht werden kann. Dieser Falzapparat ist in den Figuren 218 und 219 abgebildet und folgendermaassen beschrieben: Der Apparat kann an Maschinen angebracht werden, die aus einem endlosen Papierstreifen Papiersäcke ganz beliebiger Form, auch solche besonders in Art von Blasebälgen herstellen. Dieser Falzapparat wird auf der Strecke des Papierstreifens befestigt und wirkt stets, ob die Maschine sich nach rückwärts oder vorwärts bewegt. In den Zeichnungen ist Fig. 218 ein Grundriss und 219 eine Vorderansicht des betreffenden Apparates.

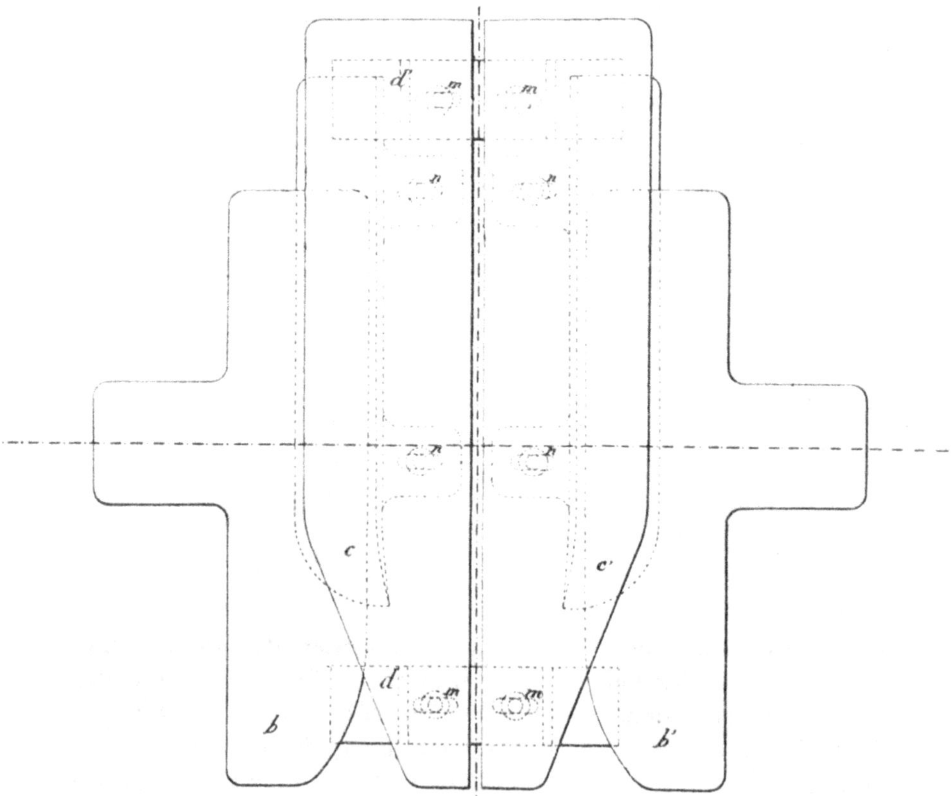

Fig. 218.

aa¹ sind die Hauptplatten, auf denen sich der Papierstreifen ohne Ende bewegt. bb¹ zeigen die dazugehörigen Gegenplatten mit ihren Widerlagern cc¹. dd¹ bilden die Träger der beiden Platten aa¹, während ee¹ diejenigen der Gegenplatten bb¹ sind. mnp sind Schrauben und Muttern zur Befestigung der oben erwähnten Teile untereinander.

Der Apparat besteht aus den beiden Zwillingsplatten a un a¹, welche mittelst der Schrauben m an den beiden Trägern d und d¹ befestigt sind.

Auf die beiden Platten a und a¹ sind die Widerlager cc¹ aufgeschraubt und zwar derartig, dass dadurch zwei Rinnen gebildet werden, in die sich die beiden Gegenplatten b und b¹ hineinlegen. Die letzteren werden von den Trägern e und e¹ mittelst der Schrauben und Muttern p festgehalten.

Der endlose Papierstreifen nimmt z. B. eine beliebige Lage ein, der Falzapparat legt sich sodann auf den in Fig. 219 punktiert gezeichneten Papierstreifen; der eingezeichnete Pfeil zeigt die Richtung an, nach der sich der Papierstreifen bewegt.

Man bringt den Papierstreifen mit seinen seitlichen Kanten vermittelst der Hand in die in Fig. 219 punktiert angegebene Lage zwischen die Platten aa¹ und ihre Gegenplatten bb¹; die Falten, bezw. Falze werden dann beim Vorrücken des endlosen Papierstreifens, sobald dieser einmal erfasst ist, von selbst weiter hervorgebracht.

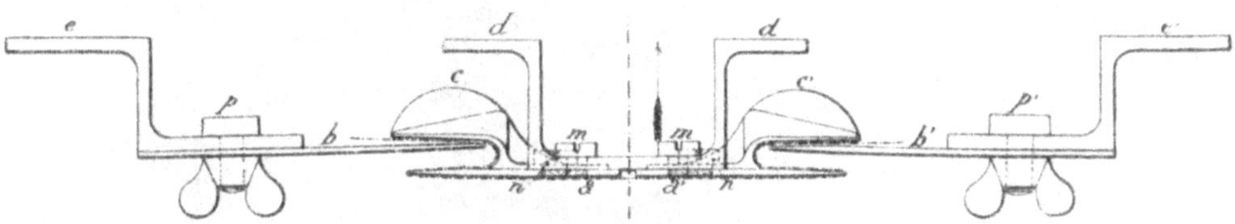

Fig. 219.

Dieser Falzapparat kann beliebig in irgend einer Weise und an beliebiger Stelle mittelst der Träger ee¹ angebracht werden.

Der Rest der Behandlungsweise geschieht je nach Art der Maschine, an welcher vorliegender Apparat angebracht wird; die Papiersäcke oder Düten, anstatt wie bei den jetzigen Maschinen durch eine seitliche scharfe Kante, welche aus den beiden gegenüberstehenden und abgeplatteten Seiten des Papiersackes resultiert, begrenzt zu werden, haben blasebalgförmige Falten, wodurch die Düte oder der Papiersack bequemer zum Gebrauch wird, indem derselbe sowohl die rechtwinklige wie auch eine quadratische Form einnehmen kann, sobald diese Falten geöffnet werden.

Die Falze mit Schrauben und Muttern bei diesem Apparat sind in länglichen geschlitzten Oeffnungen gelagert, so dass auf diese Weise sämtliche einzelne Teile dieses Falzapparates in verschiedenen Lagen zueinander angebracht werden können, wodurch die Herstellung von Papiersäcken verschiedener Grössen und verschiedener Falzbreiten ermöglicht wird.

Zwar nicht zur eigentlichen Papiersack- oder Dütenfabrikation gehörig, aber doch innig damit zusammenhängend, muss

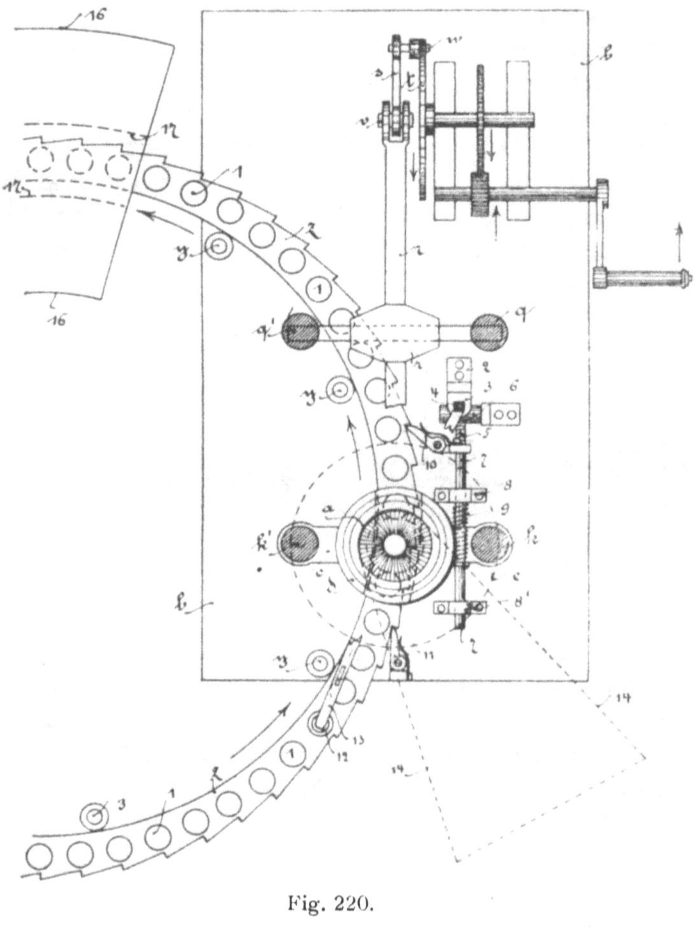

Fig. 220.

noch der Papierkapseln Erwähnung gethan werden, welche hauptsächlich zur Umhüllung von Confitüren oder auch für Arzneiflaschen Verwendung finden. Ein Patent, No. 48 067, hierüber hat Paul Bruch in Berlin erworben, und besteht danach das Hauptsächlichste der Vorrichtung aus folgendem: Bei den bisherigen Einrichtungen zur Herstellung von Papier-

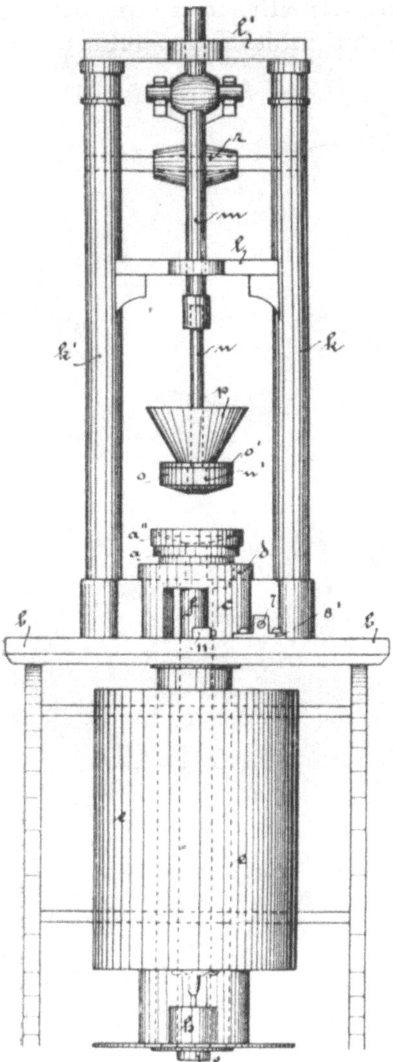

Fig. 221.

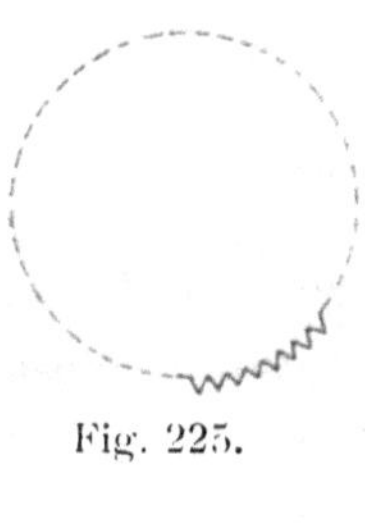

Fig. 225.

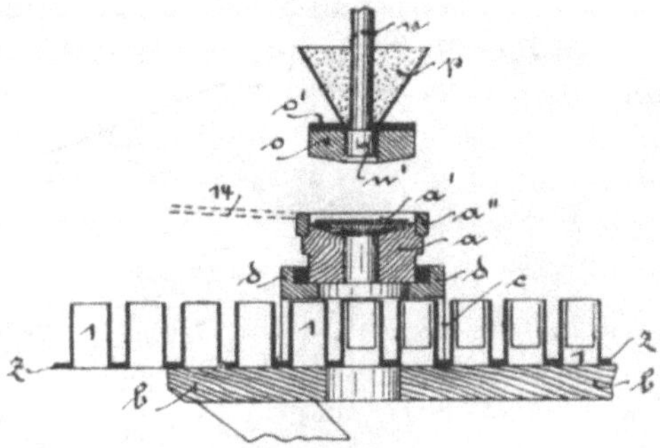

Fig. 223.

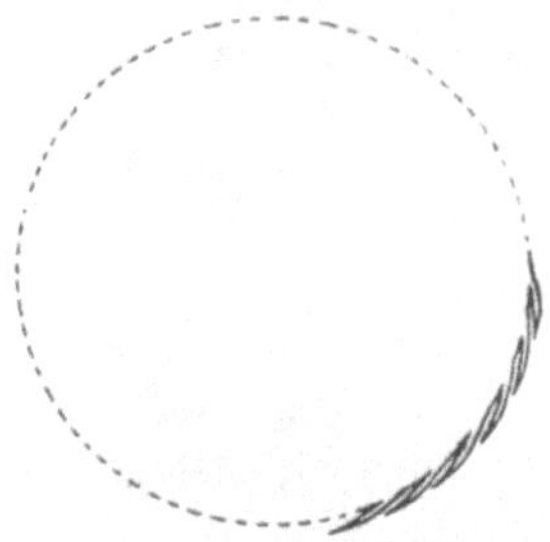

Fig. 226.

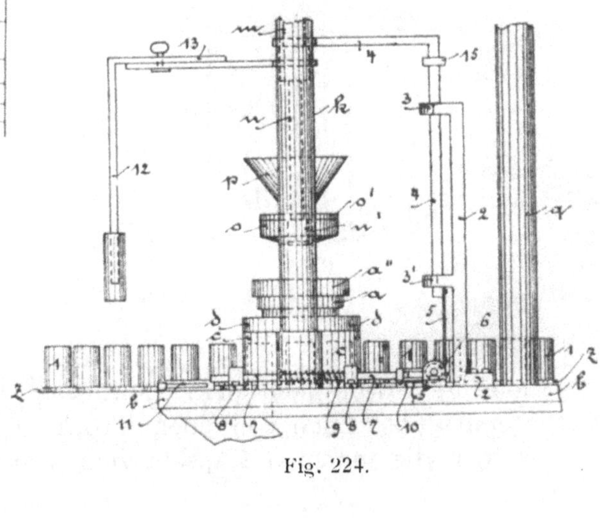

Fig. 224.

kapseln als Behälter zu Confitüren, für Arzneiflaschen u. s. w. wird der Pressstempel meist mit der Hand in die Form geführt

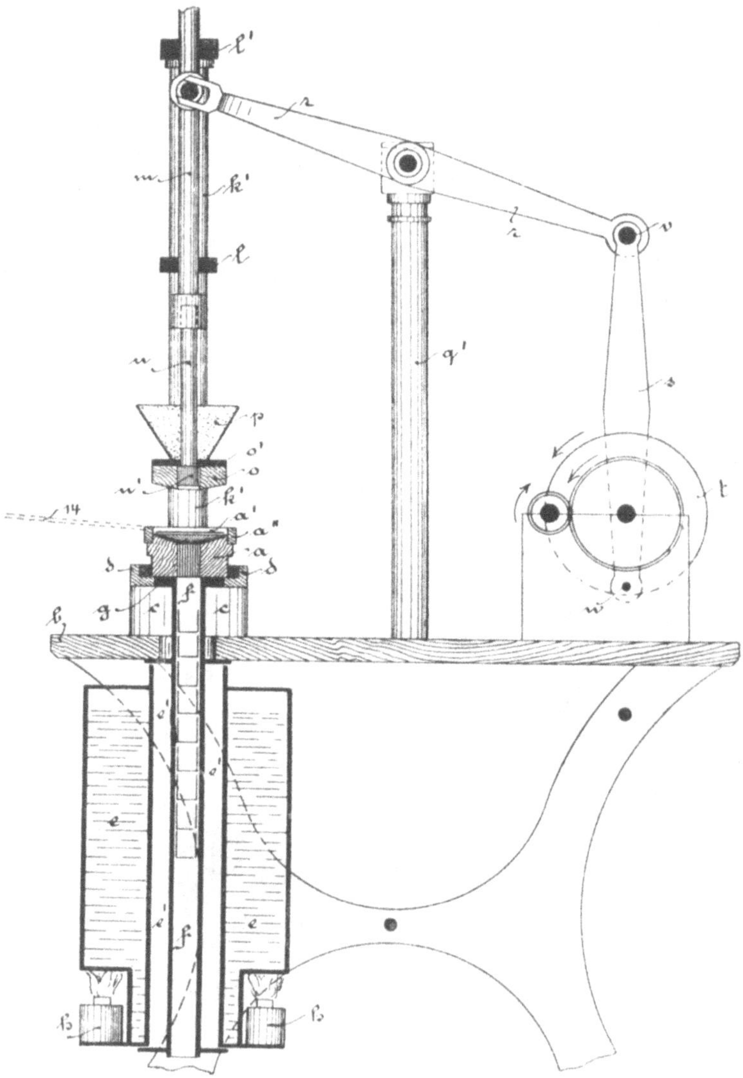

Fig. 222.

und die Form nach dem Einführen des Papieres mit dem Stempel über Löcher in einem Trockenbrett gehalten. Sodann werden die feuchten Kapseln zum Trocknen in diese Löcher vom Stempel eingeführt, was zeitraubend und unsicher ist. Vorliegende Erfindung besteht nun darin, dass mit derselben die Kapseln maschinell durch irgend einen mit dem Pressstempel in Verbindung gebrachten Motor nicht nur geformt, sondern auch sogleich aus der Form in den Trockenbehälter befördert und daselbst getrocknet werden, wodurch einesteils viel Zeit erspart wird und andernteils gute, gleichmässige und fehlerfreie Kapseln herzustellen sind. Aus den nachfolgenden Figuren No. 220 bis 226 zeigt Fig. 220 den Grundriss der Maschine zur Herstellung von sogenannten Frucht-, wie auch sogenannten Ragoutkapseln, Fig. 221 die Vorderansicht, Fig. 222 den Längsschnitt und teilweise eine Seitenansicht der Maschine, Fig. 223 den Längsschnitt einer Abänderung an derselben zur Herstellung von Ragoutkapseln, Fig. 224 die Seitenansicht dieser Maschine mit der Trockenvorrichtung. Fig. 225 zeigt den Querschnitt einer Fruchtkapsel und Fig. 226 denjenigen einer Ragoutkapsel.

Beide Anordnungen, in den Figuren 221 und 222, wie auch in den Figuren 223 und 224, verdanken ihre Entstehung einem und demselben Erfindungsgedanken und sind nur Abänderungen, wie sie die verschiedene Form der Kapseln, Fig. 225 und 226, erfordern.

Wie aus den Figuren 221 bis 224 ersichtlich wird, ist auf der Platte b der Formhalter c d derart angebracht, dass die Form a je nach ihrer Grösse in den Ring d eingesetzt und mittelst Klemmringes und Schrauben festgehalten werden kann. Unter der in den Ring d eingesetzten Form ist für Fruchtkapseln ein durch die Grundplatte b hindurchgehendes Wärmerohr f mit seinem Flantsch g in einer entsprechenden Ausbohrung des Formhalters c aufgehängt, Fig. 221. Das Rohr f führt durch einen unterhalb der Platte b angebrachten Wasserbehälter e und zwar innerhalb eines Rohres e^1, so dass letzteres durch das von der Feuerung h zum Kochen gebrachte Wasser genügend erwärmt wird, um die fertigen feuchten Kapseln bei ihrem Durchgange zu trocknen, nicht aber so warm werden kann, dass die Kapseln gebräunt oder angesengt werden. Das Rohr e^1 ist so weit, dass Rohre von den verschiedensten, der Grösse der anzufertigenden Kapseln entsprechenden Durchmessern eingehängt werden können. Der Wasserbehälter e erhält an irgend einer geeigneten Stelle ein Abzugsrohr oder auch nur eine Oeffnung für den Dampf.

Rechts und links von dem Formhalter c d sind Säulen **k k**^{1}, Fig. 221 auf der Platte b befestigt, welche durch übereinanderliegende Schienen l l^1 verbunden sind. In diesen Verbindungsstücken wird die Führungsstange m, an welcher die Stempelstange n mit dem Stempel n^1 befestigt ist, durch irgend einen mit ihr verbundenen Motor auf- und niederbewegt, wobei ein Führungsschlitz in m und geeignete Führungen in den Verbindungsstücken l l^1 ein Kanten bezw. Abweichen von der erforderlichen geraden Richtung unmöglich machen.

Am Stempel n^1, welcher von aussen dem Innern der Form a entsprechend eingekerbt ist, ist lose ein Deckel o angebracht, welcher innen mit der oberen schrägen Fläche der Form a entsprechenden radialen Einkerbungen versehen ist und den Zweck hat, das auf die Form gebrachte Papier a^1 beim Einführen in richtiger Lage festzuhalten, wobei derselbe durch eine auf ihm angebrachte Beschwerung p unterstützt wird. Auf der oberen Aussenfläche des Deckels o befindet sich eine enger als o ausgebohrte Platte o^1, so dass beim Herausgehen des Stempels n^1, bezw. beim Emporgehen der Führungsstange m der Deckel o mitgeführt wird, Fig. 221. Die Auf- und Niederbewegung der Führungsstange m erfolgt im dargestellten Falle, Fig. 222, durch einen in den Säulen q q^1 lagernden Hebel r, an dessen Endpunkt v ein Verbindungsarm s angebracht ist, in welchem durch einen excentrischen Bolzen w die Scheibe t auf- und niederbewegt wird.

Das Verfahren zur Herstellung der Fruchtkapseln, **Fig.** 225, ist folgendes:

In den auf der Form a, Fig. 221, lose sitzenden Ring a^2 werden fünf bis sieben gleichmässig übereinander gelegte, vorher angefeuchtete und auf dem Brett 14 (punktierte Linien in Fig. 220 und 222) aufgestapelte runde Papierblättchen a^1, deren Verschieben der Ring a^2 hindert, gelegt, worauf die Führungsstange m mit dem Stempel n^1 und dem mit p beschwerten Deckel o herabgeht; die Innenseite des Deckels o kommt zunächst auf die Papierblätter a^1 zu sitzen, presst letztere infolge der Beschwerung p an die schiefe Fläche der Form a und hält sie hier so lange fest, bis der Stempel n^1 in das Innere der Form a eintritt, hierbei die Papierblätter a^1 mitführt und die Kapsel, Fig. 225, formt. Beim weiteren Herabgehen des Stempels n^1 wird die nunmehr fertige, aber feuchte Kapsel in das Wärmerohr f geführt, der Stempel n^1 geht zurück, nimmt beim Austritt aus der Form a den lose um die Stempelstange n sitzenden Deckel o mit Platte o^1 und Gewicht p mit sich, und der vorstehend beschriebene Vorgang wiederholt sich. Die in das Wärmerohr f eingeführte feuchte Kapsel hat sich beim Austritt aus der Form mit ihrem äusseren gerippten Rande an die innere Wandung des Rohres f angelegt, wird durch die folgenden in f eingeführten Kapseln weiter nach unten geführt, Fig. 222, hierbei genügend getrocknet und fällt schliesslich in einen unter f angebrachten Sammelbehälter.

Um mit derselben Maschine sogenannte Ragoutkapseln, Fig. 226, deren Rand infolge seiner übereinanderliegenden Falten ein Herabstossen der feuchten Kapseln innerhalb des Rohres f durch eine folgende Kapsel nicht gestatten würde, herstellen zu können, wird das Rohr f mit dem Behälter e fortgenommen und als Trockenvorrichtung ein aus 2 Teilen bestehender Kranz z mit kurzen, nur für je eine Kapsel bestimmten, rohrartigen, oben und unten offenen Hülsen i derart angebracht, dass derselbe, auf der Platte b schleifend, innerhalb eines Ausschnittes in dem Formhalter c, Fig. 223, geführt wird, beim Durchgang durch c stets mit einer Hülse i in dem Augenblick unter Form a zu stehen kommt, wenn der Stempel n^1 in die Form a eintritt, und erst weiter bewegt wird, wenn die feuchte Kapsel in die Hülse i eingeführt und der Stempel aus derselben bezw. aus der Form herausgetreten ist. Um die regelmässige Bewegung des ausserdem an den Rollen y geführten Kranzes z in der Richtung der Pfeile, Fig. 220, zu ermöglichen, ist auf der Platte b, wie Fig. 224 zeigt, ein Ständer 2 mit den rechtwinkligen Führungsstücken 3, 3^1 angebracht, in denen eine Zugstange 4 von der Führungsstange m aus auf- und niederbewegt wird. Das obere Ende dieser Zugstange 4 ist rechtwinklig gegen die Führungsstange m abgebogen und greift gabelförmig um letztere. Am unteren Ende der Stange 4 ist eine Kette 5 angebracht, welche über eine Rolle 6 läuft und andererseits mit einer Stange 7 verbunden ist, Fig. 220 und 224. Diese Stange 7 wird in den Lagern 8 und 8^1 geführt, ist von einer Spirale 9 umgeben und mit einer Sperrklinke 10 versehen, welche bei jedesmaligem Anzug der Kette 6, bezw. bei jedesmaligem Emporgehen der Führungsstange m mit dem Stempel n^1 den Vorschub des Kranzes z, mit dessen Zähnen sie in Eingriff steht, bewirkt. Ein Zurückgehen des Kranzes z verhindert die an der Platte b angebrachte Sperrklinke 11. Der Kranz z gleitet in der Richtung der Pfeile, Fig. 220, mit den in den Hülsen 1 befindlichen feuchten Kapseln nach dem Heraustreten aus dem Formhalter c eine Strecke lang durch einen Wasserbehälter 16 und zwar ebenfalls durch einen in der Mitte desselben angebrachten, dem Kranze z und der Höhe der Hülsen 1 entsprechenden Mantel 17, welcher durch das im Behälter 16 befindliche heisse Wasser so erwärmt wird, dass die Kapseln vollständig getrocknet und vor dem erneuten Eintritt in den Formhalter c durch den Ausstosser 12 in einen Sammelbehälter gestossen werden können, Fig. 224. Der Ausstosser 12 ist durch seinen verstellbaren Arm 13 mit der Führungsstange m fest verbunden, macht mithin alle Bewegungen derselben mit, geht beim Niedergange durch die Hülsen 1 hindurch und stösst hierbei zur bestimmten Zeit die Kapseln heraus. Mit dem Stellring 15, Fig. 224, wird der Hub der Stange 4 und hierdurch auch der Vorschub des Kranzes z durch die Sperrfeder 10 geregelt.

Die Herstellung der Ragoutkapseln, Fig. 226, erfolgt genau so wie diejenige der Fruchtkapseln, bloss mit dem Unterschiede, dass für erstere nur ein feuchtes Papierblatt auf die entsprechende Form gelegt wird, dass der der Form entsprechende Stempel n^1 jede einzelne Kapsel aus der Form in eine besondere rohrartige Trockenhülse 1 des Kranzes z einführt und dass die getrockneten Hülsen nach jedesmaligem Umgange des Kranzes durch einen besonderen Ausstosser 12 in den Sammelbehälter gestossen werden.

Wie in allen Industrien, so hat sich auch bei der Dütenfabrikation schon längst das Bestreben geltend gemacht, mit denselben Hilfsmitteln in derselben Zeit möglichst viel herstellen zu können. Dem hat auch eine Maschine von Robinson zunächst abgeholfen. Schliesslich stellte sich aber heraus, dass auch hier immer noch die Herstellungskosten des Fabrikates zu teuer kamen, und deshalb hat H. H. Möller in Flensburg sich unter No. 5405 eine Maschine patentieren lassen, die eigentlich nur ein neuer Führungsapparat der Robinson'schen ist und bekannte Teile in ihrer gegenseitigen Stellung zueinander derart verändert, dass es dadurch ermöglicht wird, mit einer und derselben Maschine das doppelte, drei- und mehrfache Quantum von Papiersäcken und Düten zu fabrizieren. Die Hauptsache ist, dass die Einrichtung getroffen wurde, mehrere Reihen von Papierdüten auf einer Maschine anzufertigen. Zu diesem Zwecke werden statt einer Rolle Papier deren zwei, drei oder mehr automatisch abgewickelt und zu geklebten und getrockneten Düten verarbeitet. Damit aber für diesen Zweck die Maschine nicht zu breit werde, wodurch sie zu viel Betriebskraft erfordern und in den Mittelpartien der Bedienung schwer zugänglich werden würde, so ist der vorerwähnte neukonstruierte Führungsapparat anzuwenden, der den Zweck

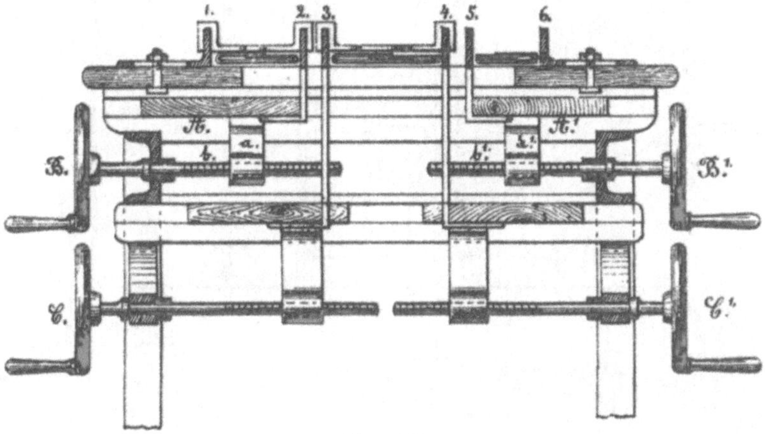

Fig. 227.

hat, die sich zunächst bildenden endlosen, gefalzten, geklebten und glattgedrückten Papierrohre möglichst dicht eines neben dem anderen den Walzen der Maschine zur Weiterverarbeitung zuzuführen.

Auf einer und derselben Maschine sollen aber gleichzeitig mehrere Reihen von Papiersäcken in beliebig regulierbaren Breiten hergestellt werden.

In den beiligenden Figuren 227—234 ist als Beispiel angenommen, dass entweder drei schmälere oder zwei breitere Dütenreihen auf einer Maschine hergestellt werden. Es müssen also die Führungsschienen dementsprechend beliebig seitlich verschiebbar und in jeder Stellung fixierbar sein. Die zugehörigen Stellvorrichtungen dürfen aber nicht zwischen den Führungsschienen in derselben Ebene liegen, weil sie hier dem freien Durchgange der dicht beisammen fortlaufenden Papierdüten-Rohrstränge hinderlich sein würden.

Fig. 227, 228 und 229 zeigen einen diesen Erfordernissen entsprechend konstruierten neuen Führungsapparat für drei dicht nebeneinander fortlaufende Dütenreihen xxx.

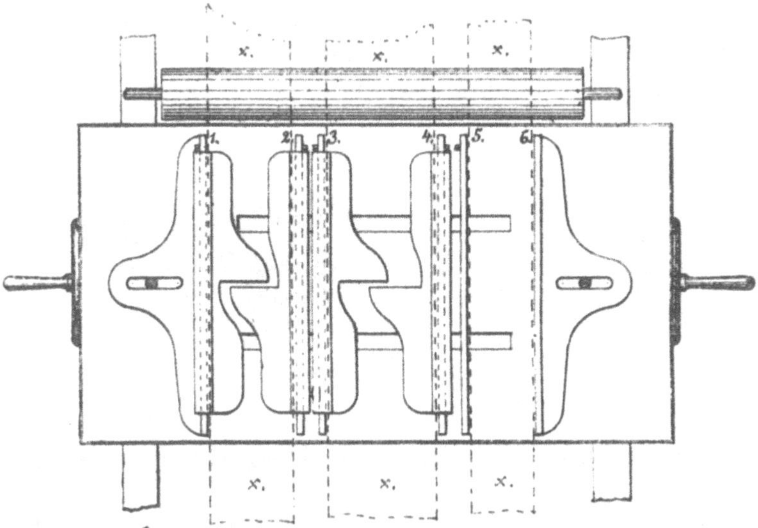

Fig. 228.

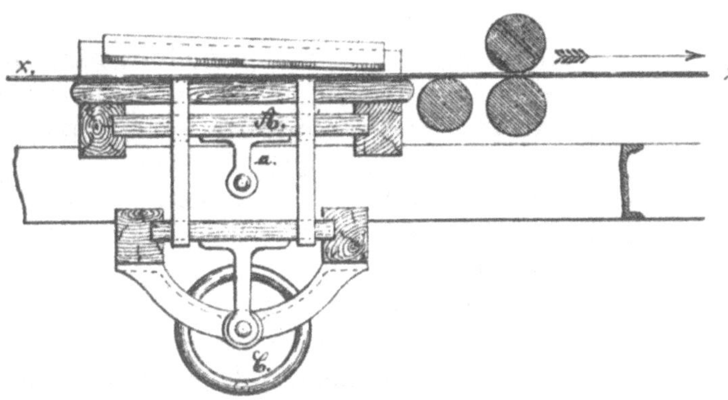

Fig. 229.

Die Führungsschienen 2 und 5 sind an die Schlitten A und A^1 befestigt, welche ihrerseits wiederum mittelst der Mutterstücke a und a^1 mit den Schraubenspindeln b und b^1 gekuppelt

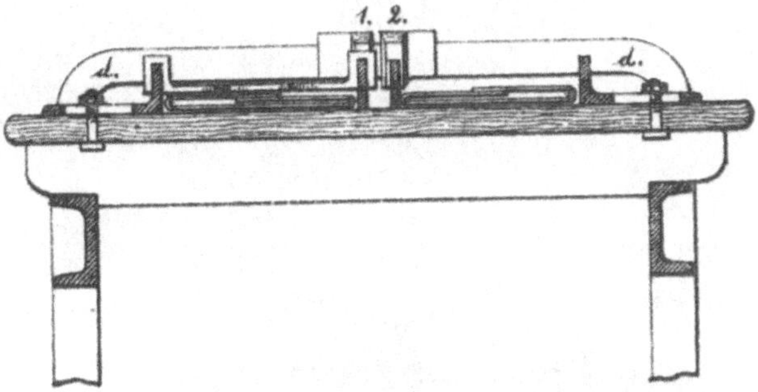

Fig. 230.

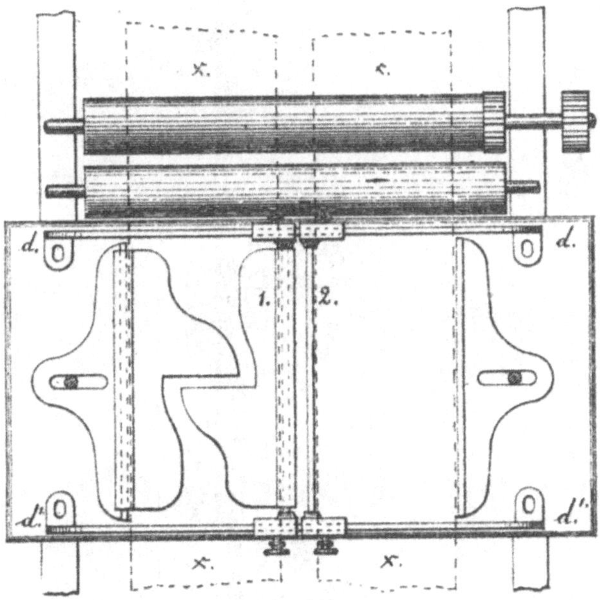

Fig. 231.

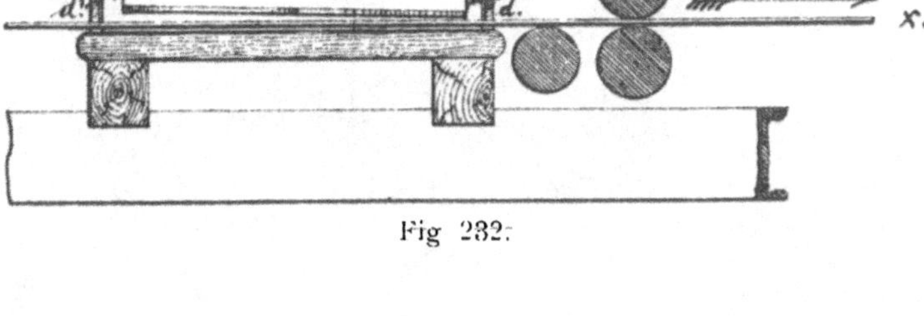

Fig. 232.

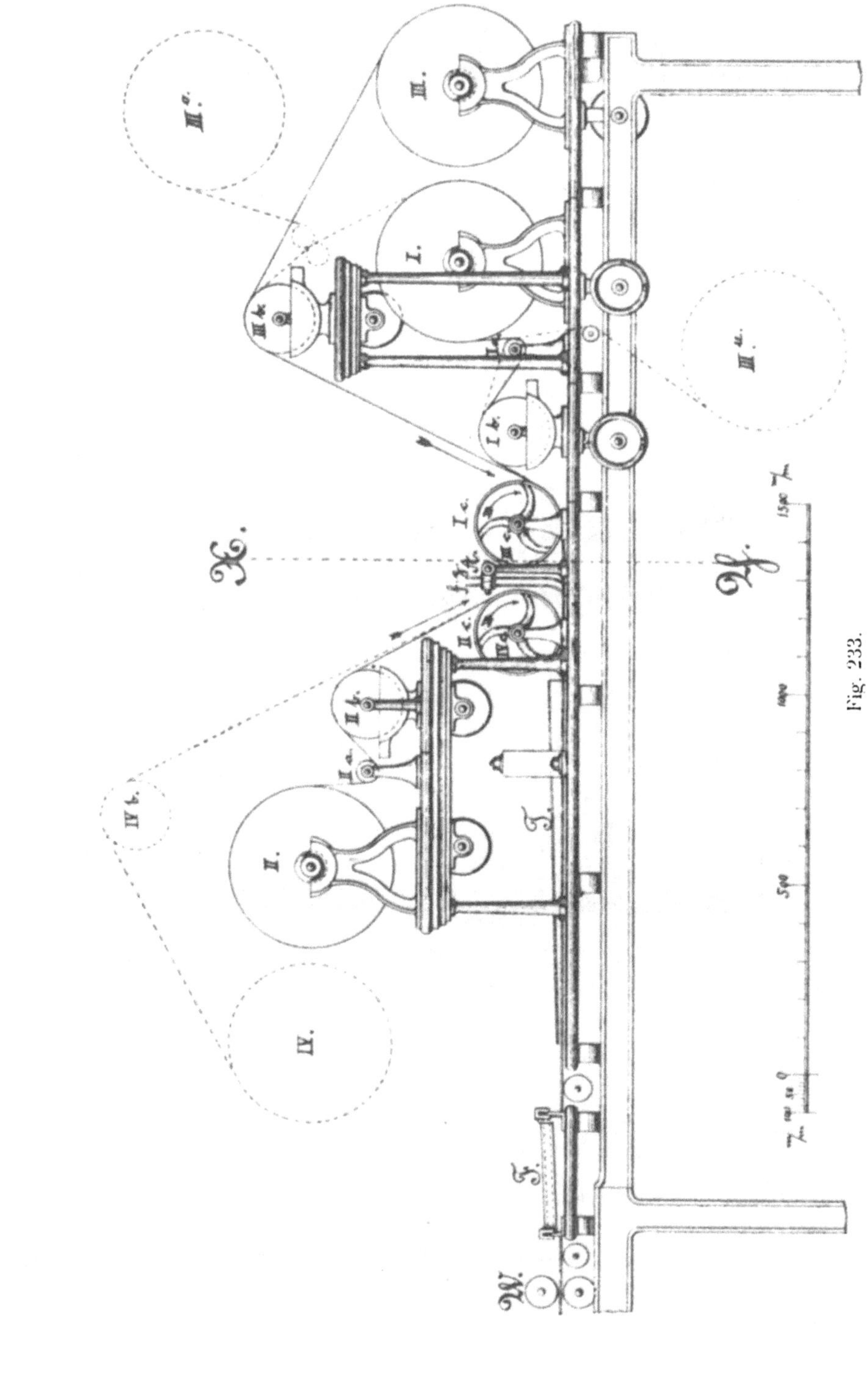

Fig. 233.

sind, so dass die Führungsschienen 2 und 5 durch Drehung der Handräder B und B^1 beliebig reguliert und eingestellt werden können. In ganz gleicher Weise können die Führungsschienen 3 und 4 mittelst der Handräder C und C^1 reguliert werden. Bei den äusseren Führungsschienen 1 und 6 ist die bisher bekannte,

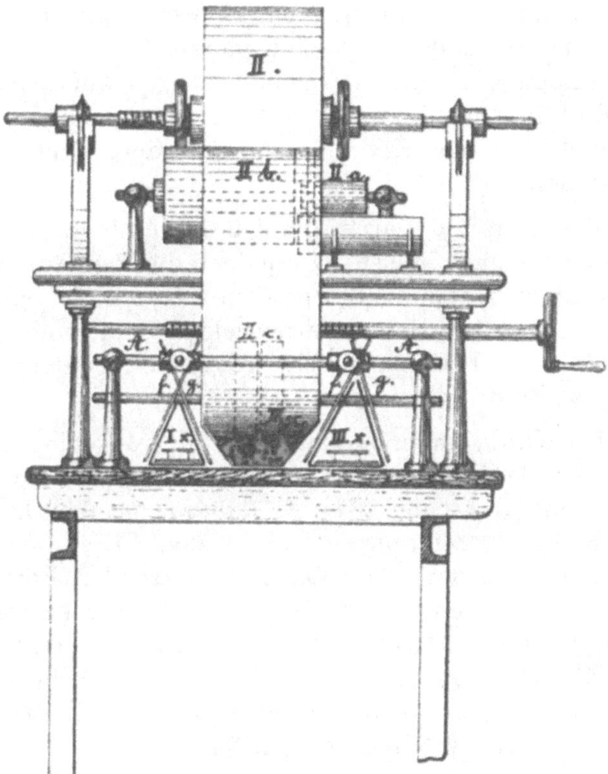

Fig. 234.

aus der Zeichnung ebenfalls ersichtliche Konstruktion beibehalten, weil dieselbe für diese nach den Aussenseiten freiliegenden Schienen ausreichend ist.

Auf ganz einfache Weise wird derselbe Zweck durch den in den Figuren 230, 231 und 232 dargestellten regulierbaren

Führungsapparat erreicht. Hier ist bei der Zeichnung vorausgesetzt, dass die Maschine nur mehr zur Herstellung zweier breiterer Dütenreihen xx eingestellt und deshalb zwei der mittleren Führungsschienen einfach abgenommen seien.

Auf der Tischplatte sind zwei Bügel dd und d^1d^1 befestigt; dieselben reichen fast über die ganze Tischbreite und sind so hoch aufgebogen, dass die zu führenden Papierrohre bequem unter ihnen durchpassieren können. Diese Bügel dd und d^1d^1 dienen als Träger und Befestigungspunkte für die eigentlichen Führungsschienen 1 und 2, welche letzteren auf den Bügeln dd und d^1d^1 in beliebiger Art seitlich verschiebbar sind und mittelst Stellschrauben, Klemmkeilen oder dergleichen fest eingestellt werden.

Das Kleistern und Falzen der Düten geschieht im übrigen in der bisher üblichen Weise. Um jedoch die Papierdütenreihen möglichst dicht zusammenbringen zu können, ist eine neue Kombination und Anordnung der einzelnen Papierrollen, Längskleisterwalzen und Falzscheiben konstruiert, welche in den Figuren 233 und 234 dargestellt ist.

Hierbei wurde angenommen, dass die Maschine so eingestellt sei, dass sie drei Reihen Düten anfertige, und zwar in zwei Reihen I x und III x, Fig. 234, -förmig gefalzte Düten und in einer Reihe -förmig gefalzte Düten. Diese Einstellung kann aber je nach der Wahl der zu benutzenden Formen, beliebig gewechselt werden. Das von der Papierrolle I sich abwickelnde Papier läuft unter der Leitwalze I a durch, sodann über die Kleisterwalze I b und unter den Falzscheiben I c fort, den Tisch entlang durch den Führungsapparat F bis zu dem Walzenpaar W, von welchem es ergriffen und weiter fortgezogen wird. Dadurch nun, dass das Papier in straffgespanntem Zustande unter den Falzscheiben fortgezogen wird, bilden sich da, wo das Papier mit seinen äusseren Rändern über die Aussenkanten der Falzscheiben frei hervorragt, Kniffe, und biegt sich das Papier in diesen Kniffen selbstthätig etwas in die Höhe, wie dies bei dem mittleren Papierstreifen II x, Fig. 232, dargestellt ist. Die Ränder des die Falzscheiben I c, Fig. 231, verlassenden Papieres werden nun mittelst der Führungsstäbe f und g eines regulierbaren Führungsapparates AA, Fig. 231 und 232, seitlich weiter derart aufgebogen, wie dies die Form der Dütenreihe I x, Fig. 234, verdeutlicht.

In derselben Weise läuft das von der Rolle III sich abwickelnde Papier über die Kleisterwalze III b, dann unter den unter I c liegenden Falzscheiben IIIc fort und zwischen den hinteren Führungsstäben f g durch, so dass sich dadurch die Dütenreihe III x in der aus Fig. 234 ersichtlichen Form bildet.

Das von der Rolle II sich abwickelnde, der mittleren Dütenreihe II x angehörige Papier wird unter der Leitwalze II a, dann über die Kleisterwalze II b und zuletzt unter den Falzscheiben II c durch und, die Dütenform T umschliessend, dem Walzenpaar W zugeführt. Aus Fig. 234 ist ersichtlich, wie das Papier dieser mittleren Dütenreihe II x zwischen die Papiere der nebenanliegenden Dütenreihen I x und III x sich einschiebt und wie es dies, trotz des engen Raumes, nur durch folgende Anordnungen zu thun imstande ist:

a) Dadurch, dass die Papiere der nebenanliegenden Dütenreihe I x und III x auf die vorher beschriebene Weise bereits halbfertige, aufgebogene Dütenreihen von derartiger Form gebildet haben, dass dem dazwischen einlaufenden Papier der Mittelreihe II x ein möglichst freier Spielraum gewährt wird.

b) Dadurch, dass das Papier dieser Mittelreihe II x selbst von oben herabkommt und durch die Falzscheiben II c und entsprechende Führungsstäbe ebenfalls sogleich aufgebogene Ränder, also eine wenig Raum beanspruchende Form erhält.

Die Papiere der drei Dütenreihen I x, II x, III x laufen nun, über die Form T zusammengebogen, nebeneinander fort, werden dabei auf gewöhnliche Weise fertig gefalzt, und bilden dann endlose, glattgedrückte Rohre, welche vom Walzenpaar W den übrigen bekannten Vorrichtungen der Maschine zur weiteren Bearbeitung zugeführt werden. Um nicht zu breite und zu komplizierte Maschinen zu erhalten, ist dabei vorausgesetzt, dass ein und dasselbe Messer von allen drei Dütenreihen gleichzeitig Stücke von gleicher Länge abschneidet, und dass auch dann das Falzen und Kleistern der Böden aller drei Dütenreihen mittelst eines und desselben Mechanismus bekannter Konstruktion gleichzeitig erfolgt.

Soll nun beispielsweise eine Maschine für vier Dütenreihen geliefert werden, so würden die der vierten Reihe zugehörige Papierrolle IV und Kleisterwalze IV b so plaziert werden, wie dies in Fig.. 233 mittelst punktierten Linien angedeutet ist. Die Papierrolle und Kleisterwalze einer etwaigen fünften Reihe kämen mit ihren Drehachsen in der Verlängerung der Drehachsen der Papierrolle I und der Kleisterrolle I b zu liegen, diejenigen einer sechsten Reihe in der Verlängerung der Drehachsen der Papierrolle II und der Kleisterrolle II b u. s. w.

Dass die Papierrolle III statt in der gezeichneten Lage auch in den punktiert angegebenen Stellungen III o und III w plaziert werden kann, ist wohl selbstverständlich.

Aus vorstehender Beschreibung und den zugehörigen Zeichnungen geht hervor, dass der erstrebte Zweck einer mehrreihigen und dennoch schmalen Papierdütenmaschine nur dadurch erreicht werden konnte, dass die Papierrollen, Längskleisterwalzen und Falzscheiben, soweit sie dicht nebeneinanderlaufenden Dütenreihen angehören, nicht neben denjenigen der angrenzenden Reihen liegen, sondern vor oder hinter, unter oder über denselben plaziert sind, welche Anordnung als ein wesentlicher Hauptvorzug betrachtet werden muss. —

Zwar nicht als Düte im gewöhnlichen Sinne, aber doch hierhergehörig ist die sogenannte Kötzerdüte, mehr eine Papierhülse, noch zu erwähnen, wie sie in den Branchen der Spinnerei und mechanischen Weberei zahlreich zur Verwendung kommt. Zur Herstellung dieser Gattung im grossen hat Gustav Kyber in Crimmitschau (Sachsen) unter No. 493 ein Patent erhalten. Da aber die Maschine zur Herstellung von solchen Kötzerdüten ziemlich kompliziert ist, so sei sie hier nicht näher beschrieben. Derselbe Erfinder hat noch unter No. 494 gewissermassen noch eine Ergänzung patentiert erhalten, nämlich auf eine Maschine zum Beschaben der Papierränder für die Kötzerdüten-Fabrikation. Dieser Fall tritt ein und ist notwendig, wo eine genaue glatte Oberfläche der Hülsen Bedingung ist, oder auch, wenn man besonders starkes Papier dazu verarbeiten will oder muss. Es müssen dann natürlich die übereinander zu klebenden Ränder abgeschürft werden und dies soll die Maschine machen.

Das Bestreben, möglichst viel fertig zu bringen, wurde schon im Jahre 1878 dadurch rege, dass Jul. Th. Möller in Burtscheid eine Schnellkleistermaschine konstruierte, die für Spitzdüten eingerichtet war und die ihm unter No. 3698 geschützt wurde.

Abgesehen von Druckvorrichtungen, die an den meisten Dütenmaschinen angebracht sind, um die Firma des Bestellers der Düten zugleich bei der Fabrikation derselben mit anzubringen, ist es bei einer grossen Produktion noch wünschenswert,

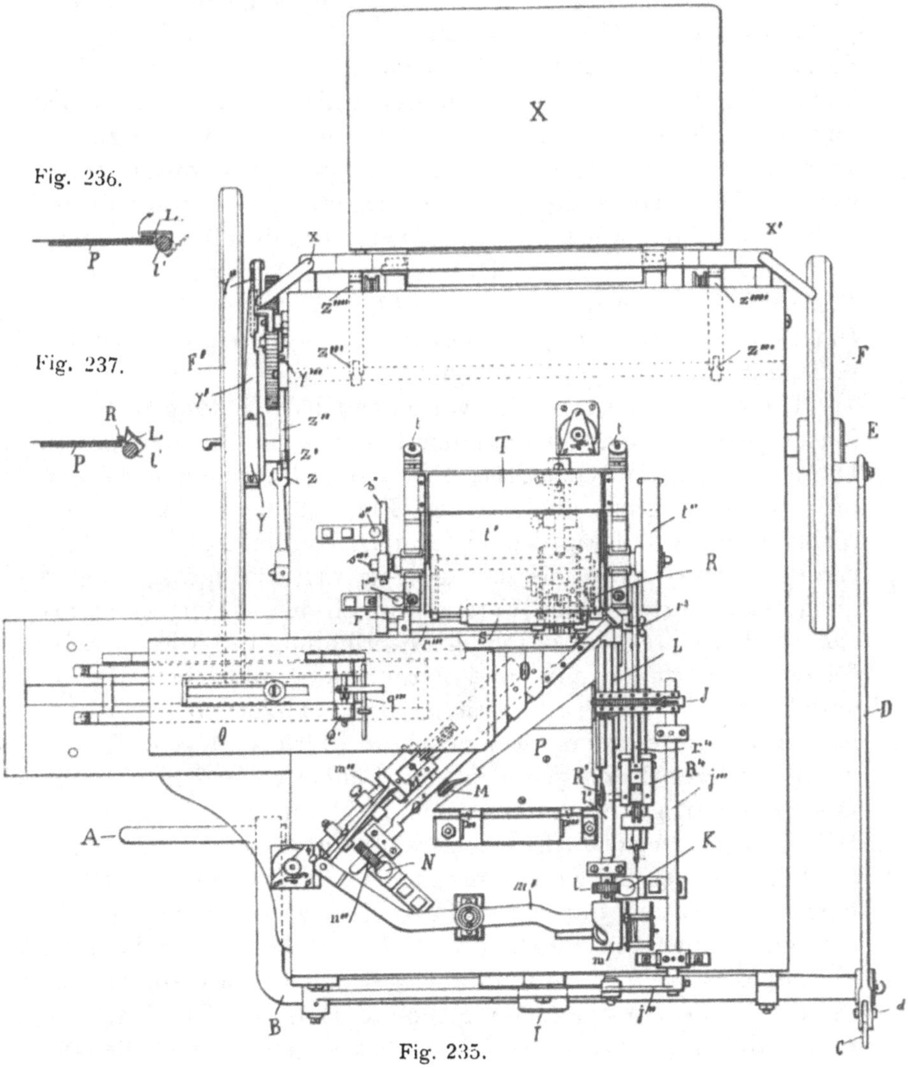

Fig. 235.

die Anzahl der gefertigten Düten zu zählen und gleich nach einer bestimmten Anzahl zu ordnen und abzulegen. Hierher gehört eine das Zählen der fertigen Düten ermöglichende Ablegevorrichtung an Dütenmaschinen.

welche unter No. 62080 patentiert und von Emile Oville in „L'industrie", Lausanne (Schweiz) konstruiert ist.

Der zur Herstellung einer Düte benutzte Papierbogen wird hierbei zunächst auf einen Zuführungsschlitten gelegt und durch den letzteren zum Werktisch geführt. Alsdann wird der Bogen durch drei kleine Finger oder Klauen ergriffen, festgehalten und an der einen Seite durch eine Leimrolle mit Leim bestrichen und am Ende durch einen Falzer mit einem Falz von ungefähr 15 mm Breite versehen. Der Bogen wird dann durch einen zweiten Falzer von Ecke zu Ecke zusammengefaltet, wobei der erste Falz auf den mit Leim bestrichenen Rand zu liegen kommt, so dass die Düte fertig ist. Die bewegliche Auflageplatte senkt sich im richtigen Augenblicke und lässt die fertige Düte in das Innere der Maschine auf ein endloses Tuch gleiten, welches dieselbe auf den Ablegetisch abgiebt.

Die den Gegenstand der vorliegenden Erfindung bildende Maschine ist in den Zeichnungen Fig. 235 bis 241 dargestellt. Die Fig. 235 ist ein Grundriss, Fig. 236 und 237 zeigen die Anordnung des Falzens im einzelnen, Fig. 238 ist ein Aufriss von rechts gesehen und Fig. 239 ein Aufriss von links gesehen. Fig. 240 ist eine Vorderansicht und die Fig. 241, 242 und 243 zeigen die aufeinanderfolgenden Veränderungen des Papierbogens bis zur fertigen Düte. Die besondere Einrichtung der Maschine ist folgende: A ist ein hin- und hergehender Antriebstritthebel, mittelst dessen die Transmissionswelle B angetrieben wird. C ist ein auf B festgekeilter Kurbelarm, mittelst dessen die an ihrem vorderen Ende gegabelte, im Punkte d der Pleuelstange C scharnierartig befestigte Stange D in hin- und hergehende Bewegung versetzt wird. Der Drehpunkt d ist zur beliebigen Regulierung der Schwingungsweite des Tritthebels A verstellbar. Mit E ist eine durch die Stange D bewegte Welle bezeichnet, auf welcher die Schwungräder FF^1 festgekeilt sind. G. ist ein auf der Welle E sitzendes Kegelrad, welches ein zweites auf der Welle I festgekeiltes Kegelrad H treibt. Mi 1, 2, 3, 4, 5, 6 und 7 sind Excenterscheiben bezeichnet, welche die verschiedenen, zum Falzen, Leimen, Transportieren u. s. w. des Papieres bezw. der Düten dienenden Mechanismen I L M O P Q R R^1 und S bewegen.

Der Presshebel I wird vom Excenter 1 aus durch die Hebel j, j^1, j^2 und j^3 bewegt. Der Falzer L wird dagegen mittelst des auf der Welle l^1 sitzenden Zahnrades l vom Excenter 2 aus bewegt und ebenso wird auch Fig. 235 und 239 der Daumen M durch die Nutscheibe m, den Arm m^1 und den Mechanismus m^2 vom Excenter 2 aus angetrieben, und zwar wird die Bewegung des letzteren durch die Zahnstange K, den Hebel k und die Pleuelstange k^1 auf die Teile L und M übertragen. Der

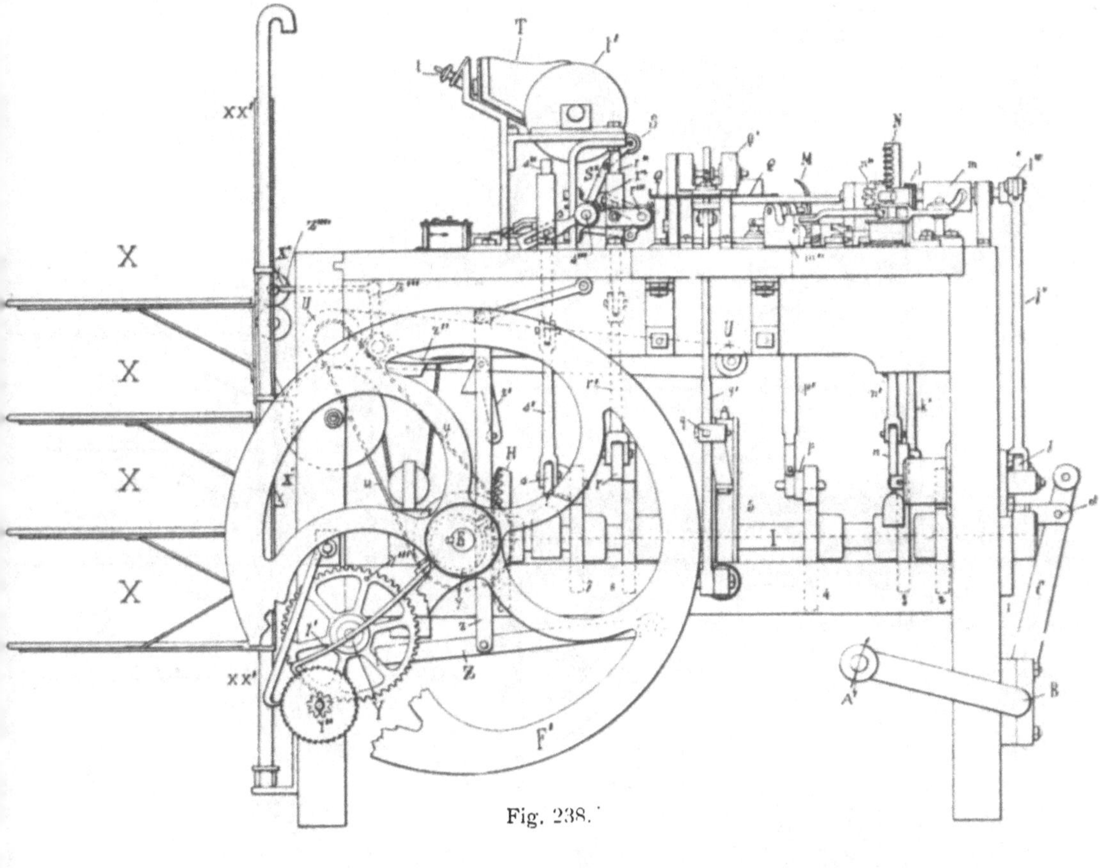

Fig. 238.

Falzer O wird durch die Zahnstange N, den Hebel n, die Pleuelstange n^1, das Zahnrad n^2 und den Excenter 2 getrieben

Der bewegliche Tisch P wird durch den Hebel p, die Pleuelstange p^1 vom Excenter 4 aus angetrieben, während der Zuführungsschlitten Q durch die Stange q und die Arme q^1 q^2 vom Excenter 5 aus bewegt wird.

R und R^1, Fig. 239, sind zwei Schnäbel, welche als Hilfsfalzer wirken und durch den Hebel r, die Arme r^1 und r^2, die

Welle r^3 und den Excenter 6 getrieben werden. Der Arm r^2, Fig. 239. ist hierbei mit einer Coulisse zur Bewegung des Schnabels R vermittelst der Arme r^1 r^2, als auch zum Antrieb des Schnabels R^1 vermittelst der Pleuelstange r^3 versehen.

Mit S ist die Leimrolle bezeichnet, welche durch den Hebel s, die Arme s^1 s^2 und die Achse s^3 vom Excenter 7 aus bewegt

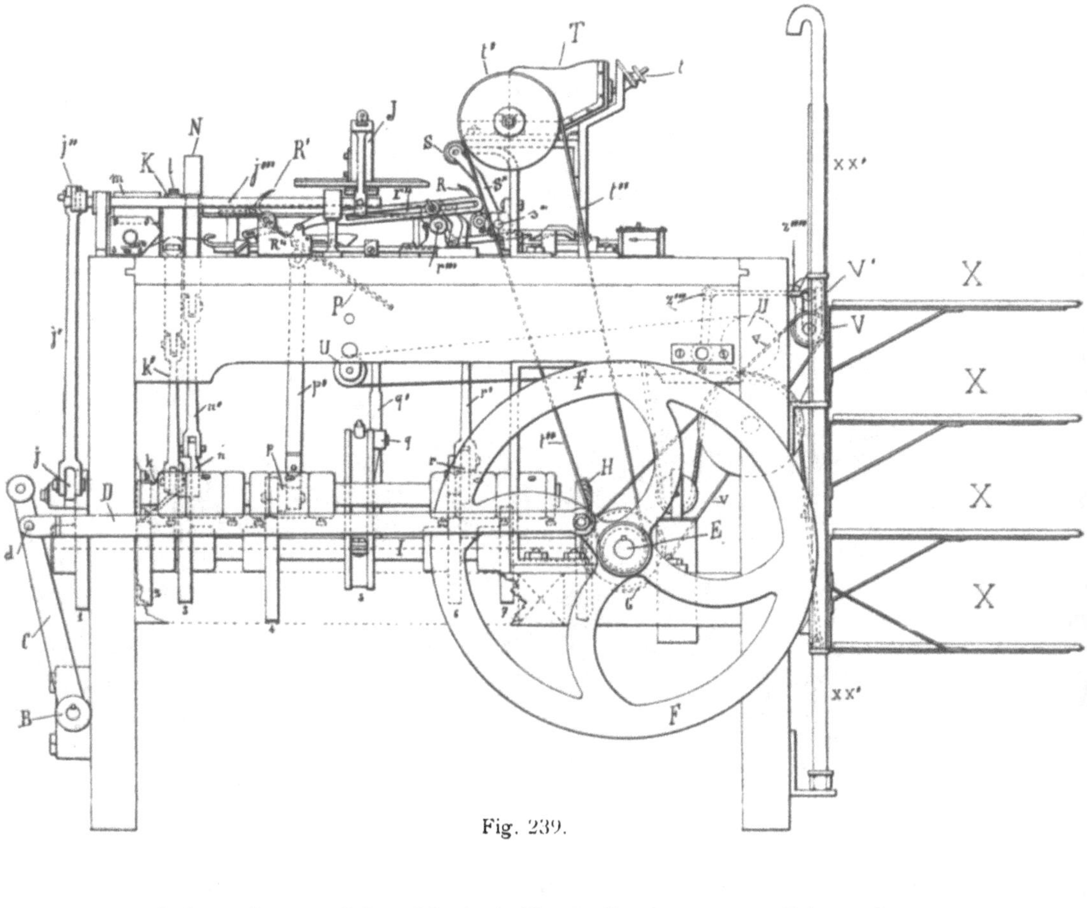

Fig. 239.

wird, und zwar führt hierbei die Rolle S eine oscillierende Bewegung um die Achse s^3 aus. T stellt einen Leimbehälter vor, welcher mit einer Reguliervorrichtung t und einem Verteilungscylinder t^1 versehen ist. Der letztere wird durch den Riemen t^2 und durch die Welle E gedreht.

Mit U ist das als Transporteur dienende endlose Tuch bezeichnet, welches durch den Riemen u und die Welle E bewegt wird. V und V^1 sind zwei durch den Riemen v bewegte Presscylinder, während X zwischen den vertikalen Trägern x und x^1 bewegliche Ablegetische vorstellen. Um gleichzeitig die Anzahl der fertiggestellten Düten feststellen zu können, ist ein besonderes Zählwerk vorgesehen, welches aus einem auf der Welle E festgekeilten Excenter y, einem Hebel y^1 und einem Schaltrade y^2 besteht, welches das mit einem Stift y^3 versehene Rad Y treibt. (Fig. 238.)

Z stellt einen Verteiler vor, welcher durch Vermittelung der Hebel z^2 und z^3 und des an der Stange z befestigten Schwingkastens z^1 das Stück z^4 bewegt, welches letztere die Ablegetische X festhält. Bei jeder Umdrehung des Rades Y fallen die Tische X durch ihr eigenes Gewicht um eine Stufe nach unten.

Die Wirkungsweise der im vorstehenden beschriebenen Maschine ist die folgende:

Der Antriebshebel A wird mit dem Fusse niedergedrückt und bewegt vermittelst der Welle B, der Kurbel C und der Pleuelstange D das Schwungrad F, wodurch eine kontinuierliche Drehung der durchgehenden Welle E erzeugt wird, auf welcher jenes Schwungrad, sowie auch das zweite Schwungrad F^1 befestigt ist. Die Welle E überträgt ihre Bewegung mittelst des Winkelrades G auf das auf der Welle I sitzende Winkelrad H. Von dieser Welle I aus werden nun die einzelnen zum Transportieren, Falzen, Leimen u. s. w. der Düten dienenden Mechanismen mittelst der Excenter 1, 2, 3, 4, 5,, 6, 7 angetrieben, und zwar werden diese Mechanismen sämtlich in einer bestimmten, den verschiedenen aufeinanderfolgenden Operationen beim Transportieren, Falzen u. s. w. entsprechenden Reihenfolge bethätigt. Legt man nun den zu bearbeitenden Papierbogen auf den auf einem Schlitten angeordneten Vorschieber Q auf, so wird bei der Drehung der Welle I zunächst der Excenter 5 in der Weise bewegt, dass der Vorschieber Q mittelst der durch die Excenterstange q bewegten Hebel q^1 und q^2, Fig. 238, eine hin- und hergehende Bewegung erhält, um den auf Q gelegten Papierbogen auf die Werkplatten O und P, Fig. 235 zu legen und den Schieber Q dann behufs Aufnahme eines anderen Papierbogens wieder zurückzuziehen. Die dreieckigen Werkplatten O und P liegen in dem Augenblicke, in welchem der Vorschieber Q vorgeschoben ist und den Papierbogen auflegt, in einer und derselben

Ebene, d. h. in der Tischebene und bilden alsdann zusammen eine rechteckige Auflage, auf welcher der Papierbogen durch die beiden in jenem Augenblicke gleichzeitig durch den Excenter 6 vorgeschobenen, nach abwärts gedrehten und auf den Papierbogen niedergedrückten Finger oder Daumen R und R¹ festgehalten wird. Der Hub des Vorschiebers Q ist derart, dass der

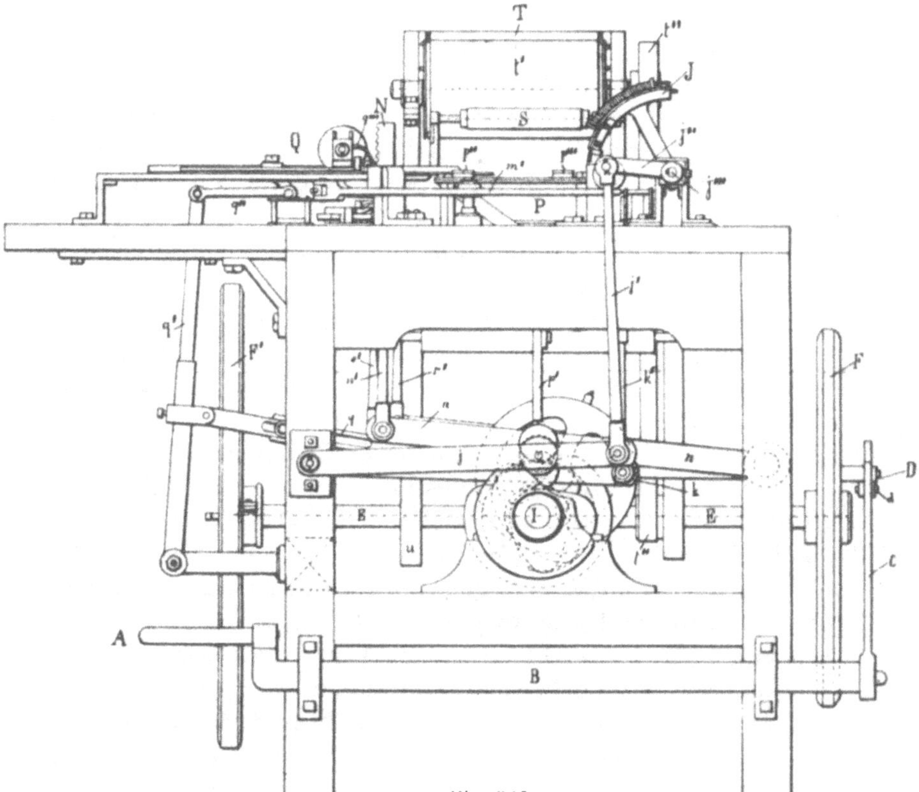

Fig. 240.

Papierbogen bis über die Welle l¹ vorgeschoben wird. Die letztere ist, wie in Fig. 235 gezeigt, mit einer Platte L versehen, die als Falzer zu wirken bestimmt ist. In demselben Augenblicke nun, in welchem der Papierbogen über die Welle l¹ vorgeschoben ist und die Daumen R R¹ sich auf denselben aufgelegt haben, wird die Platte L durch das Excenter 2 und die in das Zahnrad l eingreifende Zahnstange K von der in der Fig. 239 punktiert gezeichneten Stelle in die mit vollen Linien angedeutete horizontale Lage gebracht. Beim Uebergang von der ersteren Stellung in die letztere begegnet der Falzer dem darüberliegenden vorstehenden Rande des Papierbogens, den er nach oben drückt und dann über die Daumen RR[1] umbiegt (Fig. 239), so dass der in Fig. 241 und 242 mit α, β, γ, δ, bezeichnete erste Falz der Düte geformt wird.

Gleichzeitig mit der oben beschriebenen Bewegung der Falzerwelle l[1] findet der Niedergang der Klebstoffwalze S auf den in Fig. 241 mit γ ε bezeichneten Rand des auf der Platte O ruhenden Teiles des Papierbogens statt. Jene Bewegung wird durch den Excenter 7 bedingt, welcher eine senkrecht geführte Stange s^2 auf- und abbewegt, die mit einem seitlichen Stift

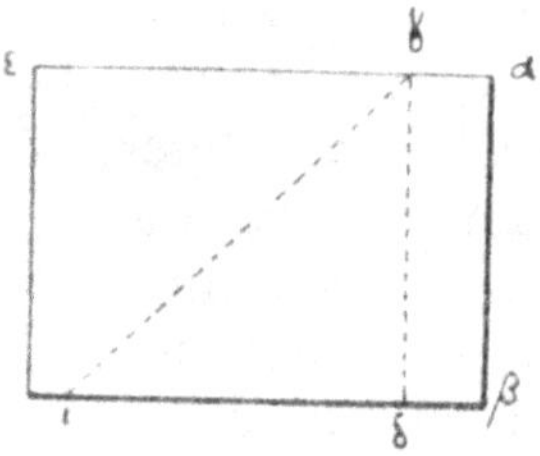

Fig. 241.

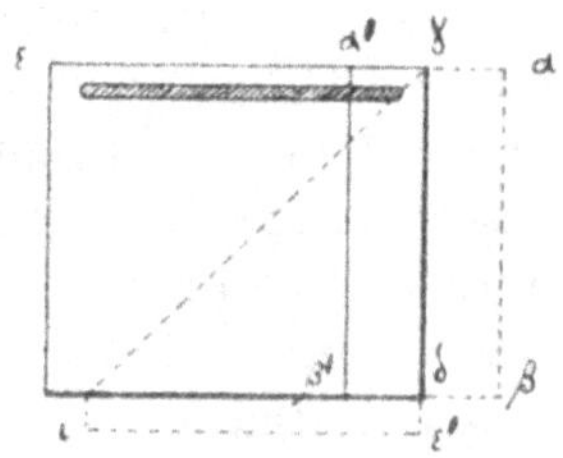

Fig. 242.

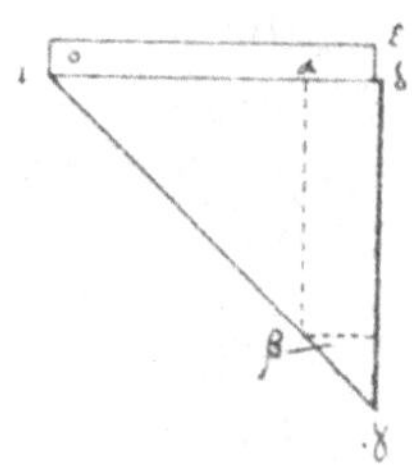

Fig. 243.

in den Schlitz einer kleinen Coulisse s* eingreift, die auf der Achse s^3 festsitzt, auf welch letzterer wiederum die die Walze S tragenden Arme S* sitzen. Die Walze S wird durch eine Walze t^1, welche den vorderen Abschluss eines Klebstofftroges T bildet und durch die Welle E mittelst Riemens t^2 stetig gedreht wird, nach jedem Niedergange von neuem mit Klebstoff versehen, so dass bei jedem Niedergange der Walze S eine hinreichende Menge von Klebstoff an der Kante γ ε des Papierbogens haften bleibt.

Die oben erwähnte Bewegung der Daumen R und R[1] erfolgt, wie gesagt, durch den Excenter 6, und zwar bewirkt letzterer eine Auf- und Abwärtsbewegung der senkrecht geführten Stange r^2, deren seitlicher Stift (Fig. 238 und 239) in den Schlitz einer kleinen Coulisse r* eingreift, die auf einer Welle r^3 festsitzt. Letztere trägt drei kleine Kurbeln r^1, r^2 und r^3 (Fig. 235) Die beiden ersten bewegen mittelst entsprechender Pleuelstangen den auf einem Schlitten befindlichen Daumen R, und die Kurbel r^3 bewegt mittelst der Pleuelstange r^4 den Schlitten

Ro^1 des Daumens R^1, Fig. 239. Durch eine zweckentsprechende Hebelübersetzung werden die Daumen R und R^1 bei ihrem Vorschieben gesenkt und bei ihrem Rückgange wieder gehoben.

Ein dritter Daumen M, welcher ganz ähnlich wie die Daumen R und R^1 an einem Schlitten M* befestigt ist, wird durch eine auf der Welle l^1 sitzende, mit einem schraubenförmigen Schlitz versehene Muffe m, den Hebel m^1 und die Pleuelstange m^2 bewegt. Die Bewegung des Daumens M erfolgt derart, dass derselbe in dem gleichen Augenblicke vorgeschoben und niedergedrückt wird, in welchem der Falzer L und die Klebstoffwalze S auf das Papier gedrückt werden. Der Falzer L und der Daumen M bleiben aber infolge der Form des dieselben bewegenden Excenters 2 noch auf das Papier aufgedrückt, wenn die Walze S wieder emporsteigt. Sobald die Walze S wieder aufzusteigen beginnt, wird die dreieckige Platte o, Fig. 235, um ihre Achse O* gedreht, und zwar dadurch, dass der Excenter 2 ein Senken der Zahnstange N bewirkt, welch letztere die Drehung des Zahnrades n^2 veranlasst. Diese Drehung erfolgt während der Zeit, während welcher der Falzer Z und der Daumen M das Papier festhalten, und zwar derart, dass der auf O liegende dreieckige Theil des auf O P aufgelegten Papierbogens über den auf P festgeklemmten dreieckigen Teil, um die Diagonale y e, Fig. 242, umgeklappt wird. Hierbei gelangt dessen mit Klebstoff versehener Teil notwendigerweise über den ersten Falz α^1 β^1 γ δ, Fig. 242.

Sobald dies geschehen ist, wird der federnde Stempel oder Presshebel I, Fig. 235, 239, 240 durch Einwirkung des Excenters 1 auf die Hebel j j^1 und j^2 niedergedrückt. Derselbe presst hierbei den mit Klebstoff versehenen Rand γ δ, Fig. 241, auf den ersten Falz α^1 β^1 γ δ, Fig. 242, und bewirkt somit ein festes Aufkleben desselben.

Sobald dies stattgefunden hat, bewirkt das Excenter 1 das Heben des Stempels I und gleichzeitig erfolgt, unter Einwirkung des Excenters 4, die Drehung der dreieckigen Platte P, auf welcher die fertige Düte liegt, um ihre Scharniere p^2 p^3 wobei die fertige Düte auf das endlose Band U fällt, welches dieselbe auf den Ablegetisch X abwirft.

Während des Sinkens der Platte erfolgt das Vorschieben des Schiebers Q, welcher den einen Papierbogen in dem Moment abgiebt, in welchem die Platte P wieder in die Ebene des Tischchens gelangt ist.

Das Zählen der Düten erfolgt dadurch, dass die einzelnen Ablegetische X von den Trägern xx^1 in vertikaler Richtung beweglich gehalten und durch den unter die Nase x^2 eines jeden Tisches untergreifenden Hebels z^1, Fig. 239, am Herabfallen verhindert werden. Der Excenter y, Fig. 238, welcher auf der Welle E festgekeilt ist und mittelst der Klinke y^1, das Schaltrad y^2 bewegt, dreht das Rad Y, und der Stift y^3 des letzteren bewirkt bei jeder Umdrehung des Rades ein Anheben des Hebels Z und hängt hierbei den Haken z^1 an z^2 ein. Sobald dann der Stift y^3 den Hebel Z wieder fallen lässt, bewegt letzterer den Hebel $z^2 z^3$ derart, dass z^3 unter der Nase x^2 des oberen Tisches X hinweggleitet und den letzteren um eine Stufe herabfallen lässt.

Die Bewegung der Tische erfolgt demnach momentan, so dass ein genaues Zählen der Düten möglich ist.

Nach dieser Abhandlung über die eigentliche Düten- oder Papiersackfabrikation erübrigt nur noch, über den Verschluss der Düten etwas zu sagen. In den allermeisten Fällen erfolgt dieser Verschluss durch Umbiegen des obersten Randes und Hineinstopfen in die meist klare in der Düte befindliche Ware. Soll jedoch dieser Inhalt etwas weiter transportiert werden und ist deshalb ein besonders guter und möglichst fester Verschluss wünschenswert, so kann man eine einfache Vorrichtung benutzen, die von F. Engel in Hamburg herrührt und demselben unter No. 53247 geschützt worden ist. Dieser Verschluss für Düten, Beutel oder Säcke besteht darin, dass das offene, flach zusammengedrückte Ende derselben um einen runden oder eckigen Stab gewickelt und dann eine mit einem Schlitz versehene Metallhülse über den umwickelten Stab geschoben und festgepresst wird. Es ergiebt sich hierdurch ohne weiteres ein fester, dauerhafter Verschluss, der sich für den Versand der Ware als Frachtgut eignet.

In nebenstehenden Figuren 244, 245, 246, 247, 248, 249 und 250 ist die Idee dargestellt und sind Fig. 244 und 245 Vorder- und Seitenansicht eines Beutels, dessen offenes Ende bei a liegt. Auf das flach gepresste Ende a wird ein Stab r aus Holz oder sonst geeignetem harten Stoff gelegt, Fig. 246 und 247 und dieser Stab in den Beutel eingewickelt. Man schiebt dann die geschlitzte Metallhülse m von der Seite her über die Umwickelung, wie Fig. 248 erkennen lässt, und presst das unten offene Ende dicht um den Beutel fest, Fig. 249 und 250. Dieser

Verschluss gestattet ein bequemes Erfassen und Tragen des gefüllten Beutels oder Sackes und wird gelöst durch Aufbiegen der Blechhülse.

Zum Schluss sei nun noch diejenige Art von Dütenmaschinen angeführt, wie sie heutzutage in der Praxis arbeiten, und wie ich sie in Dresden und Umgegend überall gesehen

Fig. 244.

Fig. 245.

Fig. 246.

Fig. 247.

habe. Sie sind von N. Jepsen Sohn in Flensburg, Eisenwerk Margarethenhof, gebaut, und haben sich von diesem Spezialgeschäft für Maschinen zur Papiersäcke- und Dütenfabrikation sehr gut bewährt. Die Firma war so freundlich, mir verschiedenes Material zur Verfügung zu stellen und so bringe ich denn in der Figur 251 die Abbildung einer solchen Universal-Papiersack-Maschine, die zwar alle Details nicht gerade deutlich zeigt, aber doch an der Hand der Beschreibung verständlich wirkt. Wie aus dem Bild ersichtlich, wird am hinteren Ende rechts die fest und gleichmässig aufgewickelte Papierrolle eingelegt, die Papierbahn über eine Leitrolle geführt, durch davor liegende und sich drehende kleine riemenscheibenartige Rädchen an den zukünftigen Falzstellen entsprechend vorge-

Fig. 248.

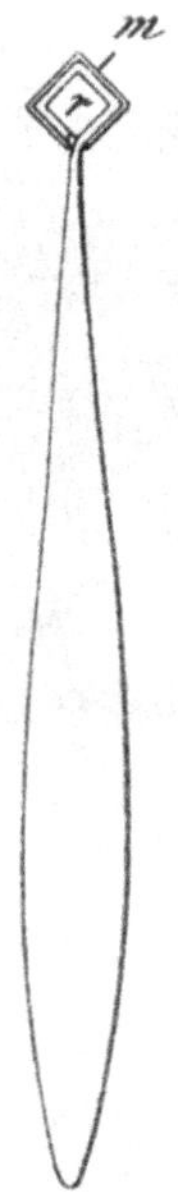

Fig. 249.

Fig. 250.

bogen und gleichzeitig an dem vorderen Rande ein schmaler Streifen durch Mehlkleister bestrichen. Hierbei taucht einfach eine geriefte Rolle in ein Kleistergefäss ein, und ein verstellbares Lineal lässt die Menge des Klebstoffes leicht regulieren. Die erwähnten kleinen glatten Rädchen drücken hauptsächlich die Mitte der Papierbahn nieder, welche nun unter einem etwa $1^1/_2$ Meter langen Doppelblech, das je nach der Grösse des Sackes verschieden breit sein muss, hindurchgeführt wird. Es erfolgt dadurch schon der Anfang der Schlauchbildung, der auch bei diesem System zur Fabrikation der Säcke notwendig ist. Zwei horizontal auf dem Tische befestigte, liegende Seitenröllchen drücken das Papier rechts und links zu einer falzartigen Vertiefung ein, wie Fig. 252 zeigt, mehrere Stahlzungen halten das Papier in entsprechender Lage, auch dass der bekleisterte Rand horizontal, nicht gekrümmt liegt, so dass der andere darüber gefaltete glatt zum Aufliegen kommt und so der Papierschlauch richtig zusammengeklebt wird. Die verschiedenen Phasen der Schlauchbildung zeigt in vier Ansichten die Figur 253. Das

Fig. 251.

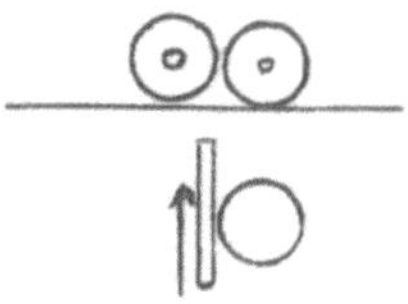

Fig. 254.

Fig. 252.

Fig. 253.

Ende des Schlauchformbleches ist vorn gezahnt, und ein Winkel, etwas geschärft, wird durch schiefstehende Räder periodisch herumgedreht, und schlägt dadurch, von unten nach oben gehend, an dem gezahnten Rande hart vorüber und auf diese Weise allemal eine Dütenlänge ab. Sodann führt eine zwei- oder dreifache Bänderbahn die einzelnen Stücke direkt auf dem Tische weiter über zwei kleine Walzen hinweg (Fig. 254), über denen ein stumpfes Lineal angeordnet ist, das sich schnell nach unten und sofort wieder aufwärts bewegt und so das Ende jedes Beutels umbiegt, anklebt und so den Boden bildet. Neben dem Messer bewegt sich eine Messingwalze, die in ein Kleistergefäss eintaucht und durch ein Sperrrad ruckweise vorwärts bewegt wird. Verstellbare Streicher streichen den Kleister soweit von der Walze ab, dass nur ein Streifen darauf sitzen bleibt, so breit, wie der Papierschlauch ist. Die Walze giebt den Kleister an das Lineal ab, so dass dieses den Boden umschliesst und zugleich aber auch klebt. Durch Bänder werden die fertigen Düten oder Säcke nach unten geführt, nach einer Trockenvorrichtung, die am Ende der Maschine steht. Sie besteht aus einem schwungradartigem grossen, breiten Rade, dessen Kranz hohl ist und durch Einführung von Dampf durch die Zapfen des Rades geheizt werden kann. Ein Gurt umschliesst fast den ganzen Umfang des Heizkörpers, wie der Trockenfilz an der Papiermaschine die Trockencylinder, drückt die fertigen Düten an diesen Umfang an, welche dann getrocknet in der Nähe der Eintrittsstelle in einen Kasten fallen. Die zum Trocknen notwendige Wärme ist so unbedeutend, dass während des Sommers gar kein Dampf in den Trockenapparat und während der Wintermonate nur wenig hineingelassen zu werden braucht.

Da die Düten alle für ein bestimmtes Inhaltsgewicht angefertigt werden und dies auch meist darauf gedruckt wird, also z. B. für $^1/_4$, $^1/_2$, 1 Kilo Inhalt oder auch mehr, so müssen die Papierrollen auch eine verschiedene Breite besitzen. Für alle gilt aber, dass diese Rollen auch für alle Systeme von Dütenmaschinen stets fest und gleichmässig gewickelt sein müssen, damit sie nicht etwa beim Abrollen etwas auseinanderlaufen und dann die Bahn rechts oder links ihre ursprüngliche Lage verändern würde. Es ist daher notwendig, dass die gekauften Papierrollen schon meist in der Papierfabrik dementsprechend aufgewickelt werden durch einen sogenannten Bischoffschen Rollapparat, oder in der Dütenfabrik umgewickelt, und dort erst in die unbedingt erforderliche Gestalt gebracht zu werden. Die Firma Jepsen Sohn in Flensburg baut ebenfalls solche Umwickelapparate und soll am Ende daher noch ein solcher näher betrachtet werden. Die entsprechende, zu bestimmten Dütengrössen notwendige Rollenbreite wird auf diesen Apparaten, wie beim Bischoffschen, direkt beim Aufrollen geschnitten und dadurch das ganz genaue Uebereinanderliegen der Lagen garantiert.

Ausser der weitverbreiteten Papiersackmaschine baut Jepsen noch eine Spitzdüten-Maschine, welche in Figur 255 dargestellt ist. In grösseren Fabriken arbeiten beide

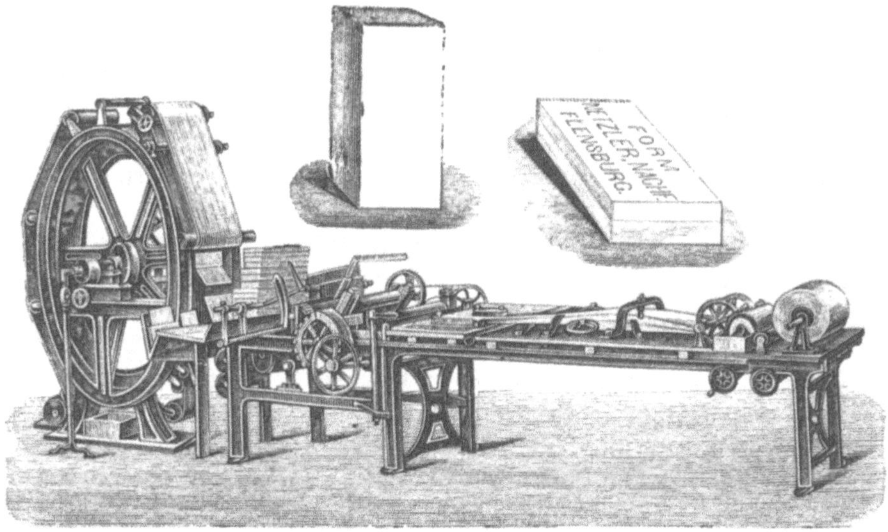

Fig. 255.

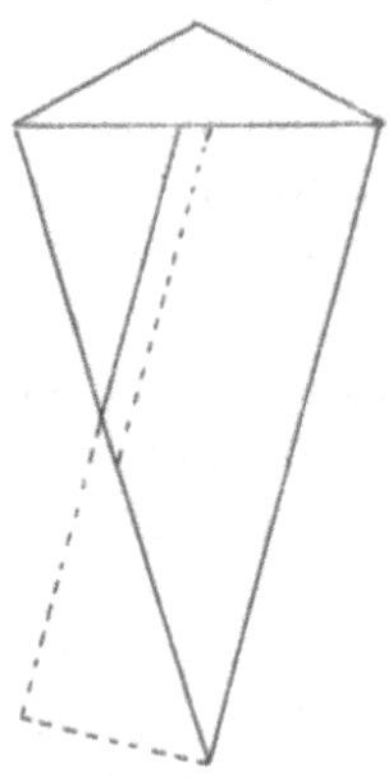

Fig. 256.

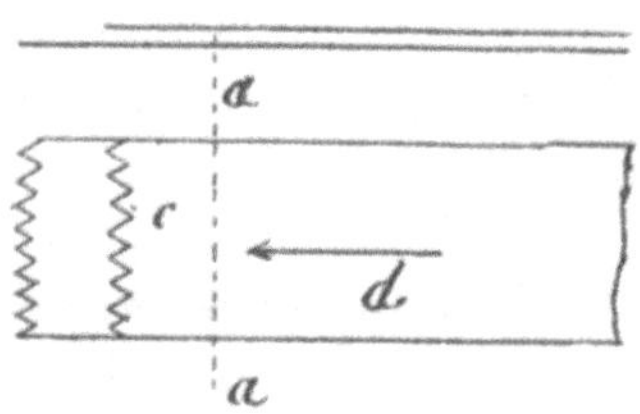

Fig. 257.

Systeme nebeneinander. Wie bei der ersten Konstruktion wird hier hinten die entsprechende Papierrolle eingelegt, das Papier durch Bänder vorgeführt, durch einen Winkel abgehauen in quadratische Stücke, ein Rand von Kleister aufgetragen und dann der erste Falz gemacht, zugleich das an der Spitze vorstehende Eckchen abgeschlagen. Hierauf erfolgt die Bildung des zweiten Falzes, das Bekleben desselben, und die Düte ist fertig, so wie sie Fig. 256 zeigt.

In Bezug auf die von Jepsen Sohn gebaute Papiersackmaschine ist noch nachträglich zu erwähnen, dass das Abschlagen vom Papierschlauch dadurch an zwei Stellen zugleich erfolgt, dass das anfangs erwähnte gezahnte Blech übereinander etwas verschoben ist, wie man aus Figur 257 ersehen kann. Bei aa erfolgt der Knick, so dass das gezackte Ende c auf den Seitenteil d und b darüber hinweg ebenfalls auf d geklebt werden kann, so dass der Boden bei den sogenannten

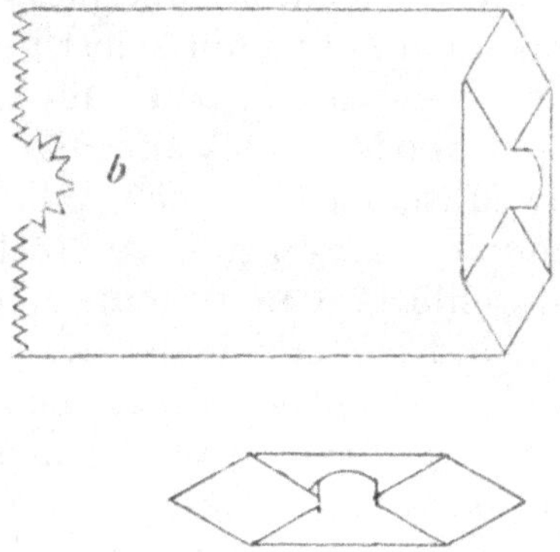

Fig. 258.

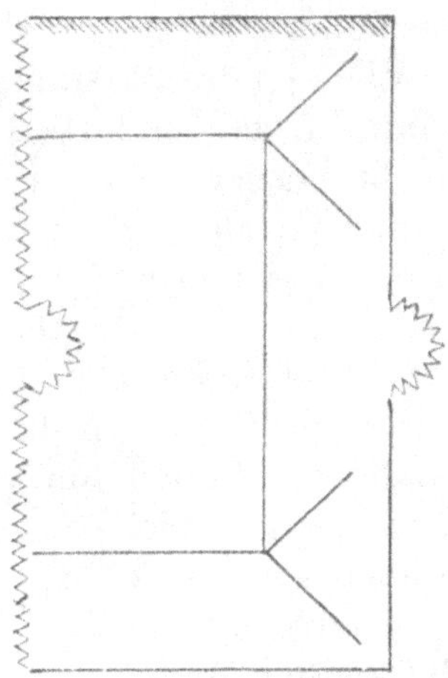

Fig. 259.

und schon erwähnten Falzbeuteln entsteht. Auch über die Säcke mit „Kreuzboden", welche sehr fest sind, sei noch einiges angeführt: Bei nahezu gleicher Konstruktion der Hauptteile der Maschine und Einführung des Rollenpapiers entstehen Beutel mit sechseckigem Boden, sogenanntem Kreuzboden, der so gestaltet ist, wie die Figur 258 zeigt. Dabei wird ein riegelartiger Steg quer über den Boden geklebt. Um denselben herzustellen, schlägt ein halbkreisförmiges Messer kurz auf den Papierschlauch; an derselben Stelle befindet sich in dem darunterliegenden Blech ein entsprechend gestaltetes Loch, so dass die eine Papierstärke durchgeschlagen werden kann. Das hat den Vorteil, dass bei b, dem herausgestanzten Teil, wo auch der Sack zugleich abgeschlagen wird, am gezackten oberen Rand des Beutels eine Fingeröffnung entsteht, durch welche man die Düte leichter öffnen kann. Ein Papiersack, auf einer solchen Jepsenschen Maschine hergestellt, hat aufgeklappt die Form, wie sie Fig. 259 zeigt, wobei die rechtsersichtliche schraffierte Rand die Klebstelle bedeutet.

Auf derselben Maschine können auch die vielgebrauchten Doppelbeutel gemacht werden, welche eine Einlage von meist anders gefärbtem fettdichtem Pergamentpapier haben und zum Verpacken von gebranntem Kaffee benutzt werden. Man hat nur nötig, eine zweite Rolle des gewünschten inneren Papiers hinten einzulegen und noch eine Klebstelle anzubringen, welche das innere Papier an das äussere anklebt.

Die Leistungsfähigkeit solcher Papierdüten-Maschinen kann durch Handarbeit selbstverständlich nicht annähernd erreicht werden, denn die Dütenfabrikanten haben mir selbst gesagt, dass sie täglich in 10 Stunden 60—70 000 Stück Düten, von den kleineren Sorten sogar täglich 100 000 Stück anfertigen könnten. Dabei kostet eine solche Maschine nur 6000 Mark.

Die fertigen Düten werden nun in der Regel zu je 50 Stück mit einer kleinen Bohrmaschine durchlöchert und durch eine Nadel ein Faden hindurchgesteckt und später mit der Hand diese je 50 Stück zusammengebunden. Solche kleine, sehr brauchbare Maschinchen baut die Maschinenfabrik Preusse & Comp. in Leipzig. Auf einem tischartigen Gestell sitzen die kleinen Apparate, die mehr Stanze als Bohrmaschine sind und bei welchen durch Fusstritte die durchbohrenden Stifte durch das Papier gedrückt werden, also ein Ausstanzen erfolgt, so dass nur nachträglich mittelst einer Nadel durch das gebildete Loch ein Faden gezogen zu werden braucht, um das erwähnte Zusammenbinden ausführen zu können.

Zum Schluss sei nun noch die bereits in Aussicht gestellte Rollen-, Schneide-, Umwickel- und Anfeucht-Maschine hier noch angeführt und in Figur 260 abgebildet. Es ist mit der Umwickelungsvorrichtung hier gleichzeitig noch eine Anfeuchtung verbunden, um das im allgemeinen so gebräuchlich gewordene braune Holzpapier, das sogenannte Lederpapier, speziell auch als Düten bequem verarbeiten zu können. Durch die gleichmässige geringe Feuchtigkeit verliert dieses Papier den etwas störrischen, brüchigen Charakter, und gewinnt dadurch an Biegsamkeit. Für den Bezug des Papiers aus der Papierfabrik in maschinenbreiten Rollen sprechen ausserdem noch andere praktische Gründe, denn kleinere Papierfabriken, welche z. B. vielleicht ganz gutes und brauchbares Papier für Dütenzwecke herstellen, aber jede Nacharbeit wegen Mangels an Arbeitskräften möglichst vermeiden wollen, liefern das

Fig. 260.

maschinenbreite Rollenpapier natürlich billiger und vergüten dem Abnehmer noch die Arbeit, die auf dem Papiersaal durch Schneiden, Zählen, Sortieren u. s. w. erspart wird. Wie beim Bischoff wird die ganze auf gewöhnliche Art gewickelte maschinenbreite Rolle hinten eingelegt, vorgeführt und durch die auf der Zeichnung sichtbaren Kreismesser in die entsprechenden Breiten geschnitten und zugleich auf einer in der Figur nicht sichtbaren eisernen Rolle aufgewickelt, wobei die in Scharnieren beweglichen eisernen Hebel, sowie das eigene Papiergewicht einen genügenden Druck ausüben, so dass die Wickelung so fest als gewünscht wird erfolgen kann. Die Anfeuchtung durch ein Spritzrohr erfolgt zuletzt, weil sonst die Messer das Papier nicht gut durchschneiden würden. Es ist nur noch zu erwähnen, dass die Leistungsfähigkeit dieser Maschine bei einer Arbeitsbreite von 180 Centimetern 2—3 Centner pro Stunde beträgt, also sich ihre Anschaffung und die Verarbeitung von nur Rollen in der Maschinenbreite wohl sehr empfehlen würde.

6. Die Papierwäsche-Fabrikation.

Obgleich die Industrie der Papierwäsche-Fabrikation in Bezug auf ihre Ausbreitung, d. h. die Anzahl der bestehenden Etablissements, keine allzugrosse, sondern mehr eine beschränkte ist, so muss doch die Rührigkeit in der Verbreitung der Fabrikate eine aussergewöhnliche genannt werden, was besonders von der ältesten und grössten Fabrik, die der Herren Mey & Edlich in Plagwitz-Leipzig, gilt, die den glücklichen Gedanken hatte, an Stelle der üblichen Leinwandwäsche, wenigstens der meist sichtbaren Teile, wie Hemdenkragen, Manschetten und Vorhemdchen, vor circa 30 Jahren Papierwäsche einzuführen, die in der Anschaffung kaum so viel kostet, als das Waschen und Plätten der sonst gebräuchlichen wirklichen Stoffwäsche. Wenn auch zu Anfang das regelmässige Tragen der Papierwäsche wegen ihrer verhältnismässigen Billigkeit hauptsächlich von Leuten in untergeordneter Lebensstellung geschah, die Eleganz mit Billigkeit verbinden wollten, so hat sich doch der gesunde Gedanke nach und nach in alle Kreise verbreitet, denn hauptsächlich auf der Reise ist es unbequem und teuer, sowie mit viel Zeitverlust verbunden, wenn die beschränkte Menge der mitgenommenen Wäsche einmal gewaschen werden muss und soll. Um diesem Uebelstand zu entgehen, ist nichts bequemer, als zur Papierwäsche zu greifen. Sie kann nicht allein auf die Reise mitgenommen werden, man kann sie aber auch überall, in jedem kleinen Orte zu kaufen bekommen und braucht die Wäschestücke, wenn sie schmutzig sind, nur einfach wegzuwerfen und ein neues anzuknöpfen. Die Möglichkeit einer solchen Benutzung ist unstreitig das Verdienst der Herren Mey & Edlich, die durch unermüdliche Bekanntmachungen dafür sorgten, dass ihr Fabrikat nicht nur überall in Deutschland, sondern auch in den meisten anderen Ländern bekannt, geschätzt und zu erlangen war. Obgleich die eigentliche, früher gebrauchte blosse Papierwäsche jetzt fast gar nicht mehr angefertigt wird, sondern fast nur die mit sogenanntem Shirtingstoff überzogene, die sogenannte „Stoffwäsche", so besteht dieselbe aber hauptsächlich aus Papier, es wird jährlich ein sehr grosses Quantum von Papier dazu verarbeitet, die Besprechung gehört also hierher in die „Papierverarbeitung", und es soll nun diese eigentliche Fabrikation im folgenden beschrieben werden:

Zur Verarbeitung gelangt zur Wäschefabrikation naturgemäss ein dickeres Papier und zwar meist in Rollen, das in der Regel mit Holz und viel Erde versetzt ist. Besonders für Kragen wird stärkeres gebraucht und dazu wird oft geringeres Holzpapier genommen, welches mit einer dünneren aber besseren Qualität cachiert ist und zwar auf einer Cachiermaschine, wie solche bei der Buntpapierfabrikation schon ausführlich beschrieben worden ist. Die in der Fabrik selbst übereinander geklebten cachierten Papiere werden auf dem auch schon in Abbildung (Buntpapierfabrikation) gebrachten und später noch einmal vorgeführten Trockenapparat von Müller in Potschappel getrocknet. Dieser Apparat ist hier ein grosser, nämlich drei Meter breiter.

Da die Verarbeitung, wie gesagt, in Rollen meist stattfindet, muss zum Verschneiden in Bogen eine schon in der „Papierfabrikation" beschriebene Vernysche Schneidemaschine vorhanden sein, und ebenso zum weiteren Verschneiden von Bogen in kleinere Formate oder Streifen irgend eine gewöhnliche Schneidemaschine, in deren Fabrikation bekanntlich die Leipziger Firma Karl Krause einen langjährigen hervorragenden Ruf besitzt. Als besonders passend liesse sich da die Marke „Universal" empfehlen, die in Figur 261 abgebildet ist. Sie ist für das Schneiden weicher oder harter Stoffe, wie z. B. Papier oder Pappe, gleich gut geeignet und ihre Bedienung besonders bequem und gefahrlos, da die Maschine nach jedem Schnitt in der höchsten Messerlage automatisch still steht. Da hierbei, wie man schon aus der Figur sieht, die sonst üblichen Zugstangen für das Messer wegfallen, so ist der Raum vor dem Messer vollständig frei und das Arbeiten für den angestellten Arbeiter auch möglichst gefahrlos.

Fig. 261.

Zur grösseren Bequemlichkeit, sowie zur Erhöhung der Leistungsfähigkeit lassen sich nun noch verschiedene Einrichtungen anbringen, die den Wert der Benutzung natürlich noch erhöhen. Dahin gehört z. B. Krauses selbstthätige Pressvorrichtung (früheres Patent No. 17 416), die besonders für ein grösseres Geschäft sehr passend ist, sodann der selbstthätige Stillstand der Maschine in höchster Messerlage, ebenso ein Schnellsattel von ihm oder die beschleunigte Sattelbewegung, die besonders in den Fällen gern gebraucht wird, wo oft und viele verschiedene Formate geschnitten werden sollen. Eine andere Einrichtung, bei der ein Metermass mit dem Sattel stets vor- und zurückgeht und stets die genaue Entfernung des Sattels vom Messer zeigt, ist besonders für diejenigen von Wert, die Formate nach Mass zu schneiden haben. Um die Reichhaltigkeit der Ausführungen der Krauseschen Maschinenfabrik zu zeigen, seien nur noch hervorgehoben: Nach vorn oder hinten verlängerte Tische an Schneidemaschinen, Krauses Sattelwinkel, mechanischer Vorschub des zu schneidenden Materials, Handvorschub des zu schneidenden Materials, Krauses „Schmalstreifenschneider", sodann die neueste Konstruktion davon, die es ermöglicht, bis 2 Millimeter schmale Streifen zu schneiden. Wenn es beim Schneiden auf den Bruchteil eines Millimeters ankommt, baut Krause auch Sättel mit Mikrometerschrauben. Führt man nun noch den „Messerschutz" und die „Sicherheitskurbel" an und erwähnt noch die vielfach „gekröpften" Schneidemesser sowie das Hakenmesser mit Schlitzeinrichtung, so kann man sich schon eine Vorstellung machen von der Vielseitigkeit und Verwendbarkeit der Krauseschen Papier-Schneidemaschinen, zu denen als Ersatz noch in vielen Fällen die bekannte Pappenschere kommt, wobei der Schnitt durch ein gebogenes hobelartiges Messer ausgeführt wird, das wie das Messer einer Tabaksmaschine wirkt, und hauptsächlich für dünne Lagen oder einzelne Bogen benutzt wird.

In der Wäschefabrikation ist hauptsächlich zu beachten, ob entweder Hemdkragen, Manschetten oder Vorhemdchen und ob von den drei jetzt bestehenden Sorten: gewöhnliche Papierwäsche (fast gar nicht mehr ausgeführt), Stoffwäsche oder „Monopol" gemacht werden soll. Die sogenannte Stoffwäsche ist keine eigentliche Stoffwäsche, sondern nur ein dünner Shirtingüberzug über Papier, der dazu dient, die Aehnlichkeit mit der wirklichen Wäsche und auch die Haltbarkeit der Papierwäsche immer grösser zu machen. Die neueste Errungenschaft ist die Marke „Monopol", bei der sich der Shirtingüberzug auf beiden Seiten des Papiers befindet, während er bei der Stoffwäsche nur eine Seite des Papiers bedeckt. Es ist noch zu bemerken, dass der Shirting bei der letzteren Sorte sehr leicht ist, während für „Monopol" wenigstens stark appretiert angewendet wird, der alle Kennzeichen der Leinwandwäsche trägt.

Von allen Wäschestücken werden naturgemäss Kragen am allermeisten gebraucht, also auch angefertigt, und von diesen giebt es wieder ausser der Damenwäsche Stehkragen und alle Façons der Umlegekragen, wie überhaupt die Papierwäschefabrikation mit den jeweiligen Anforderungen der Mode fortschreitet. Wenn nun die Papierbogen in den Wäschestücken entsprechende Breiten durch die vorhin erwähnte Schneidemaschine geschnitten sind, so werden sie durch hohle, meist nach der einen Seite etwas weiter werdende Messer in Kragen der verschiedensten Formen, Manschetten oder Vorhemdchen ausgestanzt. Dabei ist zu erwähnen, dass die neueren Messer mit Gummifüllung ausgestattet sind, welche bewirken, dass diese Messer sofort nach dem Schnitt den ausgestanzten Teil, der sich in der Regel zwischen den Messern einklemmt, selbstthätig wieder herausgiebt, also durch Verstopfen der Hohlmesser keinen Aufenthalt verursacht.

Der zur Erhöhung der Wirkung benutzte stark appretierte Shirting wird auch in Rollen gekauft und aus diesen Rollen in Bogen geschnitten, deren Breite natürlich der Länge der Kragen oder der anderen Wäschestücke entspricht, und hat man nur zu berücksichtigen, dass die Shirtingstreifen circa 6 Millimeter breiter als die entsprechenden Papierstreifen sind, damit die Ränder noch etwas umgebogen werden können und die Wäschestücke besonders auch auf der Schnittfläche gegen Einreissen durch das Gewebe besser geschützt sind. Der in die entsprechenden Grössen geschnittene Shirting wird nun durch eine Klebemaschine zusammengebrochen, durch zwei mit Filz überzogene Walzen mit Stärkekleister bestrichen, das ausgestanzte Papier darauf gelegt und mittelst eines weichen Tuches fest gerieben, damit keine Faltenbildung entsteht. Die überstehenden Shirtingränder werden dann auch mit Tuch und mit Hilfe der Fingerspitzen umgebogen und auf der anderen Seite festgeklebt. Wenn die erste Qualität „Monopol" angefertigt werden soll, ist das Papier auf beiden Seiten, wie schon erwähnt, mit dem Stoffüberzug zu überkleben, nämlich von einer Seite zur andern. Dies gilt natürlich nur für gerade Kragen, die dann nur zur Erlangung der üblichen Rundung unten in einem flachen Bogen ausgestanzt zu werden brauchen.

Es ist natürlich, dass diese geklebten und mit Stoff überzogenen Wäschestücke vor weiterer Bearbeitung noch ge-

Fig. 262.

trocknet werden müssen, und dies geschieht, weil es für diesen Zweck sehr bequem ist, auf dem Trockenapparat von Müller in Potschappel bei Dresden. Derselbe ist zwar aus Anlass der Buntpapierfabrikation schon einmal beschrieben worden, sei jedoch an dieser Stelle nochmals abgebildet. Die Figuren 15, 16, 17 und 18 zeigen ihn in der Buntpapierfabrikation, und 262, 263, 264, 265 hier bei der Wäschefabrikation, wo er ebenso vorteilhaft Anwendung findet. Da er auf dem Prinzip der endlosen Ketten gebaut ist, und diese Ketten über ein bis an die Decke reichendes Gestell gezogen sind, damit sie hin- und

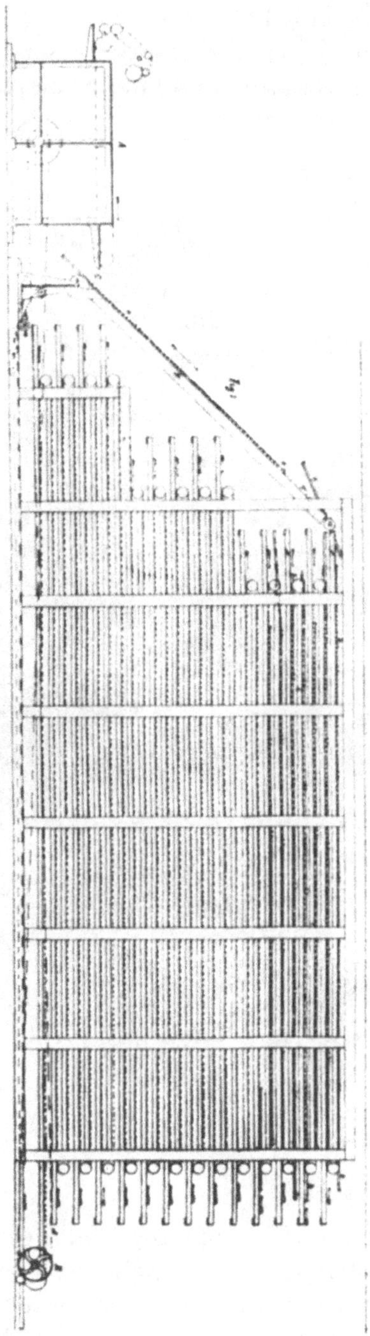

Fig. 264.

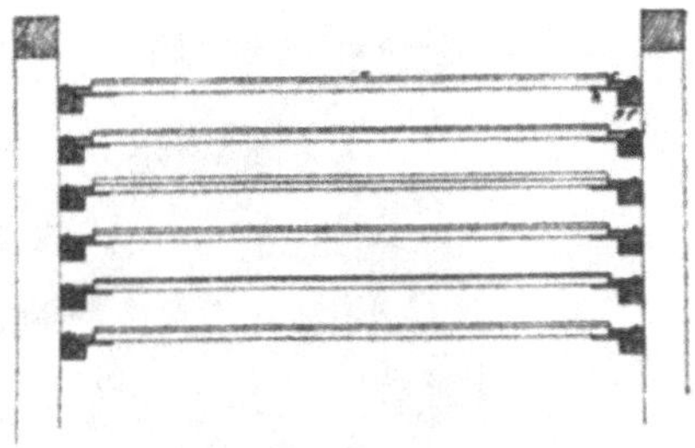

Fig. 263.

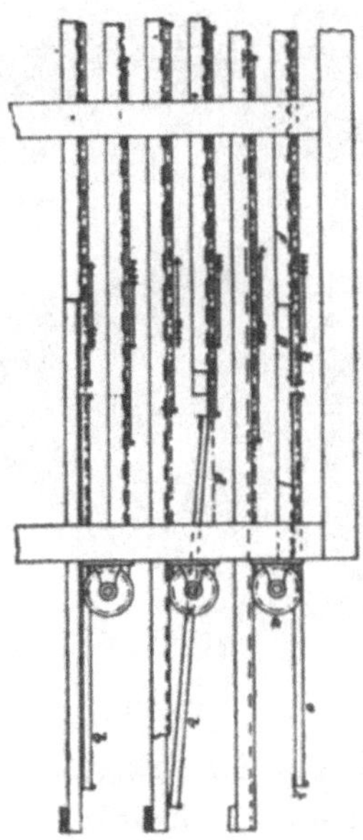

Fig. 265.

hergehen, so kann die Wärme, die am Boden durch Heizröhren ergänzt wird, leicht die Drahtunterlagen für die zu trocknende Ware durchstreichen und die verlangte Trocknung bequem

Fig. 266.

und schnell ausführen. Es genügt eine einmalige, allerdings langsame Umdrehung des ganzen Apparates, welche circa zwei Stunden Zeit in Anspruch nimmt, um die beklebten einzelnen Wäschestücke vollständig zu trocknen. Gleich nach dem Trocknen erfolgt noch eine Satinage auf einem gewöhnlichen

Kalander, und hierauf klebt man mit der Hand Zeugfleckchen an diejenigen Stellen des Wäschegegenstandes, wo später die

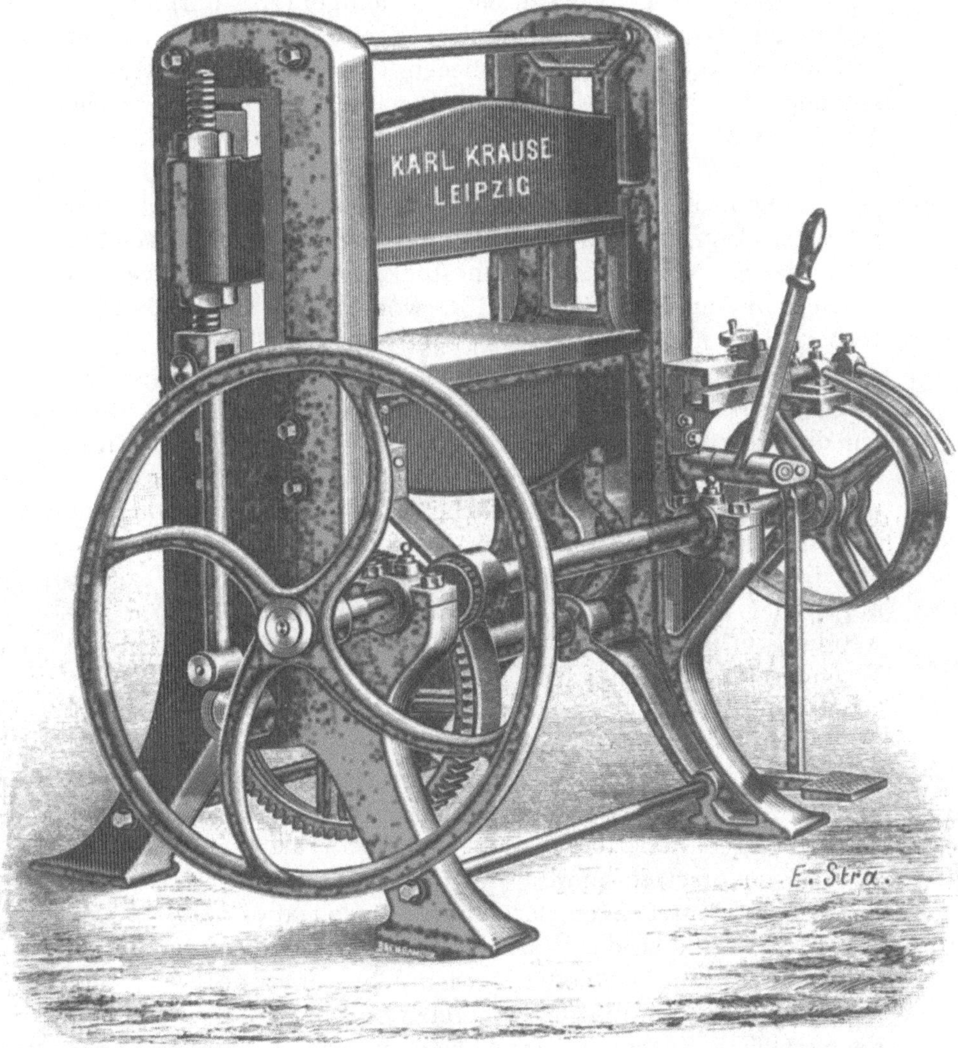

Fig. 267.

Knopflöcher durch eine einfache Stanze hinkommen sollen. Nach dem Trocknen werden dann die Löcher hindurchgestanzt

Um die Aehnlichkeit mit den ordentlichen Wäschekragen oder Manschetten noch grösser zu machen, erfolgt durch eine kleine Rädel- oder Rändelmaschine die Imitation der Nähte, was aber auch durch Anwendung eines zweiwalzigen Gauffrier- oder Musterkalanders geschehen kann und geschieht, den wiederum Karl Krause in Leipzig in ganz beliebiger Ausführung und geeigneter Gravierung herstellt. Schon der Name dieses Apparates sagt, dass durch diesen Gauffrier- oder Musterkalander der Papierwäsche das sogenannte Wäschemuster eingeprägt wird. Aus der Figur 266 ersieht man deutlich, dass wie bei jedem Bogenkalander in einem Gestell eine mit dem entsprechenden Muster gravierte Stahlwalze liegt und zwar auf einer elastischen Papierwalze, und dass auf einem Tisch der Papierbogen, hier das Wäschestück, zwischen den beiden Walzen hindurchgeschoben wird, wobei diese Walzen durch Hebelübersetzung und Gewichtsbelastung einen Druck gegeneinander erhalten, der die Einprägung hervorruft; die Gravierung kann ganz nach eigenem Geschmack erfolgen, doch hat die Fabrik verschiedene beliebte Muster jederzeit vorrätig.

Zu dem schon oft erwähnten Ausstanzen der Wäschestücke wird mit Vorliebe eine extra starke Ausstanzmaschine von Karl Krause benutzt, wie sie auch für Kartonagenfabriken, Couvert- und Etiquettenfabriken Anwendung findet. Sie ist in Fig. 267 abgebildet und nur für Motorbetrieb eingerichtet; ihre Anwendung erklärt sich schon aus der Figur allein. Sie ist mit besonderer Einrichtung, d. h. Stanzeisen für Wäschestücke, versehen und gestattet eine Stanzfläche von 65 : 30 Centimetern.

Aehnlich sind die sogenannten Stitscherpressen, welche hauptsächlich zum Hervorbringen der Nähte dienen und meist in mehreren Exemplaren gebraucht werden. Sie sind nur etwas niedriger gehalten, damit sich die daran arbeitende Person bequem davorsetzen kann.

Ausser dem Prägen der Nähte werden aber auch die anderen Verzierungen der Wäschestücke, wie sie insbesondere bei den Chemisetteinsätzen oder Vorhemdchen notwendig sind, ausgeführt. Solche imitierte Stickereien sind natürlich sehr billig herzustellen, und es ist natürlich, dass ein so reich verziertes Vorhemdchen oft so grossen Anklang findet. Um diese Hochprägungen bequem und leichter ausführen zu können, benutzt man allerdings weniger die kleineren Prägepressen, als vielmehr eine zweisäulige Dampfprägepresse, wie solche Krause unter der näheren Bezeichnung B L baut, oder am besten mit der sogenannten Blitzpresse, die sich durch exaktes Arbeiten

Fig. 268.

auszeichnet. Figur 268 zeigt eine solche zweisäulige Dampfprägepresse, die zum gleichzeitigen Anlegen von beiden Seiten eingerichtet ist, vollständig automatisch arbeitet und sehr stark

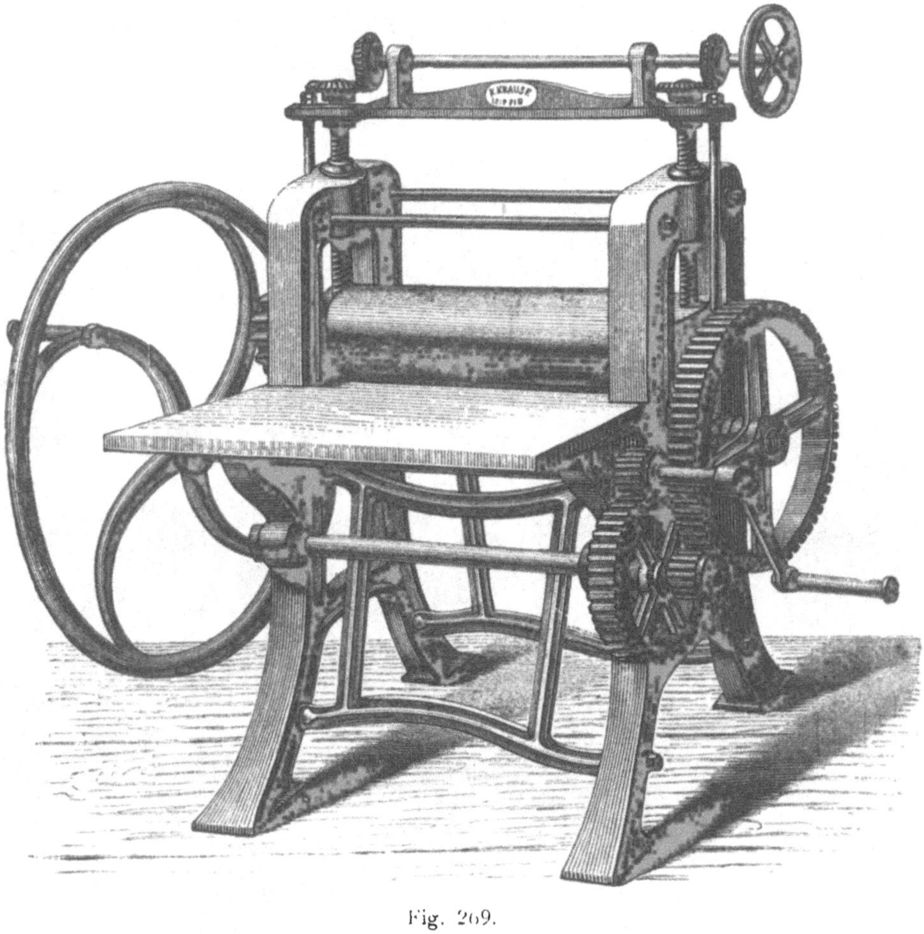

Fig. 269.

gebaut ist. Man kann mit einer solchen Presse 10—20 Drucke pro Minute arbeiten. Die Prägefläche beträgt in diesem Falle von 33×44 Centimeter bis 50×60 Centimeter, man hat zwischen den Säulen 66—79 Centimeter Platz, und die Presse ist entweder für Gas- oder Dampfheizung eingerichtet, auch wird eine elektrische Ausrückung gegen Ueberanstrengung der Presse auf Verlangen angebracht. Jede Presse dieser Art ist mit zwei automatisch auf- und zuklappenden Deckelrahmen, mit Einsatzrahmen, mit zwei miteinander verkuppelten, jedoch lösbaren Tischen, mit automatischer Ein- und Ausführung der Tische und mit Friktionskuppelung versehen. Ebenso kann diese Presse auch mit „Selbstfärbung" durch ein Cylinderfarbwerk auf Wunsch geliefert werden.

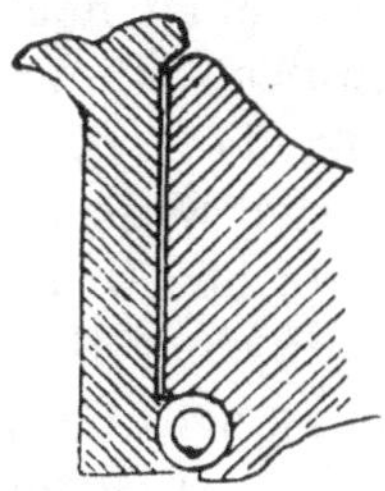

Fig. 270.

Fig. 271.

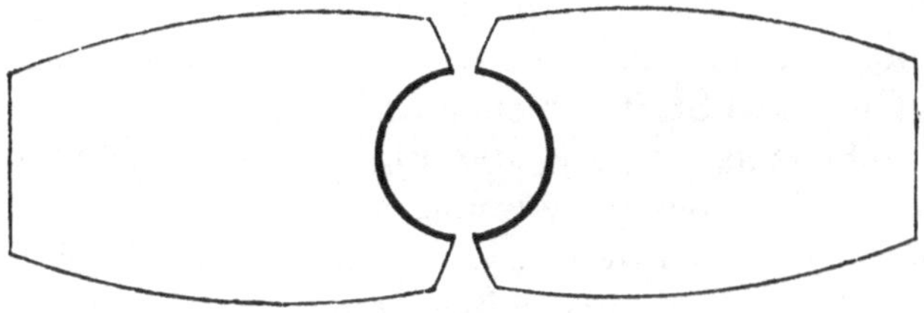

Fig. 272.

Zu den bis jetzt erwähnten Maschinen und Apparaten kommen nun noch eventuell zwei kleine Walzwerke, wovon Fig. 269 eines zeigt, zum Runden der Kragen nach dem Umbiegen, welches Runden zum besseren Sitzen unbedingt notwendig ist. Eine Heizung der Walzen ist nicht gerade zu dem Arbeiten notwendig, kann jedoch nur von Vorteil sein und wird deshalb auch auf Verlangen eingerichtet.

Als Nebenapparat ist noch ein kleiner Apparat zu erwähnen, der dazu dient, bei Stehkragen die vorderen Ecken bleibend umzubiegen, wie dies teils die Mode vorschreibt, teils aus praktischen Gründen notwendig ist. Es ist ein aus Gusseisen hergestellter Körper von nebenstehender Gestalt, Fig.

270, der aus zwei Teilen besteht, die mittelst Scharnieren verbunden sind und zwischen welchen die Ecken eingeklemmt und dauernd verbogen werden. Ein ganz ähnlicher Hilfsapparat, den Fig. 271 zeigt, dient dazu, bei Stoffkragen den aufgezogenen Stoffrand an das Papier festzudrücken und bis zum Trocknen festzuhalten; selbstverständlich hat man in jeder Papierwäschefabrik von jedem der erwähnten kleinen Hilfsapparate eine grössere Anzahl notwendig.

In Beziehung auf die schon mehrfach erwähnten Vorhemdchen und die Verzierungen derselben muss nur noch gesagt werden, dass es hiervon eine grosse Auswahl von Dimensionen und Mustern giebt. Das Papier braucht dazu nicht ganz so dick gewählt zu werden wie zu den anderen Wäschestücken. Die oft gebräuchliche Falte auf der Mitte der Brustseite wird dadurch hergestellt, dass das Papier auf einer Ritzmaschine auf beiden Seiten von oben bis unten geritzt, und die Falte dann durch das Zwischenhindurchschieben zwischen zwei schnellgehenden Walzen zusammengepresst und gebildet wird. Die Verzierung mit Muster und Stickereiimitationen geschieht in den schon beschriebenen und meist durch Dampf oder Gas geheizten Pressen. Dieselben werden mit Bündchen aus Stoff versehen und in einen kleinen Apparat, welcher geheizt ist, so wie die Figur 272 angiebt, eingelegt, mit Leim vorher bestrichen und getrocknet, dann nochmals mit Stoffstreifen überklebt, um das angeklebte Papier zu überdecken. Mit der Rädelmaschine, behufs Imitierung der Naht, werden die Vorhemdchen ebenfalls behandelt und die notwendigen Knopflöcher nach dem Trocknen eingestanzt, wenn das Wäschemuster nicht auf die andere auch angeführte Methode durch Pressen hervorgerufen worden ist.

Um auch dem Geschmack nicht nur einzelner, sondern ganzer Völkerschaften entgegenzukommen, wird auch schon seit langer Zeit, gerade so, wie die weisse Wäsche, bunte hergestellt, die besonders reichen Absatz in Russland findet.

Zur Vervollständigung der Papierwäschefabriken dient in der Regel noch eine Bogenstreichmaschine, bei der durch Bürsten, wie in der Buntpapierfabrikation, Blanc fix gleichmässig ausgebreitet wird, um sich eventuell besondere Sorten einmal selbst herstellen zu können.

Schliesslich muss am Schluss der Abhandlung über Papierwäsche noch erwähnt werden, dass die fertige Ware, um sie gleich von aussen unterscheiden zu können, ob es sogenannte „Stoffwäsche“ oder die Marke „Monopol“ ist, in verschiedenartig gestaltete Pappschachteln gelegt und so versandt wird. Die Herren Mey & Edlich haben in ihrem grossen Geschäft für Stoffwäsche runde Schachteln (Kragen und Manschetten) und für Monopol die noch festeren viereckigen Schachteln gewählt, und weil sich dies bei der kolossalen Produktion lohnt, in ihrer Fabrik gleich einen Raum eingerichtet, in welchem die entsprechenden Kartonagenmaschinen aufgestellt sind und die notwendige grosse Anzahl entsprechender Schachteln selbst angefertigt werden.

7. Photographische Papiere.

Seit Einführung der Photographie hat diese Kunst eine so ungeheure Ausbreitung erlangt, dass es heutzutage wohl keine kleine Stadt, vielleicht kaum noch ein grösseres Dorf giebt, in welchem sich nicht ein Photograph niedergelassen hätte, der um reichliche Kundschaft nicht besorgt zu sein braucht. In neuerer Zeit hat nun aber auch noch die Amateurphotographie so ausserordentlich zugenommen, dass der Verbrauch an den zur Herstellung der Bilder unbedingt notwendigen photographischen Papieren ebenfalls entsprechend kolossal gewachsen ist. Wenn auch der Rohpapierverbrauch dem Gewicht nach trotzdem nicht so bedeutend erscheinen sollte, so muss doch berücksichtigt werden, dass hier nur eine der besten Sorten in Frage kommt, die noch dazu ziemlich dünn verarbeitet wird, aber wegen der notwendigerweise verlangten, nicht nur mechanischen, sondern auch chemischen Reinheit in Deutschland überhaupt nur wenig angefertigt wird und werden kann, und zum Teil daher auch einen ziemlich hohen Preis hat. Blanchet frères et Kleber in Rives und Steinbach in Malmedy sind fast die einzigen Hauptbezugsquellen von Papieren für photographische Zwecke.

Es erscheint mir angebracht, an dieser Stelle jetzt zunächst besonders das Wesen der Photographie und deren einzelne Phasen hervorzuheben. Bekanntlich bedeutet schon der Name „Photographie“: Lichtbild, Lichtzeichnung, d. h. die Kunst, durch entsprechende Belichtung und teilweise Ausschliessung des Lichtes auf mit lichtempfindlichen chemischen Präparaten getränktem Papier Bilder und Zeichnungen hervorzurufen, wie dies z. B. in der einfachsten Form durch das besonders dem Techniker bekannte Lichtpausverfahren geschieht, der dasselbe zum Kopieren von Zeichnungen schon ziemlich lange verwendet. Das lichtempfindliche Material sind hier Silbersalze, (salpetersaures Silber und Chlorsilber), welches durch die Lichtstrahlen schwarz gefärbt wird. Wenn nun auf dieses Papier ein Pauspapier gelegt wird, auf dem in schwarzen Strichen eine Zeichnung befindlich ist, so dringt das Sonnenlicht überall neben den Strichen durch das dünne Papier hindurch und färbt das präparierte Papier in der Hauptsache schwarz; nur durch die schwarzen Striche der Zeichnung kann das Licht nicht dringen, und diese erscheinen darum als weisse Linien auf schwarzem Grunde, also als ein negatives Bild, das nun noch, um lichtunveränderlich zu werden, noch „fixiert" werden muss. Dieses geschieht nun durch Behandeln mit einer Lösung von unterschwefligsaurem Natron, welches alle Silbersalze auflöst und dadurch die Ursache der Lichtempfindlichkeit entfernt. Eine solche, durch das Licht hergestellte Kopie, wo Licht und Schatten das Umgekehrte des Originals sind, ist nun bekanntlich das Negativ. Deckt man dieses wiederum auf ein Stück lichtempfindliches Papier, so scheint das Licht bequem durch die weissen Striche des Negativs, färbt das darunter liegende lichtempfindliche Papier schwarz und erzeugt auf diese Weise ein positives Bild, welches vollständig mit dem Original übereinstimmt.

Wie schon erwähnt, werden auf diese Weise besonders Bauzeichnungen kopiert, also Gegenstände in ebenen Flächen; Körper, wie z. B. auch Personen, kann man so nicht kopieren; dieselben müssen erst auf eine ebene Fläche projektiert werden, und geschieht dies im photographischen Apparate in der sogenannten camera obscura durch eine spiegelnde Glasfläche. Das schon erwähnte Silberpapier würde jedoch nicht geeignet sein, von diesem verhältnismässig matten Bilde eine Kopie zu liefern, welche wenigstens nicht deutlich ausfallen würde. Es ist zu wenig lichtempfindlich für Reproduktion des relativ lichtschwachen optischen Bildes. Man benutzt deshalb eine viel lichtempfindlichere Substanz, nämlich Jodsilber in Verbindung mit Bromsilber. Da uns die Einzelheiten des photographischen Prozesses in diesem Teile der Papierverarbeitung eigentlich nicht interessieren, so braucht auch auf weitere Details nicht eingegangen zu werden; es kann der Entwickelungs- oder Hervorrufungsprozess ausser acht gelassen werden. Es sei nur das, heute hauptsächlich gebrauchte Kollodiumverfahren erwähnt, welches bei der Aufnahme mittelst der camera obscura nicht ein positives, sondern ein negatives Bild liefert. Dieses auf Glas erzeugte Negativ aber giebt, nach dem schon erwähnten Lichtpausverfahren auf Papier kopiert, ein positives Bild und erlaubt, mit Hilfe des Lichts, beliebig viele Positive auf Papier darzustellen. Dadurch trat die Photographie in die Reihe der vervielfältigenden Künste ein und lässt sich besonders dadurch ihr ausserordentlicher Aufschwung erklären. Behufs Ausführung des Kollodiumverfahrens nimmt man Glasplatten, putzt diese sehr sorgfältig und übergiesst sie mit einer Lösung von sogenannter Kollodiumwolle (Pyroxilin), und Jod- und Bromsalzen in Alkohol und Aether. Der Ueberzug trocknet zu einer gallertartigen Masse ein und wird sofort im Dunkeln in eine Auflösung von salpetersaurem Silber gebracht. Hier wandeln sich die Jodsalze in Jod- und Bromsilber um, und diese bleiben in der Kollodiumschicht fein verteilt. Die so präparierte Platte wird aus der Silberlösung, dem sogenannten „Silberbad", herausgenommen und noch feucht von anhängender Silberlösung in einem lichtdicht schliessenden Kästchen in die Dunkelkammer gebracht, hier der Lichtwirkung ausgesetzt und alsdann nach dem Dunkelzimmer zurückgebracht und mit einer Eisenvitriolauflösung übergossen. Diese schlägt aus der an der Platte hängenden salpetersauren Silberlösung sofort metallisches Silber als dunkles Pulver nieder, und dieses hängt sich an die belichteten Stellen der Platte um so stärker, je intensiver das Licht gewirkt hat. Das Bild wird nach dieser Hervorrufung noch verstärkt, indem man durch eine Aufgiessung einer Mischung von Eisenvitriol und citronensaurer Silberlösung noch einen zweiten Niederschlag von Silberteilchen veranlasst, die, sich zu den zuerst niedergeschlagenen lagernd, das Bild intensiver machen, so dass es erst jetzt in den dicksten Stellen hinreichend undurchsichtig ist, um dem Durchgang des Lichts beim Kopierprozess Widerstand zu leisten. Nachdem auf diese Weise das Negativ verstärkt ist, wird es fixiert, d. h. das noch darin enthaltene Jod- und Bromsilber durch eine Lösung von unterschwefligsaurem Natron, die beide auflöst, herausgeschafft.

Schliesslich wird die Platte noch gewaschen und behufs Schutzes gegen mechanische Verletzungen mit einem Alkoholfirnis überzogen, d. h. lackiert. In dieser Weise gewinnt man, wie gesagt, zunächst ein photographisches Glasnegativ, in welchem die hellen Teile des Originals dunkel und die dunklen

Teile des Originals hell bei der Durchsicht erscheinen. Betrachtet man ein Glasnegativ nun gegen einen dunklen Hintergrund, so erscheint es als positives Bild, indem an den durchsichtigen Stellen der schwarze Hintergrund sichtbar wird und gegen diesen das graue Silberpulver, welches auf den dicken Stellen des Negativs liegt, wie weiss erscheint. Dieser positive Effekt tritt am schönsten hervor, wenn die Platte sehr kurze Zeit in der camera belichtet worden ist. Den Eindruck des Positivs erreichte man früher einfach dadurch, dass man an Stelle der gewöhnlichen Glasplatten solche aus dunklem Glas nahm. Diese direkt aufgenommenen positiven Bilder sind aber kaum noch, wenigstens in Deutschland nicht mehr, im Gebrauch, denn es werden stets noch negative Bilder gemacht und diese nachher genau in der Weise auf Papier kopiert, wie es vorhin schon beim Lichtpausverfahren beschrieben wurde. In der Neuzeit fertigt man für diesen Zweck besondere präparierte Papiere, die photographischen Papiere, mit denen wir es hier zu thun haben. Am meisten ausgebreitet haben sich diejenigen Papiere und als sehr praktisch für das Kopieren erwiesen, welche mit einer dünnen, gleichmässigen Schicht von Eiweiss (Albumin) überzogen sind, weil diese Papiere besonders Bilder von hohem Glanz geben und weil das Albuminpapier sich besonders auch zu kleinen Bildern eignet und trotzdem die feinsten Details wiedergiebt.

Im allgemeinen kann man über die Herstellung des Albuminpapieres sagen, dass man zunächst Eiweiss mit in Wasser gelöstem Chlorammonium gut mischt, diese Mischung zu Schaum schlägt und das Papier sodann in Bogen auf der klaren Flüssigkeit, die sich aus dem Schaum abscheidet, ungefähr 1 Minute schwimmen lässt. Das getrocknete Papier wird hierauf im Dunkelzimmer auf eine Lösung von salpetersaurem Silberoxyd in Wasser gelegt, wobei es sich mit Chlorsilber imprägniert, und kann dann nach dem Trocknen zum Kopieren benutzt werden. Man legt hierbei das Negativ mit der Kollodiumseite nach oben auf die Glasplatte, welche den Boden des sogenannten Kopierrahmens bildet, deckt das Papier mit seiner empfindlichen Seite nach unten auf das Negativ, und schliesst den Kopierrahmen so, dass das Papier fest gegen das Glasnegativ gepresst wird, dreht dann den Rahmen herum, so dass das Negativ dem Licht zugekehrt ist und lässt es so lange am hellen Tageslichte liegen, bis alle Teile des Bildes kräftig sichtbar sind, wäscht dann das Bild behufs Entfernung des noch darin befindlichen salpetersauren Silberoxyds mit Wasser aus und bringt es nun in das sogenannte Tonbad, eine Lösung von Goldchloridkalium und essigsaurem oder borsaurem Natron in Wasser. Der rotbraune Ton des Bildes verwandelt sich darin in einen purpurblauen. Man kann aber auch andere Nuancen durch eine passende Abänderung des Bades erhalten. Das getonte und ausgewaschene Bild wird nun in einer Lösung von unterschwefligsaurem Natron fixiert und dann sehr sorgfältig ausgewaschen. Zu letzterer Operation, die für die Haltbarkeit des Bildes äusserst wichtig ist, wird häufig ein besonderer Waschapparat benutzt, denn wird das unterschwefligsaure Natron nicht vollständig ausgewaschen, so zersetzt es sich durch Einfluss der Kohlensäure der Luft, und es bildet sich durch Verbindung mit dem braunen metallischen Silber, welches die Konturen der Bilder bildet, Schwefelsilber, welches das Bild gelb färbt.

Was nun die praktische Herstellung des photographischen Papieres anbelangt, d. h. nicht des Papieres selbst, sondern des gleichmässigen Ueberzuges mittelst einer Emulsion, so wurde dieses in früheren Zeiten mittelst eines sogenannten Giessrahmens gemacht, eine Manipulation, welche nicht nur durch ihre Umständlichkeit zeitraubend war, sondern auch einen bedeutenden Papierausschuss zur Folge hatte. Die dabei angewendete überschüssige Kollodium-Emulsion läuft bei diesem Verfahren über das zu präparierende Papier und den unteren Rand des Giessrahmens, beständig der Einwirkung der Luft ausgesetzt, in Gefässe ab. Hierdurch verdickt sich die Emulsion, und es ist ein besonderes Verfahren erforderlich, um dieselbe weiter verwenden zu können. Die Qualität des Papieres ist bei diesem Giessrahmen von der technischen Fertigkeit des betreffenden Arbeiters abhängig. Um diesen Uebelständen abzuhelfen, wurden von verschiedenen Seiten Maschinen konstruiert, die aber bei hohem Preise den Hauptübelstand des Giessrahmens teilen, dass nämlich bei ihrer Anwendung die Kollodium-Emulsion sich verdickt und zum Teil unbrauchbar wird. Diesem Uebelstande abzuhelfen und zugleich eine jedem Photographen zugängliche Einrichtung zu schaffen, dient eine Erfindung aus dem Jahre 1893, welche Carl Zink in Gotha unter der No. 80 124 patentiert wurde. Dieselbe ist abgebildet in den Fig. 273, 274 und 275. Den Hauptbestand-

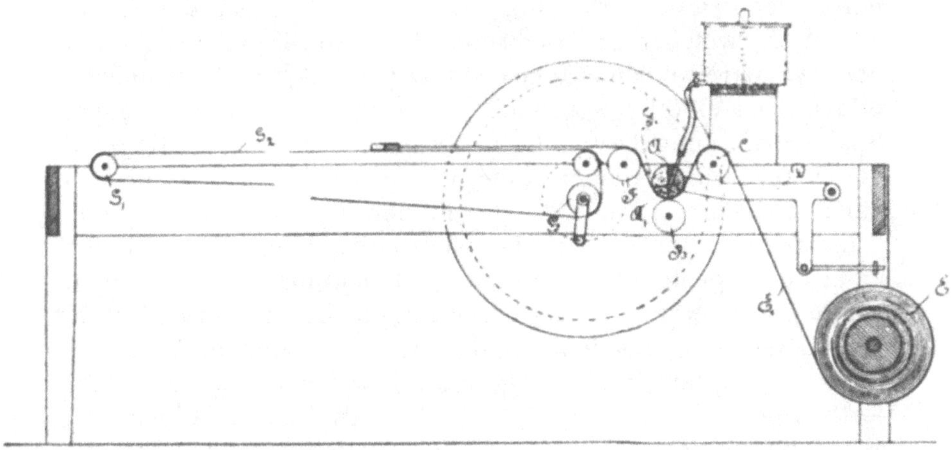

Fig. 273.

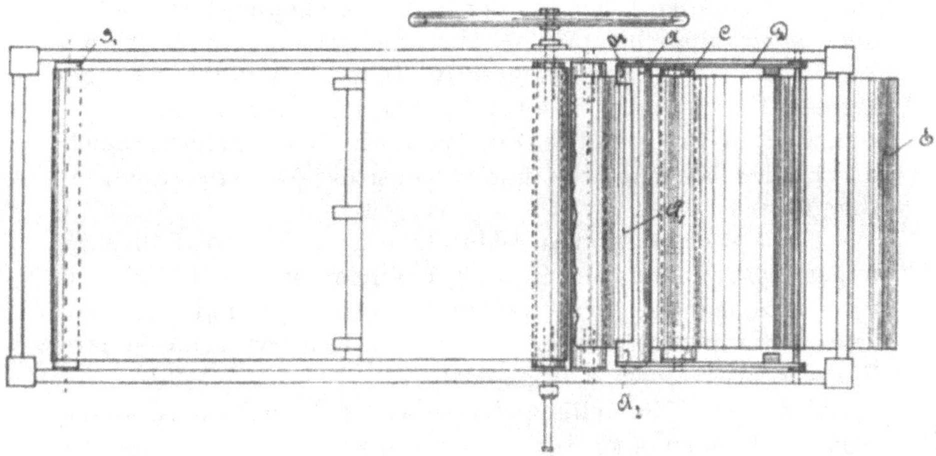

Fig. 274.

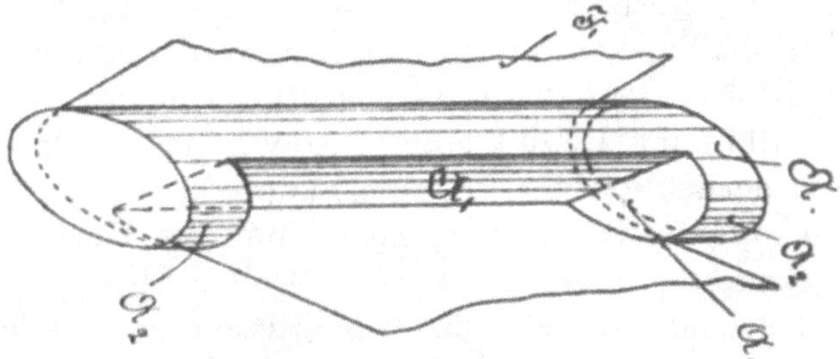

Fig. 275.

teil bildet, wie aus der Fig. 275 zu ersehen ist, der Giesskörper A, welcher so konstruiert ist, dass er im Verein mit der zu präparierenden Fläche einen Behälter A_1 für die Emulsion bildet. Derselbe ist beweglich und wird durch eine besondere Spannvorrichtung D auf die unter ihm befindliche Auflage B, die ebensowohl aus einer Rolle, wie aus einer Fläche bestehen kann, aufgepresst, so dass die in den Raum A_1 eintretende Flüssigkeit nicht unter dem Giesskörper A einen Abfluss finden kann. Eine geeignete Transportiervorrichtung G, G_1, G_2 zieht das zu präparierende Papier unter diesem Giesskörper hindurch. Die überschüssig aus dem Behälter A_1 mitgenommene Emulsion läuft je nach der Geschwindigkeit, mit welcher sich das Papier fortbewegt, von der geneigten oder senkrechten Fläche F_1 ab. Eine geringere Geschwindigkeit des Papieres ergiebt demnach eine schwache Schicht, eine grössere eine entsprechend stärkere. Das über die Walze F geführte Papier bewegt sich auf einer geraden Fläche in der in der Zeichnung dargestellten oder einer ähnlichen Weise, der Einwirkung der Luft zum Zweck der Erstarrung ausgesetzt, weiter, um durch eine geeignete Vorrichtung in zum Trocknen handliche Stücke geschnitten zu werden. Die Emulsion wird von einem Behälter durch eine Leitung bekannter Konstruktion dem Raum A_1 zugeführt.

Die Verwendung dieser Maschine kann in allen Fällen erfolgen, wo es sich darum handelt, Flächen mit einer Flüssigkeit zu überziehen oder teilweise zu tränken. Bei Flüssigkeiten, welche warm aufgetragen werden müssen, wird die untere Walze B als Heizwalze ausgebildet.

Bei dieser Herstellung des so viel gebrauchten Albuminpapieres können aber leider nur Bogen benutzt werden, die meist auch nur auf bestimmte und zwar kleinere Formate beschränkt sind. Das nach dem Trocknen erst zu sortierende Papier ergab selbstverständlich noch viel Ausschuss, der natürlich nur zu billigerem Preise abgesetzt werden konnte. Stellte sich einmal bei einem Photographen das Bedürfnis heraus, ein grösseres Albuminblatt zu benutzen, so war dessen Beschaffung mit nicht unerheblichen Kosten verknüpft, da es erst extra auf Bestellung angefertigt werden musste und die Herstellung mit Schwierigkeiten verknüpft war.

Es ist deshalb mit Freude zu begrüssen, dass es jetzt auch eine Vorrichtung giebt, das Albuminpapier auf einer Maschine gleich in Rollen anzufertigen. Der Firma: Theodor Münch & Comp., Gesellschaft mit beschränkter Haftung, in Niederlahnstein ist dieses „Verfahren zur Herstellung von Albuminpapier in Rollen" unter No. 83 977 patentiert worden. Nach dem vorliegenden neuen Verfahren ist man nun folgendermassen im stande, den guten Gedanken auszuführen: Das

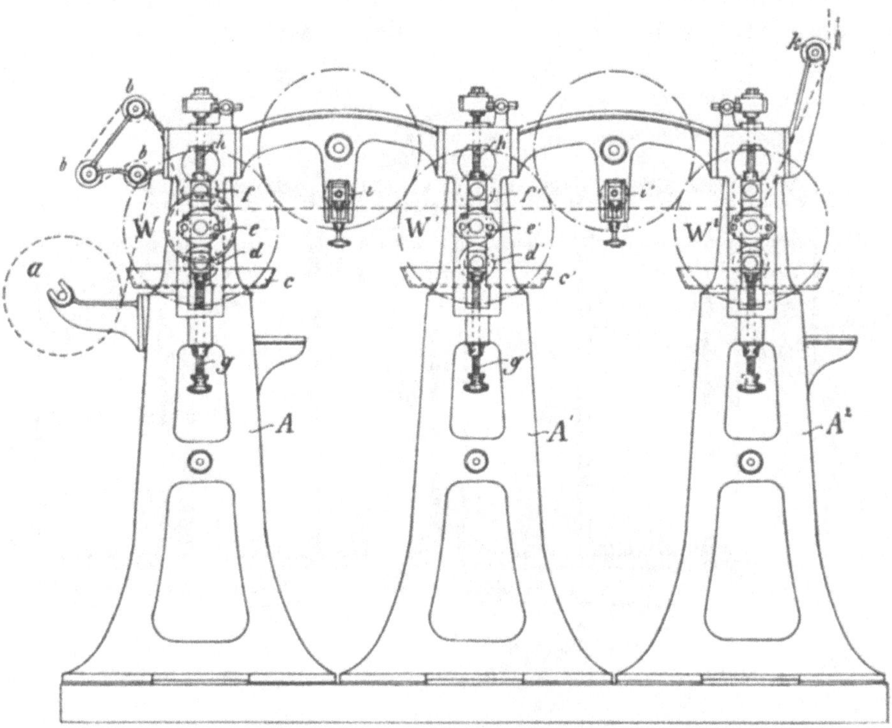

Fig. 276.

Papier, welches zur Herstellung von Albuminpapier benutzt werden soll, wird von einer eingelegten Rolle aus zwischen mehreren Walzensystemen hindurchgeführt, wobei in jedem System das Papier der Reihe nach mit einer dünnen, feinverteilten Albuminschicht versehen wird und daher das fertige Produkt soviel Albuminschichten aufgetragen erhält, wie die Maschine Walzensysteme hat. Nachdem das Papier das letzte Walzensystem der Maschine verlassen hat, wird es in eine Trockenvorrichtung geführt und kann alsdann aufgerollt werden, um entweder in Rollen zum Versand zu gelangen oder auch vorher mittelst der schon aus der „Papierfabrikation“ bekannten Vorrichtungen in einzelne Bogen zertrennt zu werden.

In den Zeichnungen Fig. 276 und 277 ist die Maschine wie solche von dem Erfinder zur Herstellung des Albuminpapieres in Rollen benutzt wird, in Fig. 276 in der Seitenansicht und in Fig. 277 im Grundriss dargestellt. Das zu behandelnde Papier befindet sich auf einer Walze a, welche am ersten Walzenständerpaar A der Maschine gelagert ist.

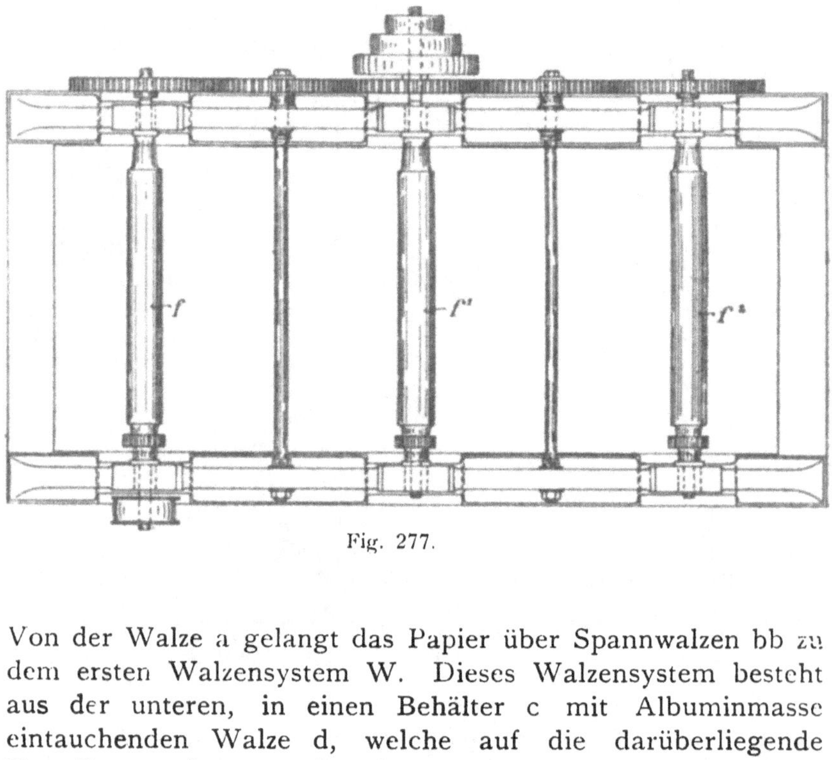

Fig. 277.

Von der Walze a gelangt das Papier über Spannwalzen bb zu dem ersten Walzensystem W. Dieses Walzensystem besteht aus der unteren, in einen Behälter c mit Albuminmasse eintauchenden Walze d, welche auf die darüberliegende Verteilungswalze e Albuminmasse überträgt. Ueber die Walze e wird nun mit Hilfe einer Druckwalze f die von den Walzen bb kommende Papierbahn geführt, so dass beim Passieren derselben über die Walze e die Unterseite mit Albuminmasse gleichmässig überzogen wird. Es ist hierbei darauf Bedacht zu nehmen, dass die Walzen d, e und f sauber abgeschliffen sind und die gegenseitige Einstellung der Walzen eine recht präcise ist, damit eine gleichmässige Aufnahme von Albuminmasse seitens der Walze e, sowie ein gleichmässiges

Uebertragen der Masse auf die Papierbahn erfolgt. Die untere Zufuhrwalze d kann mittelst Stellschrauben g, welche an den beiden Lagern dieser Walze angeordnet sind, genau eingestellt werden. Die Einstellung der oberen Walze f erfolgt gleichfalls mittelst einer Stellvorrichtung. Die beiden Stellvorrichtungen an den beiden Lagern der oberen Walze sind durch Schnecke und Schneckenrad miteinander verbunden, so dass stets ein gleichmässiges Auf- und Abwärtsbewegen der Walzen erfolgt. Von dem Walzensystem W wird das Papier unter einer Walze i hindurch zu dem Walzensystem W^1 geführt, wo dasselbe in ganz dersselben Weise wie beim Walzensystem W, mit einer weiteren dünnen Schicht Albuminmasse versehen wird. Die Walze i dient dazu, der Papierbahn zwischen den Walzensystemen W und W^1 eine geringe Spannung zu erteilen, so dass ein Faltenwerfen des Papieres vermieden wird. Vom Walzensystem W^1 wird das Papier unter einer zweiten Führungsrolle i^1 hindurch zu dem dritten Walzensystem W^2 geführt, um dort weiter mit einer dritten Schicht Albuminmasse versehen zu werden. Nachdem die Papierbahn dieses Walzensystem verlassen hat, gelangt sie über die Führungsrolle k zur Trockenvorrichtung. Der Antrieb der Walzen d, e, f erfolgt von der Walze e eines beliebigen Systems aus, wie in der Zeichnung angegeben, durch Vermittelung von Zahn- oder Kettenrädern derart, dass alle Walzen eine gleiche Umfangsgeschwindigkeit erhalten. In den Fig. 276 und 277 sind drei Walzensysteme angeordnet worden, die Herstellung des Albuminpapieres kann eventuell auch mittelst zweier Walzensysteme erfolgen. Auch ist es möglich, dass mehr wie drei Walzensysteme angewendet werden. Es kommt dieses auf die Konsistenz der zur Verwendung gelangenden Albuminmasse sowie auf die Stärke an, in welcher dieselbe aufgetragen werden soll.

Mit Hilfe dieser oder der vorher beschriebenen Maschine werden nun also die jetzt am weitesten verbreiteten Albuminpapiere hergestellt, die aber je nach den verschiedensten Erfordernissen auch mannigfache Abweichungen von einander zeigen. In neuerer Zeit sind den Albuminpapieren z. B. im sogenannten Celloidin- und im Chlorsilber-, Gelatine- oder Aristo-Papier ernstliche Konkurrenten erwachsen. Das Aristo-Papier hat in der leichten Verletzlichkeit seiner Schicht im nassen Zustande einen grossen Uebelstand, den das Celloidinpapier nicht hat. Bei der Konkurrenz mit dem Albuminpapier kommt also nur das Celloidin-Papier in Betracht. Das Albuminpapier überragt allerdings das Celloidinpapier in der Durchsichtigkeit und der Kraft der Tiefen, dagegen überragt das Celloidinpapier das Albuminpapier bedeutend in der Empfindlichkeit, indem es kaum die halbe Zeit zum Kopieren erfordert und nicht vergilbt. Das Albuminpapier verdirbt dagegen bei sehr schlechtem Licht schon im Kopierrahmen und giebt unter Umständen gar kein Bild.

Es musste daher als ein erstrebenswertes Ziel betrachtet werden, dem Albuminpapier dieselbe Empfindlichkeit zu geben wie dem Celloidinpapier, und diese Aufgabe löst ein Verfahren von J. Gädicke in Berlin, dem unter Nr. 91 038 das Verfahren zur Herstellung eines haltbaren, schnell kopierenden Albuminpapiers patentiert wurde. Er sagte darüber folgendes: Es wurde durch Versuche festgestellt, dass, wenn man dem Albumin beim Salzen ein bestimmtes Quantum eines neutralen löslichen Sauerstoffsalzes, das mit Silber einen unlöslichen oder schwer löslichen Niederschlag giebt und gleicherweise eine minimale Menge eines löslichen Bromids zusetzt, damit ein Albuminpapier hergestellt werden kann, das die Empfindlichkeit des Celloidinpapiers erreicht, wenn nicht noch übertrifft. Als Sauerstoffsalze für den genannten Zweck sind verwendbar: Borate, Phosphate, Wolframiate, Oxalate, Tartrate, Citrate u. s. w. mit einem Wort, alle im Wasser löslichen Sauerstoff-Salze, die mit Silbernitrat einen Niederschlag geben.

Mit saurem Silberbade sensibilisiert, erhält man damit ein Dauerpapier, das die Schnelligkeit des Celloidinpapiers mit den schönen Tiefen des Albuminpapiers vereinigt. Die Ausführung des Verfahrens geschieht in folgender Weise: Gegohrenes Eiweiss wird mit 2 bis 4% eines löslichen Chlorids, z. B. mit Chlorammonium, gesalzen. Diesem Chlorid wird ein neutral reagierendes Sauerstoffsalz, dessen Säure mit Silber ein schwer lösliches oder unlösliches Salz bildet, z. B. ein Citrat, in solcher Menge zugesetzt, dass sich beim Sensibilisieren $^4/_5$ des Silbers als Haloidsalz und $^1/_5$ als Sauerstoffsalz ausscheidet. Ferner wird auf je 26 Aequivalente Chlorid 1 Aequivalent Bromid oder mehr zugesetzt.

Mit diesem gesalzenen Eiweiss, dem noch Farbstoffe zugesetzt werden können, wird photographisch reines Papier in bekannter Weise präpariert und nachher mit einem Silberbade das mit einer Säure, z. B. Citronensäure, angesäuert ist, sensibilisiert. Das so hergestellte Papier ist mehrere Monate unzersetzt haltbar und kopiert etwa doppelt so rasch wie die besten gewöhnlichen Albuminpapiere des Handels. Die kleine Menge Bromid wirkt hier ähnlich wie ein Ferment. Reines Bromid würde ein ungemein empfindliches Papier liefern, das aber keine Tiefen giebt, da das freiwerdende Brom eine weitere Zersetzung des Bromsilbers hindert und so nach dem Ankopieren ein graues Bild giebt, das auf keine Weise Kraft erhält. Bei dem beschriebenen Papier aber wird das frei werdende Brom fofort von dem Ueberschuss der anderen Silbersalze absorbiert, indem sich ein neues Quantum Bromsilber bildet, das nun wieder durch seine hohe Empfindlichkeit die Lichtwirkung einleitet, während die Kraft in den Tiefen durch das Chlorsilber erzeugt wird. Das beschriebene Papier lässt sich nach dem Zustande der darin enthaltenen Silberverbindung als Chlorbromsauerstoff - Albumin - Papier bezeichnen.

Zeitweise liegt aber nun auch manchmal das Bedürfnis oder der Wunsch vor, die betreffenden Photographien möglichst glänzend herzustellen oder andererseits auch mit einer matten Oberfläche auszuführen. Für beide Absichten giebt es Mittel, und zwar kann man in dem ersten Falle das den Herren Jean Joseph Désiré Hutinet und Pierre Ernest Lancy in Paris geschützte (Nr. 18 794) Verfahren benutzen, während im zweiten das Verfahren zur Herstellung von Halogensilber-Gelatinepapieren mit matter Oberfläche (Patent 96 003) zur Anwendung kommen könnte, welches herrührt von der Neuen Photographischen Gesellschaft M. B. H. in Berlin-Steglitz.

Das Patent 18 794 hat zum Gegenstand ein Verfahren der Herstellung von Photographiepapier mit Gelatine oder mit irgend einer anderen gummi- oder albuminartigen Masse überzogen, welche unlöslich ist oder in kaltem Wasser unlöslich gemacht worden ist, und welche Bromsilber oder irgend ein anderes in Wasser unlösliches Silberpräcipitat enthält. Dieses Photographiepapier ergiebt von selbst, nachdem es unter einem Negativ dem natürlichen oder künstlichen Lichte ausgesetzt worden ist, durch die Entwickelung Positivabdrücke, die ebenso glänzend und nötigenfalls noch glänzender sind, als man von einfach oder doppelt albuminiertem Papier mit Chlorsilber erhalten würde. Papier, welches mit einer Schicht Gelatine überzogen ist, welche eine Emulsion von Chlorsilber, Jodsilber, Bromsilber oder von einem anderen in Wasser nicht löslichen Silberpräcipitat oder von einer Mischung dieser Präcipitate in verschiedenen Verhältnissen und unlöslich in Wasser enthält, wird, nachdem es bei natürlichem oder künstlichem Lichte einem Negativ ausgesetzt worden ist, und die Bildentwickelung mit Alkali, Eisenoxatad oder Pyrogallussäure versetzt ist, nur matte, stumpfe und unangenehme Bilder ergeben. Um dieselben zu verbessern, werden sie nach der Fertigstellung mit Wachsfirnis, Albumin, Collodium oder Firnis überzogen.

Zur Vereinfachung dieses Verfahrens stellen die Erfinder das Papier gleich in solcher Weise her, dass es sogleich ebenso glänzende und nötigenfalls noch glänzendere Bilder liefert, als diejenigen, welche man mit Chlorsilber auf einem einfach oder doppelt albumierten Papier erhalten würde. Das erwähnte Resultat wird auf verschiedene Weise erhalten:

1. Man deckt zunächst das Papier, und zwar bevor man das Gelatine-Bromsilber aufträgt, (dem Bromsilber, dessen grosse Empfindlichkeit seit langer Zeit bekannt ist, wird deshalb der Vorzug gegeben), mit Gelatine oder mit irgend einer anderen gummiartigen oder albuminösen Substanz, löslich oder nichtlöslich in Wasser, die Barytweiss oder irgend ein anderes Weiss, Seife, Wachs oder eine Auflösung von weissem Gummilack enthält; alsdann, nachdem das Papier getrocknet ist, walzt man es und macht es mit Hilfe einer Bürste oder eines Bällchens mit oder ohne Anwendung von Talg glänzend.

2. Man deckt zuerst das Papier mit einer Schicht harziger Lösung oder mit Harzgummilösung in Alkohol, in irgend einer Essenz oder in alkalischem oder salzigem Wasser, dann walzt man es nötigenfalls und trägt die empfindliche Schicht Gelatine-Bromsilber darauf.

3. Man deckt das Papier zuerst mit Collodium, walzt es oder walzt es auch nicht, und trägt dann die empfindliche Schicht Gelatine-Bromsilber auf.

4. Man versieht zuerst das Papier mit der empfindlichen Schicht Gelatine-Bromsilber, dann, nach dem Trocknen, überzieht man es mittelst eines Pinsels, einer Lüvette oder einer Walze mit einer Lösung von weissem Harz oder Gummiharz in Alkohol, in einer Essenz oder in alkalischem oder salzigem Wasser. Auf diese Weise wird der glänzende Ueberzug hart und für Wasser undurchdringlich.

5. Man bringt auf die Oberfläche des Papiers nur eine Schicht einer empfindlichen Emulsion von Gelatine-Bromsilber, in welche man eine Lösung von Harz oder Gummiharz in salzigem Wasser einführt und damit gemischt hat.

6. Man bringt in die Emulsion eine Lösung von Harz oder Gummiharz in Alkohol, in irgend einer Essenz oder in irgend einem anderen geeigneten Lösungsmittel, trägt dann eine Schicht der Emulsion auf eine Seite des Papiers und nach dem Trocknen dieser ersten Schicht überzieht man es noch mit der Lösung von Gummi oder Gummiharz besonders. Bei dieser Herstellung ist die glänzende Oberfläche des Bildes hart und unlöslich.

Damit das nach einen der oben beschriebenen Verfahrungsarten präparierte Papier nicht brüchig wird, wendet man eine verhältnismässige Zugabe von Glycerin oder Zucker an oder gebraucht bei dem Harzüberzug ihrer Natur nach verschiedene Harzstoffe.

Welches nun auch das zur Präparierung des Papiers benutzte Mittel sein möge, so wird sich darauf die Entwickelung des photographischen Bildes regelmässig vollziehen, sei es durch die obere Fläche (diejenige, welche die Ueberzugsschicht oder -Schichten erhalten hat), sei es durch die untere Fläche oder durch die beiden Oberflächen zugleich, und wird nach der Entwickelung, dem Abwaschen, Wenden und Trocknen ein Bild ergeben, das sehr glänzend ist. Die Stärke dieses Glanzes hängt von dem angewendeten Mittel und dem Verhältnis der Harzbeimischung in der zur Anwendung gekommenen Lösung ab.

Das schon erwähnte zweite Verfahren zur Herstellung von Halogensilber-Gelatinepapieren mit matter Oberfläche besteht im folgenden: Die bisher schon im Handel vorgekommenen Mattpapiere wurden früher meist in der Weise hergestellt, dass man als Träger der lichtempfindlichen Substanz an Stelle der mit glänzender Oberfläche erstarrenden Gelatine eine Stärkeart, z. B. Kartoffelstärke, Arrowroot, Weizenstärke u. s. w. verwendete. Wollte man zu bestimmten Zwecken die Verwendung von Gelatine beibehalten, so begnügte man sich damit, die Emulsion auf ein möglichst rauhes Papier aufzutragen, welches keine weitere, besonders präparierte Schicht, wie beispielsweise Baryt, als Unterlage für die Emulsion hatte. Eine vollkommen matte Oberfläche jedoch liess sich hierbei niemals erzielen. Ebensowenig gelangt man zu einem befriedigenden Resultat durch die häufiger angewendete Methode, Gelatine-Emulsion auf sogenanntes mattes Barytpapier zu übertragen, da die matte Unterschicht allein nicht genügt, um den Glanz der Gelatine zu verdecken. In neuerer Zeit ist zwar unter No. 90567 ein Verfahren patentiert worden, welches im wesentlichen darin besteht, die matte Oberfläche einer Bromsilber-Gelatine-Emulsion durch Einverleibung von gegen die Emulsion indifferenten, in Wasser unlöslichen, wenigstens einen anorganischen Bestandteil enthaltenden festen Körpern in feinverteiltem Zustande zu erzeugen. Dieses Verfahren erleidet eine gewisse Einschränkung dadurch, dass es nicht für Chlorsilber-Gelatine-Emulsion verwendbar ist. Ausserdem dürfte es für den Grossbetrieb insofern Schwierigkeiten bieten, als eine Emulsion, die in grösserem Massstabe mit spezifisch schwereren Salzen beladen ist, bei längerem Stehen in geschmolzenem Zustande ihre homogene Beschaffenheit durch Absetzen der Salze verliert. Vorliegendes, im Späteren näher beschriebenes Verfahren knüpft sich an die Beobachtung, dass tierisches oder pflanzliches Fett, im Zustande feinster Verteilung einer gereiften und gewässerten Halogensilber-Gelatine-Emulsion zugesetzt, eine deutlich mattierende Wirkung auf die glänzende Gelatine-Oberfläche ausübt.

Es wurden, um ein Beispiel anzuführen, 100 ccm geschmolzene Bromsilber-Gelatine-Emulsion mit 14 ccm einer Ricinusöl-Emulsion versetzt, die 45 g Oel in 200 ccm Flüssigkeit enthielt und in üblicher Weise mit Gummi arabicum und Wasser angefertigt war. Das mit dieser Emulsion überzogene Papier weist im Gegensatz zu dem mit gewöhnlicher Gelatine-Emulsion überzogenen Papier derselben Art eine matte Oberfläche auf.

Da neben Fett nur Gummi arabicum als in Betracht kommender Zusatz anzusehen ist und dieses für sich allein, in derselben Quantität der Bromsilber-Emulsion zugesetzt, keinerlei Einfluss in der bezüglichen Richtung ausübt, so bleibt nur das Oel als Ursache der mattierenden Wirkung übrig.

Bei der speziellen Ausführung des Verfahrens wurde im weiteren der gereiften und gewässerten Bromsilber-Gelatine-Emulsion tierische Milch zugesetzt und zwar in einer Menge, dass das zur Verwendung kommende Milchfett dem in obigem Beispiel angeführten Pflanzenfett prozentisch entsprach.

Die Anwendung von Milch empfiehlt sich aus dem Grunde, weil in ihr das Fett in so ausserordentlich fein verteiltem Zustande vorhanden ist, wie es durch künstlich erzeugte Fett-Emulsion nur schwer oder gar nicht erreichbar ist.

Ferner bietet Milch noch den besonderen Vorteil, dass sie durch ihr nahezu gleiches spezifisches Gewicht wie die üblichen Gelatine-Emulsionen deren homogene Beschaffenheit nicht im mindesten beeinträchtigt, dagegen die für gleichmässigen Guss erforderliche Viscosität günstig beeinflusst.

In gleicher Weise wie Bromsilber-Gelatine liess sich auch Chlorsilber-Gelatine-Emulsion in der erwähnten Weise mattieren.

Hervorgehoben sei bei dieser Gelegenheit, dass sich die beschriebenen Matt-Emulsionen zum Uebertragen auf jedes photographische Rohpapier eignen und somit von der Oberfläche des Trägers vollkommen unabhängig sind.

Derartig präparierte Papiere sind bei sachgemässer Aufbewahrung unbegrenzt haltbar und geben bei entsprechender Behandlung Kopien, die sich durch kräftige Tiefen und durch zarte Abstufung in den Tönen auszeichnen.

Der Vollständigkeit wegen sei nun auch das bereits erwähnte Verfahren zur Herstellung von mattem Bromsilber-Gelatinepapier, welches dem Dr. Stolze & Comp. in Berlin unter No. 90 567 patentiert wurde, näher beschrieben. Der Erfinder sagt darüber:

Wenn man Bromsilber-Gelatinepapier für photographische Zwecke zur Erreichung besonderer künstlerischer Wirkungen oder zu anderen Zwecken eine matte oder rauhe, nicht glänzende Oberfläche geben wollte, so beschränkte man sich bisher darauf, als Unterlage für die Schicht möglichst rauhes Papier zu verwenden und die Schicht möglichst dünn herzustellen. Auf diese Weise war indessen niemals der für viele Zwecke erwünschte Grad von Mattheit der Oberfläche zu erreichen. Nach dem vorliegenden Verfahren wird eine Schicht von beliebiger Dicke hergestellt, deren Oberfläche jeden wünschenswerten Grad von Mattheit erhalten kann.

Das Verfahren besteht darin, dass im wesentlichen chemisch indifferente, mindestens einen anorganischen Bestandteil enthaltende feste Körper in fein verteiltem Zustande der Emulsion einverleibt werden. Das Verfahren kann auf verschiedene Weise ausgeübt werden, welche sich indessen alle als für den

Sachverständigen naheliegende Wege zu demselben Ziel darstellen. Sie werden deshalb im Nachstehenden nur beispielsweise aufgeführt. Man mahlt Körper, wie Flussspat, Feldspat, Schwerspat, Quarz, Porzellan oder dergleichen, zu einem feinen Pulver und mengt dies der Emulsion in irgend einem Stadium ihrer Herstellung bei.

Anstatt die genannten Körper zu mahlen, kann man sie geeignetenfalls auch auf chemischem Wege in pulverförmigem Zustande darstellen, indem man sie aus Lösungen oder Verbindungen ausfällt. Man stellt beispielsweise eine Chlorcalciumlösung her und setzt derselben oxalsaures Ammoniak zu. Den erhaltenen Niederschlag, welcher aus oxalsaurem Kalk in sehr fein verteiltem Zustande besteht, verrührt man alsdann mit der Emulsion.

Endlich kann man auch die betreffenden Körper in gelöster Form in die Emulsion einführen und in ihr selbst durch chemische Wechselzersetzung ausfällen.

Setzt man beispielsweise der Emulsion Chlormagnesium, Ammoniak und phosphorsaures Natron zu, so bildet sich ein Niederschlag von phosphorsaurer Ammoniakmagnesia.

Es wird als selbstverständlich betrachtet, dass man zur Ausübung des beschriebenen Verfahrens vorzugsweise solche Körper wählen wird, welche sowohl gegen die Gelatine wie gegen die darin emulgierte Silberverbindung indifferent sind. Es giebt aber eine Reihe von Körpern, welche zwar nicht vollkommen indifferent gegen die Silberverbindungen sind, aber nur einen geringen und für das Ergebnis gänzlich oder nahezu unwesentlichen Einfluss auf das Verfahren derselben ausüben. Solche Körper werden daher als in den Rahmen der Erfindung fallend angesehen.

Das beschriebene Verfahren ist für Chlorsilber-Gelatinepapier nicht anwendbar. Der Grund hierfür ist in dem Umstand zu suchen, dass Chlorsilber-Gelatine einen so hohen Prozentsatz an Gelatine enthält, dass durch das vorgeschlagene Mittel ein Mattieren der Schichten nicht zu erreichen ist; ferner muss jedes handelsfähige Chlorsilber-Gelatinepapier Citronensäure oder ähnliche Säuren und salpetersaures Silber enthalten; diese beiden Substanzen wirken nun so auf die Gelatine ein, dass ein lackartiger Körper entsteht, der sich auf keine Weise mattieren lässt.

Schliesslich sei noch eines Verfahrens zur Herstellung eines lichtempfindlichen Silberpapieres von Arndt & Troost in Frankfurt a. M. erwähnt, das den Herren unter No. 86317 patentiert wurde und bei dessen Anwendung man keines besonderen Entwickelungs- oder Fixierungsbades bedarf. Das Verfahren bezieht sich auf die Herstellung lichtempfindlicher Papiere, wie solche bei dem in der Technik gebräuchlichen Lichtpausverfahren ausgedehnte Verwendung finden, und bezweckt die Erzeugung eines Eisensilberpapiers, welches infolge seiner eigenartigen Zusammensetzung, den bisher in Anwendung gekommenen analogen, mit Eisentartrat bezw. Eisenoxydammoniumcitrat und Silbernitrat bereiteten Papieren gegenüber, neben grösserer Lichtempfindlichkeit und Haltbarkeit, auch in unbelichtetem Zustande besonders den wesentlichen Vorteil darbietet, dass man zur Erzeugung kräftiger und haltbarer Bilder keines besonderen Entwickelungs- oder Fixierungsbades bedarf, sondern die Kopien nach dem Belichten einfach durch einmaliges Auswaschen in reinem, kaltem Wasser entwickelt werden, was vorher nur bei Eisenpausen möglich war.

Diese Vorteile des nach vorliegendem Verfahren präparierten Papieres werden durch die gegenseitige Einwirkung aller zu seiner Herstellung benutzten Agentien erzielt, durch welche neben bekannten Silberverbindungen leicht reduzierbare Eisenverbindungen gebildet werden, während die in dem Gemisch enthaltene Citronensäure die Haltbarkeit des Papiers bedingt. Durch einen unter dem Einfluss des Lichtes schnell zu Eisenoxydulsalzen reduzierten Teil der Eisenverbindungen wird beim Wässern an den vom Lichte getroffenen Stellen Silber niedergeschlagen und so das Bild hervorgebracht.

Zur Herstellung des vorliegenden Papiers verwendet man als Grundstoff chlor- und holzschlifffreies Papier, am besten reines Lumpenpapier und zwar überzieht man dasselbe mit einer wässrigen Lösung von salpetersaurem Silberoxyd, citronensaurem Eisenoxydammonium, Weinsteinsäure und Gelatine. Von diesen Bestandteilen darf, ohne wesentliche Beeinträchtigung des zu erzeugenden Produktes, keiner weggelassen werden.

Die besten Resultate ergaben Lösungen von folgender Zusammensetzung: Auf 1000 ccm. = 1 l destilliertes Wasser 80—100 gr citronensaures Eisenoxydammonium, 20—25 gr salpetersaures Silberoxyd, 25—35 gr Weinsteinsäure und 10—15 gr Gelatine.

Um die Bildung eines vorzugsweise aus Silbersalzen bestehenden Niederschlages und dadurch bedingte Schwächung der Lösung zu vermeiden, verfährt man vorteilhaft so, dass man zur Lösung des salpetersauren Silberoxyds in einem Teil des Wassers zunächst die Gelatinelösung und darauf die Weinsäurelösung zufügt und alsdann erst unter Umschütteln nach und nach die Lösung von citronensaurem Eisenoxidammonium zugiebt, wobei eine milchigtrübe Flüssigkeit resultiert, die auch nach längerem Stehen keinen merklichen Niederschlag zeigt.

Das mit dieser Lösung getränkte Papier hält sich in unbelichtetem Zustande mehrere Monate lang unverändert. Dem Lichte ausgesetzt, ist es erfahrungsgemäss fünfmal empfindlicher wie das gebräuchliche sogenannte blausaure Papier. Die belichteten Stellen nehmen eine schwachgelbliche Färbung an, welche sich beim Auswaschen der Kopien in reinem Wasser in starkes Braun verwandelt. Dieser braune Ton ist nicht allein dem Auge sehr angenehm, sondern hat besonders den grossen Vorteil, dass er vollständig inaktinisch ist, so dass bei Benutzung von auf vorliegendem Papier erzeugten Negativen zur Herstellung von Vervielfältigungen mittelst des Pausverfahrens die durch die braunen Stellen des Negativs gedeckten Stellen im Positiv rein weiss bleiben, so dass die Vervielfältigungen kontrastreiche Bilder ergeben.

Die Lichtempfindlichkeit des nach vorliegendem Verfahren hergestellten Papieres ist, wie bereits erwähnt, eine sehr grosse, und es eignet sich daher dieses Papier zur Herstellung von Pausen von Zeichnungen auf stärkstem Karton, von welchem mit keinem der bisher in Anwendung gekommenen lichtempfindlichen Papiere brauchbare Pausen, erhalten werden konnten. Auch Halbtöne vermag das vorliegende Papier bis in die feinsten Einzelheiten wiederzugeben, so dass es nicht allein zur Wiedergabe von Strichzeichnungen, sondern auch zur Vervielfältigung photographischer Aufnahmen geeignet ist.

Die bei der Herstellung und Belichtung des vorliegenden Papieres vor sich gehenden Prozesse dürften in folgender Weise zu erklären sein: Der Zusatz feiner Weinsäure bewirkt die Bildung weinsaurer Eisensilberdoppelsalze, welche an sich leicht löslich sind und durch das Ammoniak des citronensauren Eisenoxydammoniums in Lösung erhalten werden, so dass also kein Niederschlag entstehen kann. Die Gegenwart der Citronensäure bewirkt, wie bekannt, die Erhöhung der Haltbarkeit von Silberpapieren. Die weinsauren Salze sind, wie ebenfalls bekannt ist, viel lichtempfindlicher als die citronensauren Salze, so dass also durch den Zusatz der freien Weinsäure zu den übrigen Bestandteilen die Ausfällung von Silbersalzen aus der Lösung verhindert und die Lichtempfindlichkeit derselben wesentlich erhöht wird. Die Gelatine hat den Zweck, das Eindringen der Flüssigkeit in den Grundstoff, das Papier, zu verhindern und, als organische Substanz, die Zerlegung der Eisensilbersalze unter der Einwirkung des Lichtes zu beschleunigen.

Bei der Belichtung des Papiers werden zunächst die weinsauren Doppelsalze unter Reduktion der Eisenoxydsalze zu Oxydulsalzen zerlegt, von denen ein Teil beim Wässern der erhaltenen Kopien durch die Salpetersäure des salpetersauren Silberoxyds unter Niederschlagung von Silberverbindungen wieder zu Eisenoxydsalz verwandelt wird und mit dem nicht vom Lichte getroffenen Teil des Ueberzuges in Lösung geht, während der nicht oxydierte Teil der Eisenoxydulsalze mit den neugebildeten Silberverbindungen den gelben, beim Trocknen in dunkelbraun übergehenden Grundton liefert. Um die erzeugten Kopien auch widerstandsfähig gegen Säuren oder ähnliche ätzende Stoffe zu machen, brauchen dieselben vor dem Trocknen nur rasch durch eine $^1/_2$prozentige Fixiersalzlösung hindurchgezogen zu werden, wodurch der tiefbraune Farbenton nach dem Trocknen in einen dunkelvioletten übergeführt wird.

Von den genannten Bestandteilen der Sensibilisierungsflüssigkeit darf nur die Gelatine ohne wesentliche Beeinflussung der technischen Wirkung weggelassen werden, da sie in der Hauptsache nur als eigentlicher Bildträger dienen soll, als welcher, wenn auch weniger gut, die Oberfläche des Papiers selbst dienen kann.

Bisher ist wiederholt von der Verwendbarkeit der Gelatine zur Herstellung photographischer Papiere gesprochen worden. Es muss da noch eines Verfahrens von James Blakemore Wellington in Elstree (Herts, England) gedacht werden, welches demselben unter 91 518 geschützt wurde, und die Herstellung von abziehbarem Negativpapier betrifft. Die vorliegende Erfindung behandelt die Anfertigung von biegsamen, durchsichtigen Häuten, welche als Träger von lichtempfindlichen Emulsionen dienen sollen, und bezweckt im Besonderen die Herstellung einer Gelatinehaut, welche während der Belichtung auf einer Unterlage von Papier, Karton oder dergleichen ruht, und von dieser vor der Herstellung des Positivs abgezogen wird.

Vorher sind von der Unterlage lösbare photographische Häutchen dadurch hergestellt worden, dass man zwischen einer unlöslichen Gelatinehaut und einer Papierunterlage eine Schicht von löslicher Gelatine anbrachte, welche nach der Entwickelung und vor der Herstellung des Positivs mittelst heissen Wassers aufgelöst und dadurch das Negativ von seiner provisorischen Unterlage losgetrennt wurde (Patentschrift 34029) oder man brachte die Gelatineschicht auf mit Asphalt getränktes Papier, welches mit einem dünnen Ueberzug von Wachs und Vaseline versehen war. Bei diesen Papieren löste sich die abziehbare Schicht nur relativ schwer von ihrer Unterlage, so dass die dünnen Gelatinehäutchen häufig durch Zugwirkung örtlich Dehnungen erhielten und somit beulig wurden. Bei den nach der vorliegenden Erfindung hergestellten photographischen Häutchen wird das Loslösen ohne Anwendung heisser Bäder und ohne Behandlung mit anderen Lösungsmitteln bewirkt.

Bei der praktischen Ausführung der vorliegenden Erfindung wird ein geeignetes Papierblatt (z. B. das wohlbekannte photographische Papier, sowie auch das mit Baryt überzogene matte oder geglättete Papier) auf einer oder auf beiden Seiten mit einer Schicht bekleidet, welche einen geeigneten Prozentsatz irgend eines spröden Harzes enthält, das in einem der bekannten Lösungsmittel aufgelöst ist. Gute Resultate werden mit Mastix, und Fichtenharz in verschiedenen Mengenverhältnissen erhalten, desgleichen auch mit Dammar, Kopal und verwandten Harzen; vorzuziehen ist jedoch die Anwendung von Sandarak oder Kopal. Die Konzentration dieser Lösungen kann erheblichen Schwankungen unterliegen; dieselbe hängt zum grossen Teil von den Verfahren ab, welche zum Ueberziehen des Papieres in Anwendung kommen. Wenn das Papier z. B. durch Eintauchen überzogen wird, so kommt eine Lösung von 1 Teil Sandarak oder Kopal und 10 Teilen Methylalkohol oder einem sonstigen Lösungsmittel zur Anwendung. Diese Lösung kann mit einem unaktinischen Farbstoff durchsetzt werden, um den Durchgang des Lichtes durch das Häutchen zu verhindern und die Bildung von Lichthöfen abzuschwächen.

Nachdem die Papierunterlage durch Ueberziehen mit einer Harzschicht vorbereitet und trocken geworden ist, wird die Gelatineschicht aufgetragen, welche zweckmässig dadurch unlösbar gemacht wird, dass man derselben unmittelbar vor dem Auftragen eine geeignete Lösung von Natronalaun, Chromalaun oder einem der sonstigen Härtungsmittel für Gelatine zugiebt. Die Gelatine wird auf die mit Harz präparierte Papierunterlage so dick aufgetragen, dass sie beim späteren Abziehen von dieser Unterlage ein Häutchen von hinreichender Stärke ergiebt, um die Uebertragung des Häutchens auf eine andere Unterlage nicht notwendig zu machen. Zu dem Ende genügt eine Schicht welche im trockenen Zustande eine Stärke von ungefähr 0,05 mm bis 0,25 mm aufweist. Die Papierunterlage kann auch auf beiden Seiten mit Gelatine überkleidet werden, wobei dann die auf der Rückseite liegende Gelatineschicht den Zweck hat, ein Werfen und Krausziehen der ganzen Unterlage durch Temperaturwechsel oder Feuchtigkeit zu verhindern. Wenn die Gelatine trocken ist, so wird die lichtempfindliche Emulsion in der bekannten Weise aufgetragen. Das Häutchen ist nach dem Trocknen gebrauchsfertig.

Die Silbersalze können auch mit der Gelatine emulgiert werden, welche zur Herstellung des Grundkörpers des Häutchens dient, so dass der Grundkörper und die lichtempfindliche Oberfläche in einer und derselben Operation hergestellt und der Zeitverlust vermieden wird, der sonst bei der Zweiteilung des Verfahrens und des zwischen diesen Einzeloperationen vorzunehmenden Trocknungsprozesses entsteht.

Dieses photographische Häutchen wird nun belichtet, während sich dasselbe noch auf der Papierunterlage befindet. In gleicher Weise wird auch das Entwickeln, Fixieren und Waschen vorteilhaft vorgenommen, während das Häutchen noch auf der Unterlage sitzt. Nach dem Waschen oder gegebenenfalls auch in irgend einem anderen Stadium der nach der Belichtung auszuführenden Operationen wird das eigentliche Gelatinehäutchen zusammen mit der dasselbe bedeckenden Emulsionsschicht entweder in feuchtem oder in trockenem Zustande von der Papierunterlage losgelöst.

Das Ablösen oder Abblättern der nach vorliegend beschriebenem Verfahren durch eine Harzschicht von der Papier-Unterlage getrennten Gelatinehäutchen geht mit solcher Leichtigkeit vor sich, dass dasselbe sogar in trockenem Zustande vorgenommen werden kann.

Bemerkenswert ist hierbei, dass das Ablösen fast ohne Zugwirkung erfolgt; es genügt, die Gelatinehaut an den Ecken leicht anzuheben, worauf dieselbe fast freiwillig sich von der Unterlage abblättert.

Der Grund für die leichte Ablösbarkeit der Gelatinehaut ist darin zu erblicken, dass die trennende Harzschicht nicht wie die bisher verwendeten Schichten aus Wachs u. s. w. eine zähe, klebende, sondern vielmehr eine spröde, brüchige Masse vorstellt.

Es ist bekannt, dass die bei der Herstellung photographischer Positive zur Verwendung gelangenden Papiere den absichtlich zugesetzten schönen Farbenton schon nach kurzer Zeit verlieren. Das angewendete Verfahren bestand darin, dass man die betreffende Farbenlösung der Albuminlösung beimengte und mit diesem Gemisch das Papier überzog. Als Farben werden die als häufig nur wenig lichtbeständig bekannten Anilinfarben verwendet, die sich eben vorzüglich mit dem Albumin vermischen lassen. An die Stelle dieses Verfahrens tritt nach einer Erfindung von G. Koppmann in Hamburg das Patent No. 81 381 über farbiges Positivpapier, bei welchem dem obengenannten Uebelstande durch eine innigere Verbindung des Farbstoffes mit dem Papier abgeholfen werden soll.

Zu diesem Zwecke wird zur Herstellung des Farbentones irgend eine als lichtecht bekannte und im Wasser unlösliche Farbe, vorzugsweise aber Kobaltblau oder eine der im Handel unter dem Namen Krapplack, Krapplackrosa, blauer Lack, Orientblau, Karminlack u. s. w. bekannten Farben genommen und hiermit direkt das Papier gefärbt. Ist dieser lichtechte Grund hergestellt, so wird das so vorbereitete Papier mit Albumin überzogen und ist zur Aufnahme der lichtempfindlichen Substanz (salpetersaure Silberoxydlösung u. s. w.) fertig.

Das beschriebene Verfahren braucht nicht auf Albuminpapier beschränkt zu werden, sondern lässt sich überall da anwenden, wo auf einen bleibenden Grundfarbenton in den Photographien Wert gelegt wird. So kann anstatt des

Albumins beispielsweise auch Kollodium, welches mit der lichtempfindlichen Substanz vermischt ist, benutzt werden, wobei die Herstellung des bleibenden Grundtones durch vorherige Färbung des zu verwendenden Papiers erfolgt. Das specifisch Neue gipfelt also hier in der Trennung der Farbenlösung, zu welcher eine lichtfeste Metallfarbe oder eine sonst als lichtfest bekannte geeignete Farbe benutzt wird, von der eigentlichen Bildschicht und der Vorverwendung der ersteren.

Ein Verfahren zur Herstellung des oben erwähnten Kollodiumpapieres, das heute schon weit verbreitet ist, rührt von Johann Friedrich Kolby in Zwickau her und ist diesem unter No. 77 162 patentiert worden. Es betrifft dieses Chlorsilberkollodiumpapier, welches zugleich den Vorteil hat, selbsttonend zu wirken, also ohne Zusatz eines Tonungsmittels. Das Papier wird dadurch erhalten, dass ein Goldsalz direkt in eine chlorsilberhaltige Kollodiumemulsion eingetragen wird und nach innigem Mischen mit dieser Emulsion Rohbaryt- oder sonstiges Papier überzogen wird. Die Emulsion kann auch auf Glas, Porzellan, Stoff und dergleichen, welche mit einem Kreide-, Baryt- oder dergleichen Ueberzug versehen sind, aufgetragen werden.

Zur Ausführung des Verfahrens wird in einer Rohkollodiumlösung 1. ein Chlorsalz, 2. Silbernitrat, 3. ein Goldsalz gelöst, bezw. suspendiert; z. B. werden in 1000 g Rohkollodium 6 g Chlorstrontium und 26 g Silbernitrat gelöst und dazu 1—2 g Goldchlorid gegeben. Zusatz von Wein- oder Citronensäure macht die Emulsion empfindlicher und haltbarer.

Oder es werden in 1000 g Rohkollodium 2 g Goldchlorid und 4 g Lithiumchlorid gelöst und dann 26 g Silbernitrat in die Lösung eingeführt. Das Lithiumchlorid kann hierbei durch Chlorstrontium oder ein anderes Chlorid ersetzt werden.

Mit dieser farbigen, goldsalzhaltigen Kollodiumemulsion wird Papier überzogen; dasselbe ist nach dem Trocknen kopierfähig. Die darauf hergestellten Kopien unterliegen keinem nachherigen Tonprozess, sondern werden einfach in einer beliebig starken Lösung von unterschwefligsaurem Natron in Wasser fixiert und dann ausgewässert.

Alle diejenigen, welche zur Ausführung ihrer photographischen Arbeiten sich des Kollodiums bedienen, werden sich gewiss dafür interessieren, im Schluss dieses Artikels noch zu er-

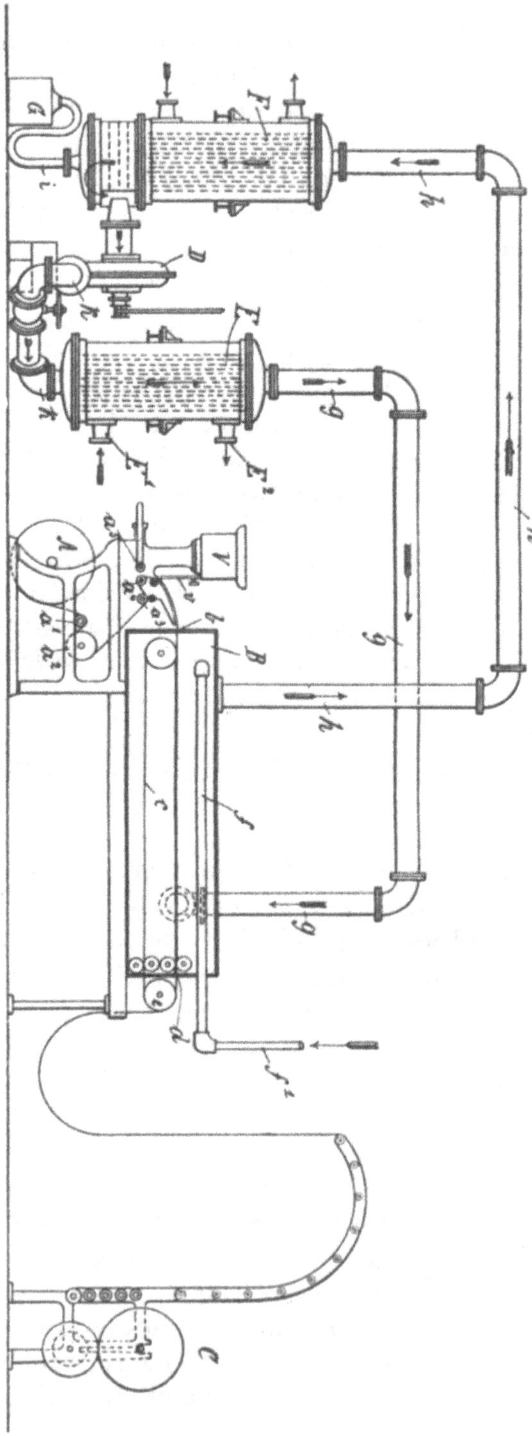

Fig. 278.

fahren, dass es auch ein Verfahren und eine Einrichtung giebt, das bei der Ausführung benutzte, nicht gerade billige flüchtige Lösungsmittel wiederzugewinnen. Es rührt von der Firma Carl Flemming & H. de Crousilliers in Glogau her und ist dieser unter No. 85357 patentiert worden. Die Abbildung der notwendigen Einrichtung zeigt die Fig. 278 und ist folgendermassen zu erklären:

Bei der Bereitung von mit Kollodiumemulsion oder einem ähnlichen hautartigen Ueberzuge versehenem Papier wird die Ueberzugssubstanz zunächst in einem flüchtigen Lösungsmittel (Aether u. s. w.) gelöst, alsdann diese Lösung über der Papierfläche gleichmässig verteilt und schliesslich das flüchtige Lösungsmittel abgedunstet, wonach der bezügliche Ueberzug auf dem Papier als zusammenhängende Schicht zurückbleibt. Vorliegende Erfindung bezieht sich auf ein Verfahren zur Wiedergewinnung des (bei freier Abdunstung verloren gehenden) Lösungsmittels. Diese Wiedergewinnung ist zwar bereits früher versucht worden; das vorliegende Verfahren unterscheidet sich jedoch von dem früheren insbesondere dadurch, dass die Abdunstungsatmosphäre einer ständigen Zirkulation eventuell im Gegenstrom derart unterworfen wird, dass die mit den Dämpfen des Lösungsmittels vermischte Luft in einen Kondensator und von hier nach Abscheidung des Lösungsmittels vorgewärmt wieder in den geschlossenen Kasten, durch welchen die Papierbahn mit dem abzudunstenden Auftrage hindurchgeführt wird, zurückbefördert wird, wobei die während ihres Kreislaufes abwechselnd abgekühlte und wieder erhitzte Abdunstungsatmosphäre, weil sie abgeschlossen bleibt, den Verlust von wesentlichen Mengen des Lösungsmittels unmöglich macht. Die Zirkulation der Abdunstungs atmosphäre, das kennzeichnende Merkmal des Erfindungsgegenstandes, beschleunigt erheblich das Trocknen der Ueberzugsschicht auf dem in langsamem Fortschritt durch den Kasten geführten Papier. Auf der Zeichnung 278 ist die Einrichtung zur Ausführung des besprochenen Verfahrens veranschaulicht.

Das Papier, welches mit einer Kollodiumschicht überzogen werden soll, ist auf der Rolle A aufgewickelt und bewegt sich von dieser Rolle über die Spannrollen a^1 a^2 a^3 a^4 durch den Schlitz b in den Kasten B, wo es an das endlose Filzband c abgegeben wird, um durch den Schlitz d über die Rolle e zur Aufwickelungsmaschine C zu gelangen.

Aus dem Gefäss V fliesst die Kollodiumlösung durch das mit Hahn versehene Rohr v auf das Papier und breitet sich auf demselben in einer dünnen Schicht aus, wobei die stellbare Verteilwalze a^5 mitwirken kann. Der Kasten B ist möglichst luftdicht geschlossen und in ihm befindet sich über der Papierbahn ein Heizröhrensystem f welches mit Dampf bei f^1 gespeist, das Innere des Kastens B auf der gehörigen Verdampfungstemperatur erhält.

Indem das Papier, welches mit der dünnen Kollodiumschicht überzogen ist, unter Erwärmung durch den Kasten B bewegt wird, lässt man den Ventilator D die im Kasten befindliche Luft ansaugen und auf dem Wege durch das Rohr h in den Kondensator F, alsdann durch den Vorwärmer E und das Rohr g wieder in den Kasten B fördern. Hierdurch erzielt man eine stetige Zirkulation der Abdunstungsatmosphäre; die heisse Luft strömt durch den Kasten B im Gegenstrom zu der Bewegungsrichtung der Papierbahn und nimmt die sich entwickelnden Aether- oder Alkoholdämpfer auf, um so durch das Rohr h in den Kondensationskühler F geführt zu werden, wo sich die Dämpfe grösstenteils niederschlagen und als Flüssigkeit durch Rohr i in den Sammler G ablaufen. Die Luft wird dann durch den Ventilator D wieder angesaugt und durch das beiläufig mit Ausblaseventil versehene Rohr K in den Vorwärmer E gedrückt. Die an dieser Stelle stattfindende Erwärmung der von hier durch das Rohr g zum Kasten B zurücktretenden, verhältnismässig an Aether, Alkohol u. s. w. armen Luft wird durch die Heizung mittelst Dampf erzielt, der bei E^1 in das Heizrohrsystem eintritt und bei E^2 aus demselben austritt.

Durch in die Zirkulationsleitung eingeschalteten Ventile, Klappen oder dergleichen kann die Strömungsgeschwindigkeit der Abdunstungsatmosphäre geregelt werden.

Wesentlich bei diesem Verfahren und der Einrichtung dazu ist die Anordnung eines geschlossenen Zirkulationsweges, welcher den Abdunstungskasten, den durch Abkühlung wirkenden Kondensator und eine Vorwärmevorrichtung einschliesst, so dass die in ersterem sich mit dem Lösungsmittel sättigende (heisse) Luft zur Kondensation des Lösungsmittels im zweiten, ausserhalb des Kastens verlegten Apparatbestandteil abgekühlt, alsdann ebenfalls noch ausserhalb des Kastens im dritten Apparatsbestandteil vorgewärmt und nun erst in den Kasten zurückgeführt wird. Es ist ersichtlich, dass eine derartige Verfahrungsweise bezw. Anlage, nicht bloss die Wiedergewinnung des Lösungsmittels, abgesehen von geringen, durch Undichtigkeit des Apparates hervorgerufenen Verlusten, sondern auch eine schnellere Abdunstungswirkung auf dem mit der Ueberzugsschicht zu versehenden Papier ermöglicht.

Es mögen hier zum Schluss der Abhandlung über „photographische Papiere" noch einige praktische Bemerkungen Platz finden:

Was die öfter erwähnten Chromsilberpapiere anbelangt, besonders die mit Bromsilber-Stärke-Emulsion hergestellten von Georg Jacob Junk in Berlin (Patent 83049), so werden dieselben hauptsächlich zu photographischen Vergrösserungen benutzt, und es müssen deshalb auch in der betreffenden Fabrik die Papiere selbst öfter von Zeit zu Zeit geprüft werden, d. h. man hat photographische Vergrösserungen zu machen, um dabei zu sehen, ob es allen Anforderungen, die an das photographische Papier gestellt werden, auch wirklich entspricht. Diese Kontrollarbeit geschieht in einem dunklen Raume, und zwar in einem grossen Kasten, in welchem zwei Gas-Auerbrenner brennen; dieselben beleuchten das Bild und werfen das Negativ auf eine bewegliche Wand, wo es um so grösser erscheint, je weiter diese Wand fortgerückt wird. Man kann die Schärfe des Bildes erst an der weissen Wand richtig erkennen, dann das lichtempfindliche Papier an die Stelle bringen und das weisse Lampenlicht darauf einwirken lassen. So wird das Bild vergrössert hergestellt und die Güte des Papiers oder eventuell Fehler an demselben erkannt. Damit bei der Arbeit im dunklen Raume man überhaupt das Notwendige sehen kann, wird rotes Licht mit Hilfe einer Laterne mit roten Gläsern angewandt, da dieses auf die lichtempfindlichen Substanzen keinen bemerkbaren Einfluss ausübt. Bei der Herstellung der Emulsion, der milchigen oder schleimigen Auflösung von Gelatine unter Zusatz der nötigen Chemikalien, muss besonders auf die richtige Verdünnung gesehen werden, da es hierauf ganz besonders ankommt. Diese Flüssigkeit wird in ein Schiff gefüllt, das Papier in einer Rolle eingelegt und dann über eine andere Rolle geführt, die in die Flüssigkeit eintaucht und so das Papier einseitig und möglichst gleichmässig damit überzieht. Behufs der Trocknung wird dann das Papier wie bei der Buntpapierfabrikation in ganzer Bahn in Schleifen aufgehängt. Der schwachgrünliche Ueberzug muss nach der Herstellung natürlich vor Licht bewahrt werden.

Da es natürlich ist, dass man photographisches Papier überhaupt nicht in grösseren Quantitäten braucht und gleichzeitig bezieht, und andererseits aber das Papier stets sorgfältig vor dem Einfluss von Licht behütet werden muss, so wendet man meist zur Versendung nur Stücke von 5 m an, rollt diese zusammen und verschickt sie in Futteralen aus Pappe, wo sie also genügend geschützt sind.

Bei jeder Albuminfabrik ist noch besonders auf eine gute Ventilation zu sehen, da hiervon viel abhängt, und zwar verbindet man deshalb am besten die in Frage kommenden Räume mit einem möglichst hohen Fabrikschornstein, der die Lufterneuerung energisch bewirkt, denn es ist erklärlich, dass in einer Fabrik, wo täglich so viele Eier verbraucht werden, der Geruch nicht immer gut sein und eine Erneuerung der Luft notwendig sein wird. Aber nicht bloss des Geruchs wegen ist diese Ventilation anzuraten, sondern auch des Trocknens wegen nach dem Ueberziehen des Papiers mit Eiweiss, denn es ist Thatsache, dass der Glanz des albuminisierten Papieres, der später durch Satinieren noch verstärkt werden kann, von der Art der Ventilation, sowie von der richtigen Temperatur mit abhängt.

Bei dem grossen Verbrauch von Eiern in solchen Fabriken und der Thatsache, dass doch nur fast die Hälfte jeden Eies, nämlich das Eiweiss, benutzt werden kann, liegt es auf der Hand, dass es wichtig ist, die andere, unbenutzte Hälfte, das Eidotter, ebenfalls so vorteilhaft, als es irgend möglich ist, zu verwerten. Der bekannte Nährwert der Eier unterstützte diese Absicht besonders bei den früher gegründeten Albuminfabriken, da die Dotter leicht zu Suppen, Mayonnaisen u. s. w. Verwendung fanden und z. B. anfangs mit 1 Mk. 20 Pf. per Kilo bezahlt wurden. Jetzt ist allerdings bei dem grossen Angebot der Preis bis auf nur ca. 60 Pf. per Kilo zurückgegangen. Die Dotter werden in Fässern aufbewahrt und halten sich da auch ganz gut. Jetzt werden diese Dotter auch in der Industrie im Grossen verwendet und zwar zu Zwecken der Gerberei. Hauptsächlich finden sie Verwendung bei der sogenannten Weissgerberei, die auch das Glaceehandschuhleder herstellt. Es ist bekannt, dass das Gerben, d. h. die Einwirkung von Gerbstoffen oder Gerbsäuren auf die tierische Haut, dieselbe in Leder umwandelt und dass sich diese Stoffe vor allem in der Eichenrinde und ähnlichen vegetabilischen Teilen finden. Aber auch das Eidotter kann, wie gesagt, in der feineren Gerberei verwendet werden, da es verschiedene Wege giebt, um zu demselben Ziele zu gelangen. Man bereitet die Felle, meist Ziegenfelle, in dem angeführten Falle auf die gewöhnliche Weise vor und gerbt sie dann mit einem Brei aus Alaun, Kochsalz, Mehl und Eidotter, wobei das letztere durch seinen Gehalt an Fett, welches das Leder geschmeidig macht, wirkt. Es kann also das Eidotter als Nebenprodukt bei der Albuminpapierfabrikation noch ganz gut lohnende Verwendung finden.

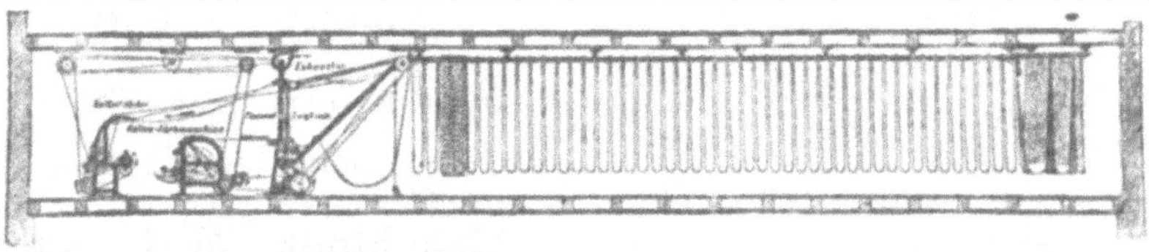

Zeitfracht Medien GmbH
Ferdinand-Jühlke-Straße 7
99095 Erfurt, Deutschland
produktsicherheit@kolibri360.de